高职高专通信技术专业系列教材

EPON 技术与应用

主　编　董　进　于正永　丁胜高

西安电子科技大学出版社

内 容 简 介

本书以 EPON 业务的开通和维护为主线，结合案例对 EPON 业务的开通进行了分析，并对宽带、语音和视频业务的数据规划、配置流程以及配置命令等进行了详细介绍。全书共 6 章，包括光接入网技术认知、EPON 设备及配置、宽带业务开通配置、语音业务开通配置、视频业务开通配置和 EPON 设备故障维护等内容。

为了让学习者能够快速且有效地掌握核心知识和技能，本书配套有大量的微课视频，且这些数字资源与书中内容无缝衔接。

本书可作为高职高专计算机类、通信类等相关专业的教材，也可作为光接入网维护技术人员的参考书。

图书在版编目(CIP)数据

EPON 技术与应用 / 董进，于正永，丁胜高主编. —西安：西安电子科技大学出版社，2022.4
ISBN 978-7-5606-6370-8

Ⅰ. ①E… Ⅱ. ①董… ②于… ③丁… Ⅲ. ①光纤通信—宽带通信系统—接入网—教材
Ⅳ. ①TN915.62

中国版本图书馆 CIP 数据核字(2022)第 041667 号

策划编辑 高 樱
责任编辑 徐 辉 高 樱
出版发行 西安电子科技大学出版社(西安市太白南路 2 号)
电 话 (029)88202421 88201467 邮 编 710071
网 址 www.xduph.com 电子邮箱 xdupfxb001@163.com
经 销 新华书店
印刷单位 咸阳华盛印务有限责任公司
版 次 2022 年 4 月第 1 版 2022 年 4 月第 1 次印刷
开 本 787 毫米×1092 毫米 1/16 印 张 18
字 数 421 千字
印 数 1～1000 册
定 价 59.00 元
ISBN 978-7-5606-6370-8 / TN
XDUP 6672001-1

前　言

随着电信技术和业务的发展，视频、数据等高速率业务及其应用日益丰富，市场竞争也日益激烈，原有的 xDSL 铜线接入网的接入距离长、线路老化普遍，严重制约了用户接入带宽的提升。而作为接入网新技术，以太网无源光网络(EPON)有效缓解了带宽和距离的矛盾。以太网技术是迄今为止最成功、最成熟的局域网技术，可以说是用户局域网技术的主流。EPON 的点对多点技术特点及宽带增值系列业务(VoIP、高速上网、IPTV、安全监控等)的开展，给 EPON 组网和规划工作带来了很多新的挑战。本书主要讲解 EPON 的关键技术以及宽带、语音和视频业务网络的规划与开通。

本书共 6 章。第 1 章为光接入网技术认知，主要介绍接入网的定义和分类、EPON 技术的系统结构、EPON 的关键技术、EPON 物理层 MPCP 协议、光接入网丰富的接入方式等；第 2 章为 EPON 设备及配置，介绍华为 OLT 设备硬件及工作原理、华为 ONU 设备及工作原理、MA5680T 系统基础配置，重点分析各类光终端注册配置等；第 3 章为宽带业务开通配置，主要介绍宽带业务组网、宽带业务数据规划、宽带业务配置流程、宽带业务配置命令、宽带业务采用的 PPPoE 拨号协议以及宽带业务维护命令等；第 4 章为语音业务开通配置，主要介绍 VoIP 系统、H.248 协议和 SIP 协议、语音业务数据规划，重点分析各类光终端语音业务开通配置示例等；第 5 章为视频业务开通配置，介绍组播基础知识、IGMP 协议、组播路由协议、IPTV 视频业务数据规划原则，并分析各类光终端视频业务开通配置示例等；第 6 章为 EPON 设备故障维护，介绍 EPON 设备日常维护，重点分析 EPON 设备出现故障的处理流程，并对 14 个 EPON 设备故障案例进行分析。书中对 EPON 设备业务的开通配置示例进行了详细分析，便于自学。学习者通过学习本书，可为今后到企业从事光接入网设备的维护和管理工作打下良好的基础。

本书以信息化教学为抓手，配有 92 节微课资源和 5 套在线测试习题，学习者可扫描书中二维码学习微课；教师可登录出版社学习中心平台（http://www.xduph.com:8081/），运用立体化教学资源实施线上线下混合式教学。

本书由江苏电子信息职业学院的董进、于正永、丁胜高共同编写。其中，董进负责第 1 章、第 3 章和第 5 章的编写，并负责全书架构设计及统稿工作；于正永负责第 2 章和第 4 章的编写，丁胜高负责第 6 章的编写。本书在编写过程中得到了江苏电子信息职业学院信息安全教学团队各位领导和老师的大力支持，也得到了西安电子科技大学出版社领导和工作人员的关心与帮助，在此对他们表示诚挚的感谢。

由于编者水平有限，书中难免存在不妥之处，恳请广大读者提出宝贵意见。

编　者

2021 年 11 月

目　　录

第 1 章　光接入网技术认知

【目标导航】

(1) 掌握接入网的概念、分类、发展趋势。
(2) 掌握 EPON 系统结构、数据复用、帧结构。
(3) 掌握 MPCP 协议。
(4) 掌握 EPON 系统的测距技术、DBA 技术、组网方式。

【教学建议】

模 块 内 容	学时分配	总课时	重点	难点
1.1 接入网及其发展趋势	1	8		
1.2 EPON 技术标准化				
1.3 EPON 基本原理	2		√	
1.4 EPON 关键技术	4		√	√
1.5 光接入组网方式	1		√	

【内容解读】

人们对接入网的关注是伴随着语音、数据和视频等多媒体业务需求的不断增长而来的，因此有必要提供具有经济优势和技术优势的接入网技术，以满足用户的需求。EPON 光接入技术解决了距离和带宽的矛盾，是目前主流的接入网技术。

本章包括接入网的定义与分类、EPON 系统结构、EPON 数据复用、MPCP 协议、EPON 关键技术和 FTTx 组网方式等内容，主要介绍 EPON 基本原理及 EPON 关键技术。

1.1　接入网及其发展趋势

1.1.1　接入网的定义

接入网是整个电信网中重要的组成部分，投资比重占电信网全部投资的很大一部分，它既是电信网的窗口，也是电信网的“最后一公里”。国际电信联盟(ITU-T G.902)第 13 组于 1995 年 7 月通过了关于接入网的定义：接入网是由业务节点接口(Service Node Interface，SNI)和用户网络接口(User Network Interface，UNI)之间的一系列传送实体(如线路设备

接入网的结构

和传输设施)组成的，为供给电信业务而提供所需传送承载能力的实施系统，可经由管理接口(Q3)配置和管理。

从整个电信网的角度，可以将全网分为公用电信网和用户驻地网两大块，如图1-1所示。由于用户驻地网(Customer Premises Network，CPN)属于用户所有，因此通常的电信网指公用电信网部分。公用电信网又划分为长途网(长途端局以上部分)、中继网(长途端局与市话局之间以及市话局之间的部分)和接入网(端局至用户之间的部分)三个部分。

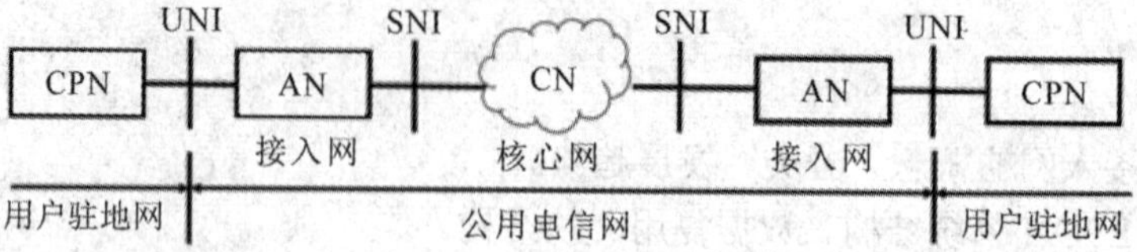

图1-1　电信网结构

1.1.2　接入网的组成

接入网可以由三个接口来进行划分，即网络侧经由业务节点接口(SNI)与业务节点(Service Node，SN)相连，用户侧经由用户网络接口(UNI)与用户终端设备相连，管理侧经由管理接口(Q3)与电信管理网(Telecommunications Management Network，TMN)相连，如图1-2所示。

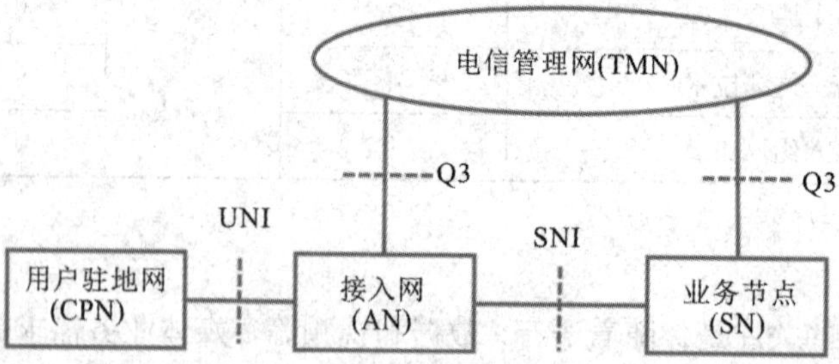

图1-2　接入网的组成

1. 业务节点

业务节点(SN)是提供业务的实体，其类型多种多样，有本地交换机(PSTN、ISDN、B-ISDN、PSDN等)、租用线业务节点(电路方式、ATM方式、分组方式)、IP路由器、有线电视业务节点(CATV发端)及信息业务节点等。

2. 业务节点接口

业务节点接口(SNI)是接入网和业务节点之间的接口。在实际网络中，SNI有很多类型，一般都是已经标准化的接口，包括传统的V5(基于2 Mb/s的标准化综合SNI，支持普通电话、ISDN和专线业务)、VB5 (基于ATM的带宽SNI)以及SDH和以太网等多种类型的接口。

3. 用户网络接口

用户网络接口(UNI)支持用户终端或者用户驻地网及其业务的接入。UNI包括模拟的UNI-Z(传统交换机模拟用户线接口，AN中由接入网设备提供)和数字的UNI-U (ISDN BA

中的数字用户线接口)，以及其他的多种数据、10/100 Base-T、1000 Base-X 等接口。

1.1.3　接入网的分类

接入网根据传输介质的不同可分为有线接入网和无线接入网两个部分，如图 1-3 所示。

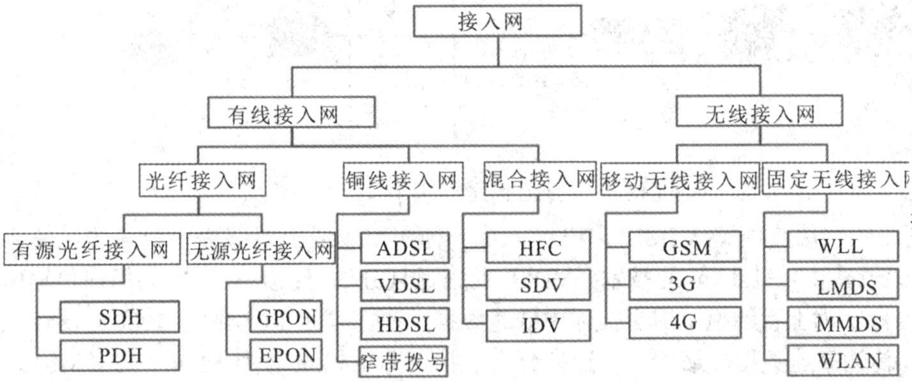

接入网的分类

图 1-3　接入网分类

1. 有线接入网

有线接入网可分为铜线接入网、光纤接入网和混合接入网。

1) 铜线接入网

铜线宽带接入技术也就是 DSL(Digital Subscriber Line，数字用户线路)技术，主要包括 HDSL(High-speed Digital Subscriber Line，高速率数字用户线路)技术、ADSL(Asymmetric Digital Subscriber Line，非对称数字用户线路)技术和 VDSL(Very-high-bit-rate Digital Subscriber Line，超高速数字用户线路)技术。传统的铜线接入技术，即通过调制解调器拨号实现用户的接入，传输速率为 56 kb/s(通信一方为数字线路接入)，但是这种速率远远不能满足用户对宽带业务的需求。虽然铜线的传输带宽非常有限，但是由于现在的电话网非常普及，电话线占据着全世界用户线的 90%以上，因此为充分利用这些宝贵资源，需要先进的调制技术和编码技术。

铜线接入网在双绞线上采用 TCM(Time Compression Multiplexing，时间压缩复用)和回波消除技术来提高传输速率。但是，当传输速率增加到 T1(1554 kb/s)和 E1(2048 kb/s)时，串扰和符号间干扰将迅速增加。为此，采用非对称数字用户线路(ADSL)和超高速数字用户线路(VDSL)技术来改善通信质量。

(1) 非对称数字用户线路(ADSL)。1989 年，美国 Bellcore 首先提出 ADSL 技术。在实现 FTTH(Fibre To The Home，光纤到户)比较困难的情况下，ADSL 考虑了用户线上传输视频信号和多媒体信号时上、下行带宽的不对称性。美国国家标准协会(American National Standards Institute，ANSI)的 TIE 研究组制定了第一个 ADSL 标准(即 T1.413)，其单工下行最高传输速率为 6.144 Mb/s。中国将 8.192 Mb/s 速率作为 ADSL 最高传输速率。

双绞线上 ADSL 用户频谱的分配如下：0～4 kHz 频段用来传送语音基带信号，实现电话业务；20～138 kHz 频段用来传送上行信号；138～1.1 MHz 频段用来传送下行信号。2003 年 1 月举行的国际电信联盟会议通过了新一代 ADSL 标准，将 $ADSL2^{+}$频段扩展到 2.208 MHz。

ADSL2+将频段扩展到 2.208 MHz。图 1-4 所示为 ADSL 铜线接入网。

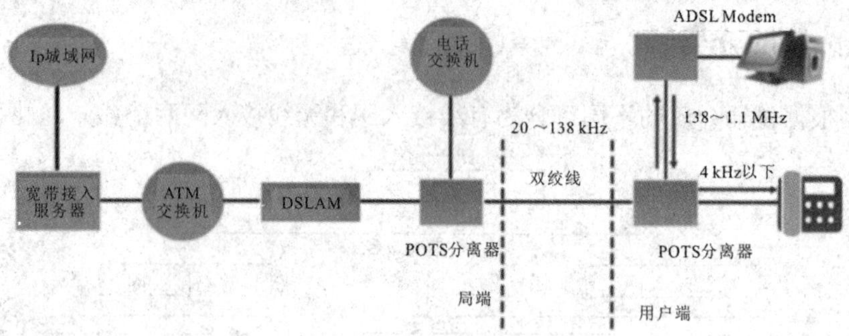

图 1-4　ADSL 铜线接入网

(2) 超高速数字用户线路(VDSL)。VDSL 是一种在双绞线上能够提供最高传输速率 55 Mb/s、传输距离 0.3～1.5 km 的技术。VDSL 的信道划分如下：0～4 kHz 为用户传输电话业务；4～8 kHz 为上行通道，用于传输中低速数据，速率可达 1.6 Mb/s；7000 kHz 以上为下行通道，传输高速数据，最大下行速率分为 3 挡，即 1.5 km 时为 12.96～13.8 Mb/s，1.0 km 时为 25.92～27.6 Mb/s，0.3 km 时为 51.84～55.2 Mb/s。由于技术等因素，最初的 VDSL 产品采用较低的上行速率。

VDSL 的上、下行信道均使用 FDM(Frequency Division Multiplexing，频分复用)技术，并与 POTS(Plain Old Telephone Service，普通老式电话业务)和 ISDN(Integrated Services Digital Network，综合业务数字网)信号分开。上行信道也可采用 TDMA(Time Division Multiple Access，时分多址)技术，此时上行信道相应采用 QPSK(Quadrature Phase Shift-Keying，正交相移键控)调制技术或 SLC(Simple Line Coding，简单线路编码)技术。

为了在更短的距离传输更多的信息，VDSL 采用先进的编码技术，如 CAP(Carricerless Amplitude/Phase modulation，无载波调幅/调相调制)、DMT(Discrete Multi-Tone，离散多音)、DWMT(Discrete Wavelet Multitone，离散小波多音复用)和 SLC 等技术。为使传输误码率与压缩的视频信号相适应，VDSL 必须采用前向误码纠错方案，并采用交织技术，以纠正由于脉冲噪声而产生的误码。

(3) ADSL2/ADSL2+。ITU 于 2002 年完成 ADSL2(G992.3、G992.4)，它延长了传输距离，引入了无缝数据适配技术，实现了线路实时改变和两端平滑同步，支持多线对端口绑定，支持智能管理及实时测试等功能。另外，ITU 在 2003 年完成 ADSL2+ (G992.5)，频率从 1.1 MHz 提高到 2.2 MHz，下行传输速率在 0.9 km 之内可达 24 Mb/s，1.2 km 之内可达 20 Mb/s，1.5 km 之内可达 16 Mb/s。

(4) VDSL2。VDSL2 是第二代 VDSL，与 VDSL 相比，VDSL2 有更高的传输速率：在 300 m 的短距离内，可以实现双向的 100 Mb/s 数据传输速率；在 300～1500 m 的中等距离内，通过采用栅格编码技术和交织技术，传输速率也高于第一代 VDSL。VDSL2 有更远的传输距离，通过增强发射功率(20.5 dBm)，并配合 U0 频段和回波抑制的使用，传输距离最远可达 4.5 km 左右。VDSL2 摒弃了 QAM(Quadrature Amplitude Modulation，正交振幅调制)方式，采用与 ADSL2+同样的 DMT 作为唯一的调制方式，能够兼容 ADSL2+技术。VDSL2 由于融合了 ADSL2+和第一代 VDSL 技术的优点，因此在短距离内可以达到 100 Mb/s 的传输速率，超过一定距离后，直接切换到 ADSL2$^+$模式，继续提供中远距离的数据传输。这为 ADSL2$^+$向 VDSL2 过渡提供了良好的解决方案，运营商可以根据需要逐步更新设备，既保护了原有的投资，又减少了技术选择风险。

VDSL2 具有完善的 PSD(Power Spectral Density，功率谱密度)控制能力，采用频谱开槽、UPBO(Upstream Power Back-Off，上行功率削减)、MIB(Management Information Base，管理信息库)控制 PSD 等技术来完成功率谱的管理，消除或减小了干扰对传输性能的影响，提高了对接入环境的适应能力；同时也具有良好的视频业务支持能力，充分考虑了视频业务对分组丢失或误码敏感的特点，在脉冲噪声保护、动态改变交织深度以及双延迟通道等方面做了大量的工作，以降低脉冲噪声造成的误码、分组丢失的概率。除此之外，VDSL2 还具有多种模板(Profile)配置、环路诊断以及 OLR(On Line Reconfiguration，在线可重配置)的技术优点。总的说来，xDSL 技术允许多种格式的数据、语音和视频信号通过铜线从局端传给远端用户，支持丰富的业务类型。其主要优点是能在现有 90%铜线资源上传输高速业务，解决光纤不能完全取代铜线“最后一公里”的问题。但 xDSL 技术也有其不足之处：它们的覆盖范围有限(只能在短距离内提供高速数据传输)，且一般是非对称的(通常下行带宽较宽)。因此，这些技术只适用于部分应用场景，可作为宽带接入的过渡技术——从发展的角度来看，基于铜质双绞线和同轴电缆的各种宽带接入技术都只是一种过渡性措施，可以暂时满足部分有需求的新业务，而要真正解决宽带多媒体业务的接入问题，必须将光纤引入接入网。

(5) 窄带接入。窄带接入的网络接入速度低于 64 Kb/s，窄带的缺点是接入速度慢，传输速率低，很多互联网应用无法在窄带环境下进行，很快被宽带接入所替换。

窄带拨号是电话拨号接入互联网的一种方式。它适合于对上网速度要求不高的家庭及企事业单位的单台计算机。

2) 光纤接入网

光纤接入网(Optical Access Network，OAN)分为有源光网络(Active Optical Network，AON)和无源光网络(Passive Optical Network，PON)两类。

(1) 有源光网络。有源光网络是指信号在传输过程中，从局端设备到用户分配单元之间采用光电转换设备、有源光电器件以及光纤等有源光纤传输设备进行传输的网络。有源光器件包括光源(激光器)、光接收机、光收/发模块、光放大器(光纤放大器和半导体光放大器)等。OAN 传输可以达到 155 Mb/s 或 622 Mb/s 的接入速率，传输距离不加中继器，可达 70 多千米，技术也比较成熟，无论 PDH(Plesiochronous Digital Hierarchy，准同步数字系列)设备还是 SDH(Synchronous Digital Hierarchy，同步数字系列)设备，都已广泛应用。

(2) 无源光网络。无源光网络中最重要的三种接入技术分别为 APON(ATM Passive Optical Network，ATM 无源光网络)、EPON(Ethernet Passive Optical Network，以太网无源光网络)、GPON(Gigabit-capable Passive Optical Network，吉比特无源光网络)。其中 APON 因为 ATM(Asynchronous Transfer Mode，异步传输模式)技术发展不顺，已逐渐退出历史舞台，目前我国主要使用 EPON 和 GPON 两种模式。

① EPON 光接入。EPON 是一种采用点到多点(P2MP)结构的单纤双向光接入网络，其典型拓扑结构为树形。EPON 系统由局侧的光线路终端(Optical Line Terminal，OLT)、用户侧的光网络单元(Optical Network Unit，ONU)和光分配网络(Optical Distribution Network，ODN)组成，为单纤双向系统。ODN 在 OLT 和 ONU 间提供光通道。EPON 网络覆盖半径

可以达到 20 km，上、下对称有 1.25 GHz 的传输带宽，解决了铜线作为传输媒介时距离和带宽的矛盾。

② GPON 光接入。GPON 技术是基于 ITU-T G.984.x 标准的最新一代宽带无源光综合接入标准，具有高带宽、高效率、大覆盖范围、用户接口丰富等众多优点，被大多数运营商视为实现接入网业务宽带化、综合化改造的理想技术。网络结构和 EPON 一致，GPON 网络也可以达到 20 km 覆盖面，下行 2.5 GHz/上行 1.25 GHz 的传输带宽。

GPON 和 EPON 的主要区别在于采用完全不同的标准。在应用上，GPON 比 EPON 带宽更宽，它的业务承载能力更高，分光能力更强，可以实现更大带宽业务、更多用户接入，更注重多业务和 QoS(Quality of Service，服务质量)保证，但实现更复杂；这样就导致其成本相对 EPON 较高，但随着 GPON 技术的大规模部署，GPON 和 EPON 成本差异在逐步缩小。

3) 混合接入网

混合接入网是指接入网的传输介质采用光纤和同轴电缆混合组成，主要有 3 种方式，即 HFC(Hybrid Fiber Coaxial，光纤/同轴电缆混合)方式、SDV(Switched Digital Video，交换式数字视频)方式以及 IDV(Integrated Digital Communication and Video，综合数字通信和视频)方式。

(1) 光纤/同轴电缆混合(HFC)方式。

① HFC 系统的组成。HFC 系统是 CATV(Community Antenna Television，社区公共电视天线)系统网和电话网结合的产物，是目前将光纤逐渐推向用户的一种较经济的方式。

② HFC 技术应用中需要注意的问题。在 HFC 上实现双向传输，需要从光纤通道和同轴通道这两方面来考虑。从前端到光节点这段光纤通道中，上行回传可采用 SDM(Space Division Multiplexing，空分复用)和 WDM(Wavelength Division Multiplexing，波分复用)两种方式。从光节点到住户这段同轴电缆通道中，其上行回传信号要选择适当的频段。

(2) 交换式数字视频(SDV)方式。SDV 是一种将 HFC 和 FTTC 结合起来的组网方式。SDV 由一个单 HFC 有线电视系统与一个 FTTC 数字系统重叠而成。

(3) 综合数字通信和视频(IDV)方式。IDV 技术将电信、视频数字传输和视频模拟传输综合在一起，既保持了数字传输质量高的优点，又保留了当前视频以模拟传输的现实情况，还有可能适应将来交互式数字视频的发展，并具有交换等多种功能，是一种比较先进的、有广泛应用前景的技术。

2. 无线接入网

无线接入网是以无线电技术(包括移动通信、无线电话、微波及卫星通信等)为传输手段，连接端局至用户间的通信网。

由于无线接入技术比传统的有线接入技术提供更多的自由度，所以无线接入网结构要比传统的有线接入网结构简单得多。移动通信网接入公用固定通信网主要有用户线接入、市话中继线接入和移动电话汇接中心接入 3 种方式，目前主要采用移动电话汇接中心接入方式实现移动通信网与固定通信网的连接和联网互通。

如果将无线接入作为代替有线接入的手段，那么根据不同情况，可以分别代替相应有线接入的任何一部分乃至全部，下面分别讨论不同的应用情况。

(1) 代替引入线：一种最保守的应用。

(2) 代替配线和引入线：一种有效的应用。此时无线基站将设置在传统交接箱的位置，即数字环路载波(Digital Loop Carrier，DLC)系统的远端设备所设置的位置，这种应用方案称为无线 DLC。

(3) 代替全部有线接入：一种更经济的应用，即不仅代替配线和引入线，同样代替馈线电缆段。

(4) 代替部分交换区：如果 RCSA(Radio Carrier Service Area，无线电载波服务区)可以用于超过单个交换区，似乎没有理由限制 RCSA 只应用于单个交换区。

1.1.4　接入网的发展趋势

随着人们对语音、数据和视频等多媒体业务需求的不断增长，需要提供具有经济优势和技术优势的接入技术来满足人们的需求。在窄带接入网发展不久，接入网数字化任务相当繁重的情况下，接入网的宽带化又摆在了运营商、制造商和用户的面前，这是由接入网所处环境的差异性、业务多样性决定的。

相对于 xDSL 接入方式，光纤接入方式有下列优势：首先，铜线价格日益上涨，xDSL 线路成本也越来越高，而光纤接入网的传输介质是低廉并且资源丰富的光纤，网络敷设成本比 xDSL 低；其次，光纤为非金属导体，不受雷击、电磁干扰，线路运营维护成本要远低于 xDSL；同时，光纤还具有体积小、重量轻、便于敷设的优点。其中，PON 能提供更高的带宽来满足高清晰度电视(High Definition Television，HDTV)类业务的需求。因此，基于 PON 的 FTTx 技术被广泛看好，被作为“First Mile”理想的接入方式。

1.2　PON 技术标准化

PON(无源光接入网)是一种点到多点的无源光纤接入技术，起源于 20 世纪 90 年代。从窄带 PON 技术发展到现在的各种宽带 PON 技术，PON 技术的发展经历了多个阶段。目前基于 PON 技术的主要有 APON、EPON 和 GPON 三种，其主要的差异在于采用了不同的二层技术。具体的 PON 家族成员如图 1-5 所示。

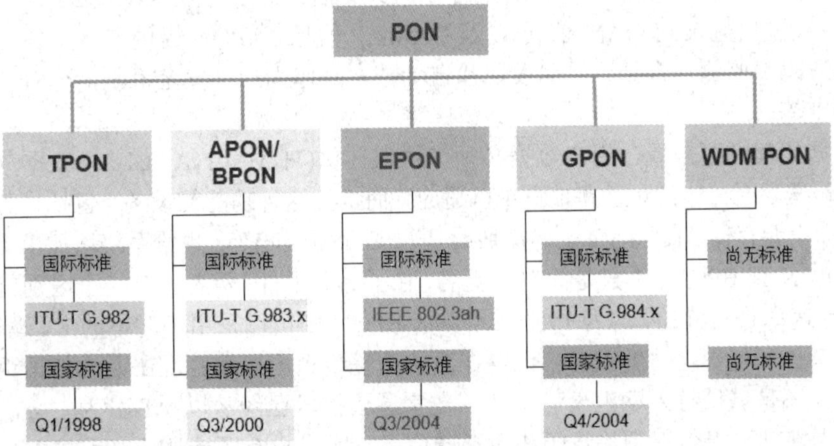

图 1-5　具体的 PON 家族成员

1. TPON

TPON(Telephony over Passive Optic Network，电话无源光网络)基于传统的电路交换，作为窄带 PON 技术，是最早被提出的 PON 技术(如图 1-16 所示，xPON 家族系统里有很多模式，如 TPON、APON、EPON 和 GPON 等)，仅能提供业务接入速率在 2 Mb/s 以下的 POTS 或者 ISDN 等窄带业务。由于各厂商先有窄带 PON 产品，后有标准规范，而且各厂商规范不统一，厂商间无法达成一致，因此至今窄带 PON 技术仍未形成统一完整的标准。标准不统一，器件不能大规模生产，以至于价格居高不下。由于接入业务类型单一并且速率过低，远远不能满足当前互联网发展的需要，窄带 PON 技术已经基本退出历史舞台，被宽带 PON 技术所替代，仅在少数农村边远地区有所应用。

2. APON/BPON

20 世纪 90 年代中期，一些主要的网络运营商成立了 FSAN(Full Service Access Network，全业务接入网联盟)，其目的是制定 PON 设备的统一标准，以使设备商和运营商一起进入 PON 设备市场，开展竞争。这个同盟的第一个成果是在 ITU-T G.983 建议系列中规范了 155 Mb/s PON 系统的标准。由于使用 ATM 作为承载协议，所以该系统称为 APON 系统，后因常被人误解为只能提供 ATM 业务，故又改称为宽带无源光接入网(BPON)系统，以表明这种系统能提供以太网接入、视频分配、高速租用线等宽带业务。但是，对这一代 FSAN 系统来说，最常用的名称还是 APON。后来，APON 标准增强，开始支持下行 622 Mb/s 的速率，并且在保护方式、DBA(Dynamically Bandwidth Assignment，动态带宽分配)和其他方面增加了新的特性。

APON 以 ATM 作为承载协议，下行传输的是连续的 ATM 流，比特率为 155.52 Mb/s 或 622.08 Mb/s，在数据流中插有专门的物理层运行管理维护(PLOAM)信元。上行传输的是突发形式的 ATM 信元，为了实现突发发送和接收，每 53 B 的信元前面附加一个 3 B 的物理开销。对 155.52 Mb/s 的基本速率而言，传输协议基于包含 56 个 ATM 信元(每信元 53 字节)的下行帧；当比特率提高到 622.08 Mb/s 时，下行帧要扩展到 224 个信元。在 155.52 Mb/s 的基本速率时，上行帧的格式是 53 个信元，每信元 56 B(53 个 ATM 信元字节，3 个字节开销)。下行帧除了 54 个数据信元，还有 2 个 PLOAM 信元，一个在帧的开始，另一个在帧的中间，每个 PLOAM 信元包含对上行帧内具体信元的上行发送授权(53 个上行帧信元有 53 个授权被映射入 PLOAM 信元)以及 OAM&P 信息。APON 提供丰富完备的 OAM 功能，包括误码率监测、告警、自动发现和自动搜索，作为一种安全机制，可对下行数据进行扰码加密等。

从数据处理方面来看，用户数据必须在协议转化(TDM 用 AAL1/2，数据分组传输用 AAL5)下传送。这种转换对于高带宽难以适应，而执行这种功能的设备，包括一些相关的附属设备，如信元存储器(Cell Memory)、胶合逻辑(Glue Logic)等，也给系统增加了不少成本。

从 APON 到 BPON，不只是简单的更名。除了更名以外，两者还有一个区别就是 APON 的上、下行速率是对称的，均为 155/622 Mb/s，BPON 则可以采用不对称的上、下行。APON 由于其复杂性和低数据传输效率，已经在竞争中逐步退出市场。现在无论是长距离的核心传输网络，还是城域接入网汇聚层部分，数字通信技术已经从以 ATM 为中心，逐渐转移到以 IP 为基础来提供视频、音频和数据通信了。所以只有既能适应当前接入又能适应未来网络核心技术的接入网络结构，才能使得未来的全光 IP 网络成为现实。

3. EPON

EPON 关键技术

IEEE 的第一英里以太网(Ethernet in the First Mile，EFM)研究组，在光纤接入网方面推出了基于以太网的 EPON(以太网无源光网络)，展示了很好的市场前景。该研究组归属于制定以太网标准的 IEEE 802.3 组。同样，EPON 的研究范围也限于体系结构，并要符合现有 IEEE 802.3 的媒体接入控制(MAC)层功能。研究组于 2004 年 4 月推出了 EPON 的标准 IEEE 802.3ah，其上、下行速率为 1 Gb/s(采用 8B/10B 编码后，线路速率为 1.25 Gb/s)，结束了各 EPON 厂家采用私有协议开发设备的无标准状态。

EPON 是基于以太网技术的宽带接入系统，它利用 PON 的拓扑结构实现以太网的接入。其数据链路层的关键技术主要包括上行信道的多址控制协议(MPCP)、ONU 的即插即用、OLT 的测距、时延补偿协议和协议兼容性。

EPON 的标准 IEEE 802.3ah 基于以太网的帧结构，其基本原则是在类似 APON 的结构和 IEEE 802.3 协议的基础上，通过较小的修改，实现在用户接入网上传输以太帧，即以 Ethernet 技术代替 ATM 技术作为链路层协议。

EPON 的主要优点如下：

(1) 成本相对低，维护简单，容易扩展，易于升级。EPON 结构在传输途中不需电源，没有电子部件，因此容易敷设，基本不用维护，长期运营成本和管理成本比较低；EPON 系统对局端资源占用很少，模块化程度高，系统初期投入低，扩展容易，投资回报率高；EPON 系统是面向未来的技术，大多数 EPON 系统都是一个多业务平台，对于向全 IP 网络过渡是一个很好的选择。

(2) 提供非常高的带宽。EPON 目前可以提供上、下行对称的 1.25 Gb/s 的带宽，并且随着以太网技术的发展，可以升级到 10 Gb/s。

(3) 服务范围大。EPON 作为一种点到多点网络，以一种扇形的结构来节省 CO(Central Office，局端机房)的资源，服务大量用户。

(4) 带宽分配灵活，服务有保证。EPON 有一套完整的体系分配和保证带宽制度，可以通过 DBA(动态带宽算法)、DiffServ、PQ/WFQ、WRED 等来对每个用户进行带宽分配，并保证每个用户的 QoS。

4. GPON

2001 年 FSAN 启动了一项新的工作，对工作在 1 Gb/s 以上的 PON 网络进行标准化。除了支持高速率以外，整个协议一直是开放的，以便重新考虑和寻找在支持多业务、OAM&P 功能和扩展性方面的最佳和最有效的方案。作为 GPON 工作的一部分，FSAN 先汇集了其所有成员(包括世界各地的主要运营商)的要求，然后在此基础上写成名为吉比特业务要求(GSR)的文件，并作为正式建议(G.GON.GSR)提交给 ITU-T。

GSR 文件中描述的 GPON 主要需求如下：

(1) 支持全业务，包括语音(TDM、SONET/SDH)、以太网(10/100 Base-T)、ATM 和租用线等。

(2) 覆盖的物理距离至少为 20 km，逻辑距离限于 60 km 以内。

(3) 用同一协议可支持各种比特率，包括对称 622 Mb/s、对称 1.25 Gb/s、下行 2.5 Gb/s 与上行 1.25 Gb/s 以及其他比特率。

(4) 能提供强大的端到端业务管理的 OAM&P 功能。

(5) 由于 PON 的广播特性，要在协议层面保证下行业务的安全性。

由于 GPON 一开始就自下而上地重新考虑了 PON 的应用和要求，为新的方案奠定了基础，不再基于早先的 APON 标准，故有些厂家将其称为 native PON(本色模式 PON)。一方面，GPON 保留了与 PON 不是直接相关的许多功能，如 OAM 消息、DBA 等；另一方面，GPON 又基于全新的 TC(Transmission Convergence，传输汇聚)层。FSAN 选择的 GFP(General Framing Procedure，通用成帧程序)是以帧为基础的一个协议，它通过一种通用机制适配来自传送网高层客户的业务信息。传送网可以是任何类型的网络，如 SONET/SDH 和 ITU-T G.709(OTN)等，客户信息可以是基于分组的(如 IP/PPP，即 IP/Point to Point Protocal，或 Ethernet MAC 帧等)，也可以是恒定比特率流或其他类型的业务信息。GFP 已经正式被标准化成为 ITU-T 标准 G.7041。由于 GFP 提供高效简单的方式在同步传送网上传送不同业务，故将它用作 GPON TC 层的基础是十分理想的。此外，使用 GFP 时，GPON TC 本质上是同步的，并使用标准的 SONET/SDH 8 kHz(125 μs)帧，这使 GPON 能够直接支持 TDM 业务。在正式发布的 G.984.3 标准中采用了 FSAN 关于 GFP 作为 TC 层适配技术的建议，并做了进一步的简化处理，命名为 GPON 封装方法(GPON Encapsulation Method，GEM)。

GPON 和 EPON 的主要区别在于采用完全不同的标准。在应用上，GPON 比 EPON 带宽更大，它的业务承载更高效、分光能力更强，可以传输的业务量更大，实现更多用户接入，且更注重多业务和 QoS 保证，但实现更复杂，这样就导致其成本相对 EPON 较高，而随着 GPON 技术的大规模部署，GPON 和 EPON 成本差异在逐步缩小。

5. WDM PON

WDM PON 被认为是未来 PON 技术的发展方向，它在 PON 技术中引入了 WDM 技术，通过使用多个波长信道来增加系统容量，具有支持大量 ONU 的能力。WDM PON 由于各用户独享波长，因此不需要复杂的 MAC 协议来进行上行带宽的调度处理，在协议上比较简单。但由于 WDM PON 的系统性能和容量过分依赖光器件的性能，因此技术发展受到光器件和光传输技术发展的限制。

1.3　EPON 基本原理

EPON 与其他 PON 技术一样，采用点对多点的树形网络拓扑结构，利用单纤双向双波长或三波长传输，实现数据、语音和视频业务在同一平台的“三网合一”。APON/BPON 基于 ATM 技术，而 EPON 基于以太网技术，更适合于 IP 业务的传送。以太网本身的特性及其大规模普及与应用，使得以太网技术从成本上来说是非常低的，因此 EPON 具有很大的成本优势，也是几种 PON 技术中最先获得大规模商业应用的无源光网络技术。电信网络的发展有一个明显的 IP 化趋势，即 Everything over IP，各种业务都将融合至 IP 包中，如通过 IP 传输语音业务(Voice over IP，VoIP)，通过 IP 传送视频(Video over IP，VoIP)、IPTV 数字电视等。EPON 适用范围广，且与网络的发展趋势相吻合，有很广阔的发展空间，是非常具有发展潜力的 FTTx PON 技术之一。

1.3.1　EPON 系统结构

以太网无源光网络(EPON)是一种采用点到多点(P2MP)结构的单纤双向光接入网络，其典型拓扑结构为树形，如图 1-6 所示。EPON 系统由局侧的光线路终端(Optical Line Terminal，OLT)、用户侧的光网络单元(Optical Network Unit，ONU)和光分配网络(Optical Distribution Network，ODN)组成，为单纤双向系统。ONT(Optical Network Terminal，光网络终端)同 ONU 一样，也是 EPON 系统中的光终端设备。ODN 在 OLT 和 ONU 间提供光通道。

PON 概述

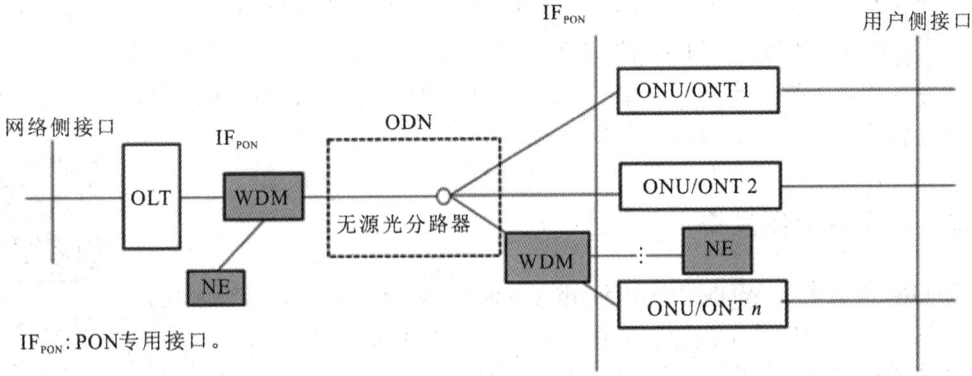

图 1-6　EPON 系统结构

1. OLT

OLT 是光纤接入网的核心部件，相当于传统通信网中的交换机或路由器，同时也是一个多业务平台。它一般放置在局端，提供面向用户的无源光纤网络的光纤接口；上连上层网络，完成 PON 的上行接入；通过 ODN(由光纤和无源光分路器组成)下连用户端设备 ONU。

OLT 作为 EPON 的核心，主要实现以下 4 个功能：

(1) 向 ONU 以广播方式发送以太网数据。

(2) 发起并控制测距过程，并记录测距信息。

(3) 发起并控制 ONU 功率控制。

(4) 为 ONU 分配带宽，即控制 ONU 发送数据的起始时间和发送窗口大小。

2. ONU

ONU 是光网络中的用户端设备，放置在用户端。根据不同功能，ONU 可以分为多种型号(详见 2.1.2 节)。它与 OLT 配合使用，实现以太网二层、三层功能，为用户提供语音、数据和多媒体业务。

ONU 为用户提供以下 3 个功能：

(1) 选择接收 OLT 发送的广播数据。

(2) 响应 OLT 发出的测距及功率控制命令，并作相应的调整。

(3) 对用户的以太网数据进行缓存，并在 OLT 分配的发送窗口中向上行方向发送。

3. ODN

ODN 在 OLT 和 ONU 间提供光通道。ODN 的无源光网络可以是一个或多个光分路器的级联。ODN 建设成本高昂，最高可占总体投资的 50%～70%，是 FTTx 技术投资的重点；同时，ODN 也是 FTTx 技术管理的难点。首先，与铜线简单的 P2P 结构相比，ODN 多采用 P2MP 拓扑结构，网络中的接续节点多，网络管理复杂；其次，光纤比铜线更容易受损。因此对 ODN 进行高效的建设、运营和维护至关重要，需要一套智能、准确的管理解决方案，确保 ODN 得到充分利用，有效保证长期投资。

从功能上分，ODN 从局端到用户端可分为馈线光缆子系统、配线光缆子系统、入户线光缆子系统和光纤终端子系统四个部分(详见 2.1.3 节)。从 EPON 系统网络结构上看，其主要优点是消除了复杂而昂贵的 ATM 和 SDH 网元，从而极大地简化了传统的多层重叠网络结构。EPON 系统结构消除了 ATM 和 SDH 层，从而降低了设备成本和运行成本。与现有以太网兼容，其下行业务速率高达 1 Gb/s，按 64 个 ONU 计算，返回的上行业务速率可超过 800 Mb/s；由于硬件简单，无须外场电子设备，安装部署工作得以简化，改进了电路的配置、业务的提供和重配置能力，易于在 EPON 结构上开发范围更宽和更灵活的业务。

1.3.2　EPON 数据复用

EPON 数据复用方式

EPON 系统采用 WDM(Wavelength Division Multiplexing，波分复用)技术，实现单纤双向传输(下行 1490 nm，上行 1310 nm)，如图 1-7 所示，下行数据采用广播技术，上行数据采用 TDMA(Time Division Multiple Access，时分多址)技术。

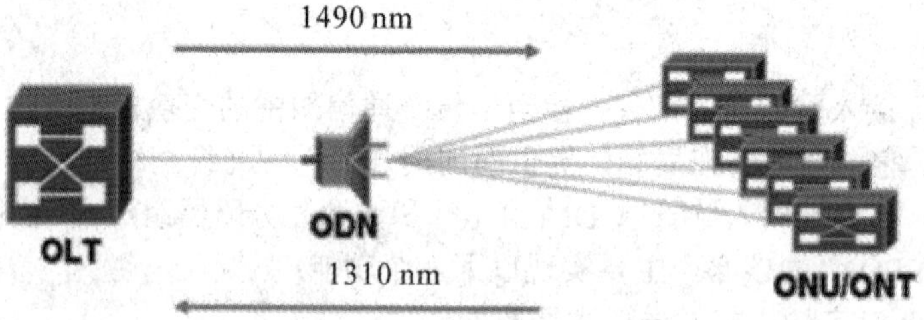

图 1-7　WDM 传输

1. EPON 下行数据工作原理

EPON 下行数据采用广播技术进行传输，OLT 通过 1∶N 的无源光分路器将 Ethernet 帧发送给每个 ONU。其中 N 指的是分光比(分光比有 1∶2 分光、1∶4 分光、1∶8 分光、1∶16 分光、1∶32 分光和 1∶64 分光 6 种规格，EPON 系统中一般采用 1∶4 分光～1∶64 分光)，这类似于共享媒质网络。

1) 下行数据的传输方式

EPON 的下行数据传输方式是广播式地发送以太帧，每一个数据帧的帧头包含前面注册时分配的、特定 ONU 的逻辑链路标识(Logical Link IDentifier，LLID)，该标识表明本数据帧是给 ONU(ONU1、ONU2、ONU3、…、ONUn)中的唯一一个的。另外，部分数据帧可以给所有的 ONU(广播式)或者特殊的一组 ONU(组播)，如图 1-7 所示，在无源光分路器处，流量分成独立的三组信号，每一组传输所有 ONU 的信号。当数据信号到达 ONU 时，

ONU 根据 LLID，在物理层上进行判断，接收自己的数据帧，摒弃其他 ONU 的数据帧。图 1-8 中，ONU1 收到数据帧 1、2、3，但是它仅仅把数据帧 1 给终端用户 1，摒弃数据帧 2 和数据帧 3。

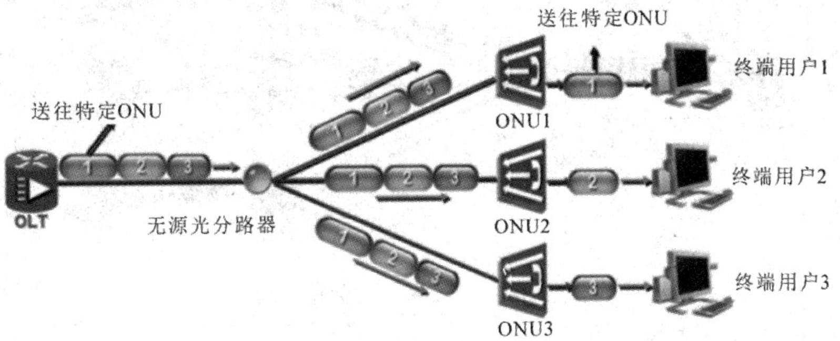

图 1-8　EPON 下行数据传输

2) 下行数据的信息安全

下行数据采用广播技术，通过以下 4 点实现信息安全保障：

(1) 所有的 ONU 接入的时候，系统对 ONU 进行认证，认证信息是 ONU 的一个唯一标识（如 MAC 地址或者是预先写入 ONU 的一个序列号）；只有通过认证的 ONU，系统才允许其接入。

(2) 对于给特定 ONU 的数据帧，其他的 ONU 在物理层上也会收到数据帧，在收到数据帧后，首先会比较 LLID(处于数据帧的头部)是不是自己的，如果不是，就直接丢弃，数据不会上传到二层。这是在芯片层实现的功能，对于 ONU 的上层用户，如果想窃听其他 ONU 的信息，除非自己修改芯片的实现。

(3) 加密。对于每一对 ONU 与 OLT，可以启用 128 位的高级加密标准(Advanced Encryption Standard，又称 Rijndael 加密法，是美国联邦政府采用的一种区块加密标准)。各个 ONU 的密钥是不同的。

(4) VLAN(Virtual Local Area Network，虚拟局域网)隔离。VLAN 方式将不同的用户群或者不同的业务限制在不同的 VLAN，保障相互之间信息隔离。

2. EPON 上行数据工作原理

EPON 上行数据采用 TDMA 技术，每个 ONU 只能在 OLT 分配的指定上行时隙中传输数据。

1) 上行数据的传输方式

当 ONU 注册成功后，OLT 会根据系统的配置，给 ONU 分配特定的带宽(在采用动态带宽调整时，OLT 会根据指定的带宽分配策略和各个 ONU 的状态报告，动态地给每一个 ONU 分配带宽)。带宽就是可以传输数据的基本时隙，每一个基本时隙单位时间长度为 16 ns(纳秒，时间单位，1 秒 = 10^9 纳秒；常用作内存读/写速度的单位，其前面数字越小，表示速度越快)。所有的 ONU 与 OLT 端口之间的时钟是严格同步的，每一个 ONU 只能够自 OLT 给它分配的时刻开始，用分配给它的时隙长度传输数据；通过时隙分配和时延补偿，确保多个 ONU 的数据信号耦合到一根光纤时，各个 ONU 的上行包不会互相干扰，如图 1-9 所示。

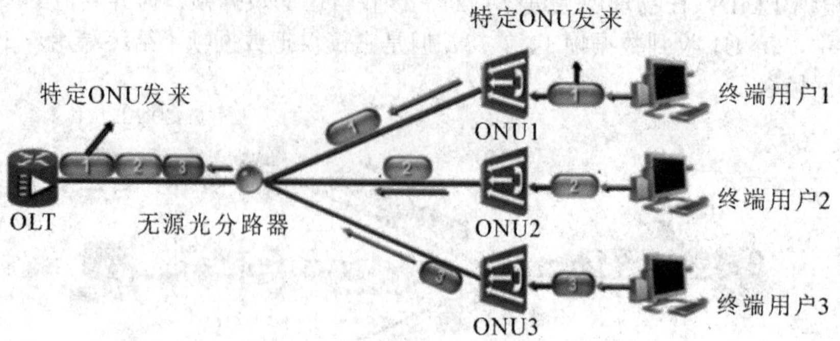

图 1-9　EPON 上行数据传输

2) 上行数据的信息安全

上行方向的 ONU 不能直接接收到其他 ONU 上行的信号，所有 ONU 之间的通信都必须通过 OLT；通过 OLT 可以设置允许或禁止 ONU 之间的通信；在 OLT 缺省的情况下，ONU 之间的通信是禁止的，所以上行方向数据安全方面不存在问题。

1.3.3　EPON 帧结构

1. 以太网帧结构

以太网帧长度范围是 72～1526 字节，由 IEEE 802.3 定义的以太网标准帧结构如图 1-10 所示。

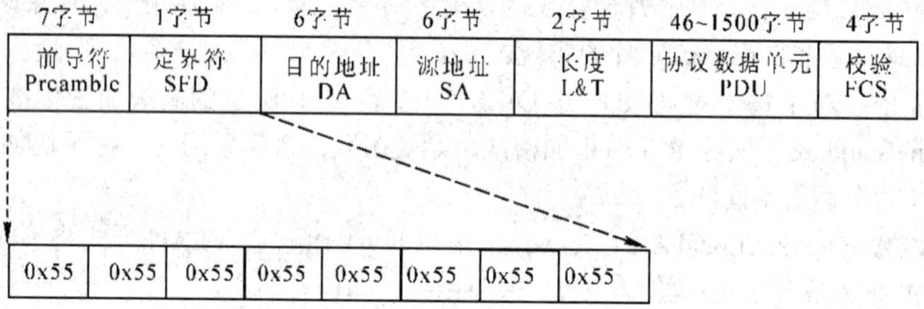

图 1-10　IEEE 802.3 定义的以太网标准帧结构

(1) 前导符(Preamble)。以太网的帧头由 7 字节的 8 比特交替出现的 1 和 0 组成(10101010)。设置该字段的目的是指示帧的开始，便于网络中的所有接收器均能与到达帧同步；当接收器连续收到 7 组(10101010)时，可判定一个新帧的以太网数据到达。另外在 IEEE 802.3 标准中，该字段和帧起始定界符一起可以保证各帧之间用于错误检测和恢复操作的时间间隔达到 9.6 ms 以上。

(2) 定界符(Start Frame Delimiter，SFD)。定界符可以看作帧头的延续。该字段的组成方式继续使用 Preamble 字段中的格式，这个 1 字节的字段(10101011)的前 6 个比特由交替出现的 1 和 0 构成(101010)，最后两个比特为 11，其作用是中断同步模式，并提醒接收器后面跟随的是帧数据。当控制器将接收帧送入其缓冲器时，帧头字段和帧起始定界符字段均被去除。

(3) 目的地址(Destination Address，DA)。目的地址用于确定帧的接收者。用户可以选择 2 字节或 6 字节的目的地址字段，对 IEEE 802.3 设备来说，局域网中的所有工作站必须选择 2 字节或 6 字节的目的地址字段，必须使用同样的地址结构。目前几乎所有的 IEEE 802.3 网络都使用 6 字节寻址，帧结构中包含 2 字节字段选项，主要用于采用 16 比特地址字段的早期局域网。

(4) 源地址(Source Address，SA)。源地址标识发送帧的工作站。和目的地址字段相似，源地址字段的长度也可以是 2 字节或 6 字节。当使用 6 字节的源地址字段时，前 3 个字节表示由 IEEE 分配给各厂商的地址，将烧录在每一块网络接口卡的只读存储器(Read Only Memory，ROM)中，再由各厂商为其每一网络接口卡设定后面的字节。

(5) 长度、PDU 和 FCS。用于 IEEE 802.3 的 2 字节长度字段定义了数据字段包含的字节数。协议数据单元(Protocol and Data Unit，PDU)包括逻辑链路控制(Logical Link Control，LLC)数据和一个变长的信息数据字段。协议数据单元的最小长度必须为 46 字节，以保证整个以太网帧长至少为 64 字节。这意味着即使只传输 1 字节信息，也必须使用 46 字节的数据字段；如果填入该字段的信息少于 46 字节，该字段的其余部分也必须进行填充；数据字段的最大长度为 1500 字节。从帧头到校验 FCS(Frame Check Sequence，帧校验序列)之间字段的帧长度最小必须是 64 字节。规定最小帧长度，可以保证有足够的传输时间用于以太网网络接口精确地检测冲突，这一最小时间是根据网络的最大电缆长度和帧沿电缆长度传播所需的时间确定的。最小帧长为 64 字节和使用 6 字节地址字段的要求，意味着每个数据字段的最小长度为 46 字节。如果传输数据少于 46 字节，应将数据字段填充至 46 字节。不过，填充字符的个数不包括在长度字段值中。同时，支持以太网和 IEEE 802.3 帧格式的网络接口通过这一字段的值区分这两种帧。也就是说，因为数据字段的最大长度为 1500 字节，所以超过十六进制数 05DC 的值，就说明它不是长度字段(IEEE 802.3)，而是类型字段(Ethernet II)。

2. EPON 帧结构

EPON 采用以太网帧结构，同标准以太网帧又略有不同。EPON 采用的是全双工以太网通信模式，EPON 帧结构对标准以太网结构的帧头结构作了一些更改，在帧头结构中增加了 ONT/ONU 地址等信息，如图 1-11 所示。

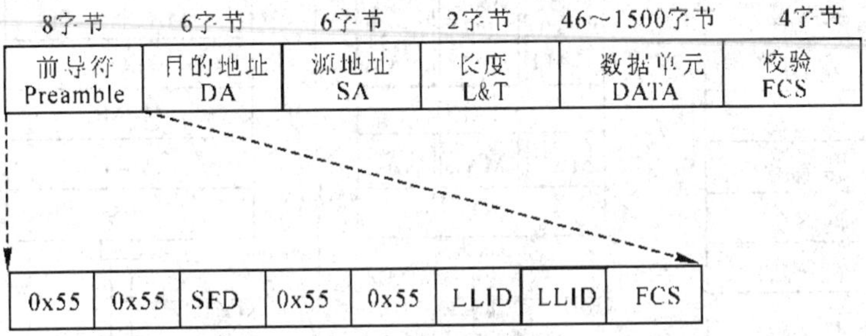

图 1-11　EPON 帧结构

EPON 的帧结构在没有增加帧长度的基础上，将原以太网的帧头部分作了更改，增加了 ID 标签信息，来说明哪一个 ONT/ONU 应该接收此帧数据。帧头之外的后续帧字节定义和标准以太网帧结构是相同的。定界符(SFD)的长度为 1 字节，其中包含了同步信息，OLT 设备每 2 ms 发送一次同步信息，用于与 ONT/ONU 保持同步。3 字节长度的保留字节留给未来的扩充功能使用。2 字节的 LLID 用于标识本数据包发送给哪一个 ONT/ONU。帧校验序列 FCS 用于 EPON 帧的错误检测，通常采用 CRC(Cyclic Redundancy Check，循环冗余校验)的方式增加帧头前导符的可靠性。

EPON 系统采用单纤双向全双工的方式传送数据，在下行数据流方向，OLT 广播以太网帧给所有的 ONT/ONU，这与以太网协议的广播兼容。为了保证各个 ONT/ONU 的数据能够被正确收/发，IEEE 802.3ah 在 EPON 帧结构中引入了 LLID，每个 ONT/ONU 都由 OLT 分配一个本网内独一无二的 LLID。ONT/ONU 根据 EPON 帧中的 LLID 信息来接收和过滤数据包，丢弃不属于自己 LLID 的数据包。LLID 仅在 EPON 内部有效，ONT/ONU 接收到 EPON 帧后，将剥去 LLID 等信息，转换成标准以太网帧转发给终端用户。

为了避免不同 ONT/ONU 之间的数据冲突，需要一个特殊的操作过程来发送上行数据，EPON 中由多点控制协议(Multi-Point Control Protocol，MPCP)完成控制上行数据的发送功能。EPON 系统应用 MPCP 规范了上行和下行业务流操作。MPCP 中的内容包括 ONT/ONU 的自动发现、ONT/ONU 的注册、测距和带宽分配。MPCP 通过 OLT 为 ONT/ONU 动态分配上行带宽，IEEE 802.3ad 标准没有给出具体带宽分配算法，仅给出了实现动态带宽分配的过程。

1.3.4　EPON 协议栈

EPON 协议最初由 IEEE 802.3ah 定义，现已合并到 IEEE 802.3—2005 标准文本中。IEEE 802.3—2005 使用多个章节对 EPON 协议的网络模型、多点 MAC 控制协议、RS/PMD 协议层扩展等进行描述。

IEEE 802.3—2005 协议文本分别从网络架构模型、多点 MAC 控制协议(即 MPCP 协议)、OAM(Operations，Administration and Maintenance)协议、RS/PCS(Reconciliation Sublayer/Physical Coding Sublayer)子层扩展、PMD(Physical Medium Dependent)层规格参数等方面对 EPON 进行描述。最终，基于原有 IEEE 802.3 协议框架扩展了 EPON 协议，充分利用了原有协议资源，降低了协议复杂度。数据链路层分为两个子层，即逻辑链路控制子层(Logic Link Control sublayer，LLC)和介质访问控制子层(Media Access Control sublayer，MAC)。EPON 协议栈如图 1-12 所示。

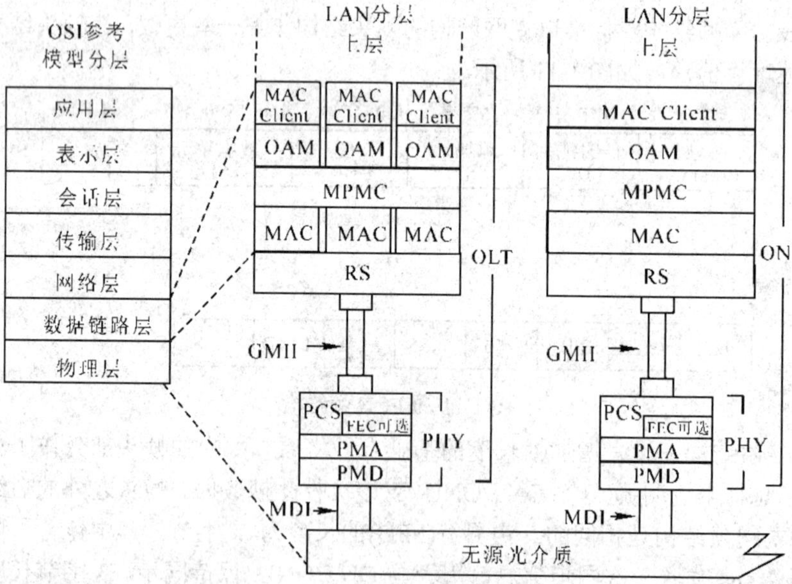

图 1-12　EPON 协议栈

1. OAM 子层

EPON 在 OLT 和 ONU 之间定义了 OAM(Operation Administration and Maintenance，操

作维护管理)子层，提供检测链路的操作：远端故障指示和远端环回控制。OAM 为网络管理员提供了监控网络以及快速定位故障和错误告警的能力。OAM 功能的实现是可选的，可在系统的某些端口单独实现可选的 OAM 功能；OAM 不包括管理状态、分配带宽和提供功能(Provision Functions)。

OAM 子层主要功能如下：

(1) 远端故障指示。

① 指示对端本地接收通道处于不工作状态；

② 支持单向操作的物理层设备在故障期间可进行 OAM 远端故障指示；

③ 符合 RS 子层规定的用户接入物理层设备，在故障期间可支持 OLT 至 ONU 的单向 OAM 远端故障指示操作。

(2) 远端环回控制。该子层提供了一种支持数据链路层帧一级环回模式的机制。

(3) 链路管理。

① 支持包括诊断信息的事件通知；

② 支持轮询 MIB(Management Information Base，管理信息库)变量。

2. MPCP 子层

MPCP(Multi-Point Control Protocol，多点控制协议)是 EPON MAC 控制子层的协议。MPCP 定义了 OLT 和 ONU 之间的控制机制，来协调数据的有效发送和接收，实现在不同的 ONU 中分配上行资源、在网络中发现和注册 ONU、允许 DBA 调度，并实现点对多点的 MAC 控制。

3. MAC 子层

MAC(Media Access Control Address，介质访问控制)子层实现对介质的控制。

4. RS 子层

RS(Reconciliation Sublayer，调和子层)是数据链路层和物理层间的接口，完成外部物理层信号 GMII(Gigabit Media Independent Interface，千兆介质独立接口)和上层信号之间的适配；同时在 EPON 系统中完成添加/终结 LLID，调和多种数据链路层能够使用统一的物理层接口。

EPON 物理层通过 GMII 接口与 RS 子层相连，担负着为 MAC 层传送可靠数据的任务。物理层的主要功能包括将数据编成合适的线路码，完成数据的前向纠错，通过光电、电光转换完成数据的收/发。

5. PCS 子层

PCS(Physical Coding Sublayer，物理编码子层)支持在点对多点物理介质中的突发模式 + FEC 算法。PCS 子层处于物理层的最上层(物理层包括 PCS 物理编码子层、FEC 前向纠错子层、PMA 物理介质附属子层、PMD 物理介质依赖子层)。PCS 子层上接 GMII 接口 PMA 子层，其实现的主要技术为 8b/10b(b：bit)、10b/8b 编码变换(由于 10 比特的数据能有效减小直流分量，便于接收端的时钟提取，降低误码率，因此 PCS 需要把从 GMII 接口接收到的 8 位并行的数据转换成 10 位并行的数据并输出)。

6. FEC 子层

FEC(Forward Error Correction，前向纠错)子层是经过二进制运算后(如用 Galois 算法)附加在以太网数据包后面的一组数据，附加的纠错码(FEC 奇偶码)用于在接收侧进行数据校验和纠错。

对于 EPON 系统，使用前向纠错技术的优点如下：

(1) FEC 增加了 2.5 dB 的光功率预算。

(2) 可以减少功耗。

(3) 可以增加光信号的最大传输距离。

(4) 能有效降低误码率。

(5) 可以满足高性能光纤通信系统要求，使误码率从纠错前的 10^{-4} 降至纠错后的 10^{-12}。

7. PMA 子层

PMA(Physical Medium Attachment，物理媒质附加)子层的主要功能是完成串/并、并/串转换及时钟恢复，并提供环回测试功能，支持 P2MP 功能，可实现 PMD 的扩展。

8. PMD 子层

PMD(Physical Medium Dependent，物理媒质相关)子层(使用 1000BASE-PX 接口)定义了 EPON 兼容器件的指标，可实现 PMD 服务接口和 MDI 接口之间的数据收/发功能。EPON 系统的 PMD 子层的功能是完成光/电、电/光转换，按 1.25 Gb/s 的速率发送或接收数据。IEEE 802.3ah 要求传输链路全部采用无源光器件，光网络能支持单纤双向全双工传输。上、下行的激光器分别工作在 1310 nm 和 1550 nm 窗口。

按所处位置的不同，光模块可以分为局端(一般指的就是电信局，提供光终端接入的一方)和远端(一般指的是用户侧光终端)两种。对于远端的光模块而言，接收机处于连续工作状态，而发送机则工作于突发模式；只有在特定的时间段里激光器才处于打开状态，在剩下的时间段里激光器并不发送数据。由于激光器发送数据的速率是 1.25 Gb/s，因此要求激光器开关的速度要足够快；同时要求在激光器处于关闭状态时，要使从 PMA 子层发送过来的信号全部为低，以确保不工作的 ONU 的激光器的输出总功率的叠加不会使正在工作的激光器的信号产生畸变。

PMD 有 1000BASE-PX10 和 1000BASE-PX20 两种接口，相关参数如表 1.1 所示(后缀“U”“D”表示链路两边的 PMD 的收、发方向，“U”表示上行，“D”表示下行)。

表 1.1　PMD 接口参数

重要指标/接口类型	1000BASE-PX10	1000BASE-PX20
传输距离/km	10	20
分光比	1∶32	1∶16
过载光功率/dBm	4(1000BASE-PX10-D) 2(1000BASE-PX10-U)	4(1000BASE-PX20-D) 7(1000BASE-PX20-U)
接收灵敏度/dBm	-24(1000BASE-PX10-D) -24(1000BASE-PX10-U)	-27(1000BASE-PX20-D) -24(1000BASE-PX20-U)

1.3.5　MPCP 协议

MPCP 协议在点对多点的主、从设备之间规定了一种控制机制，以协调数据的有效发送和接收。系统运行过程中，上行方向在一个时刻只允许一个 ONU 发送，位于 OLT 的高层负责处理发送的定时和不同 ONU 的拥塞报告，以便优化 EPON 系统内部的带宽分配。

为了各个 MAC Client 能够在 P2MP 的光网络中不受干扰地发送和接收帧，像 P2P 的情形一样，提出了以下 5 点要求：

(1) 要控制每个 MAC Client 发送和接收帧，在发送 MAC Client 数据帧之前要发送控制帧来建立联系，控制帧的优先级比数据帧高。

(2) 通过 Gate Process 功能，控制在某一时隙只有一个 MAC 能发送数据。

(3) 通过 Discovery Processing 功能，OLT 可以在网络中发现新的 ONU 设备，然后控制其发送数据帧。

(4) 在 Report Processing 功能中，应该设置反馈机制，实现对各个 ONU 带宽的动态分配。

(5) 建立严格的时间戳机制，对时序进行严格的计算。

1. MPCP 帧格式

MPCP 帧格式同基本的 IEEE 802.3 帧，如图 1-13 所示。

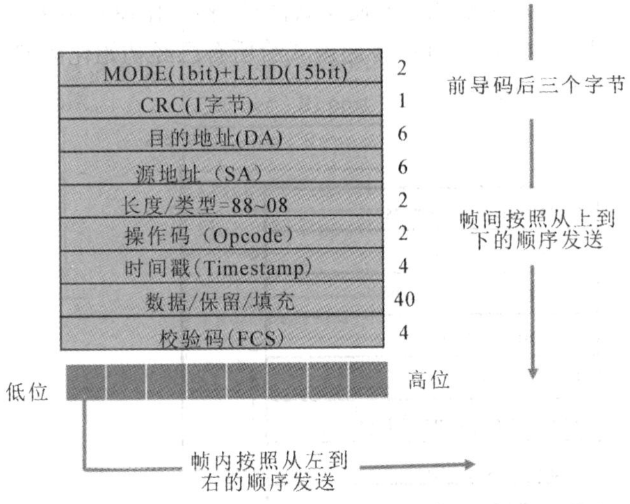

图 1-13　MPCP 帧格式

(1) MODE。MODE 用于标记是 P2P 模式还是 Broadcast 模式，LLID 为逻辑链路标记，maxnum = 32 767。

(2) CRC。CRC 是一种根据网络数据包或计算机文件等数据产生简短固定位数校验码的信道编码技术，主要用来检测或校验数据传输或者保存后可能出现的错误。它是利用除法及余数的原理来进行错误侦测的。

(3) 目的地址(DA)。MPCPDU(Multi-Point Control Protocol Data Unit，多点控制协议数据单元)中的 DA 为 MAC 控制组播地址，或者是 MPCPDU 的目的端口关联的单独 MAC 地址。

(4) 源地址(SA)。MPCPDU 中的 SA 是和发送 MPCPDU 的端口相关联的单独的 MAC 地址。对于源于 OLT 端的 MPCPDU，源地址可以是任意一个单独 MAC 的地址。所有这些 MAC 可以共享一个单一的单播地址。

(5) 长度/类型。MPCPDU 都进行类型编码，并且承载 MAC_Control_Type 域值。

(6) 操作码(Opcode)。操作码指示所封装的特定 MPCPDU。

动加入而不影响正常工作的ONU，因此ONU的自动加入即自动注册是EPON系统的关键技术之一。

ONU自动注册过程流程如图1-16所示。

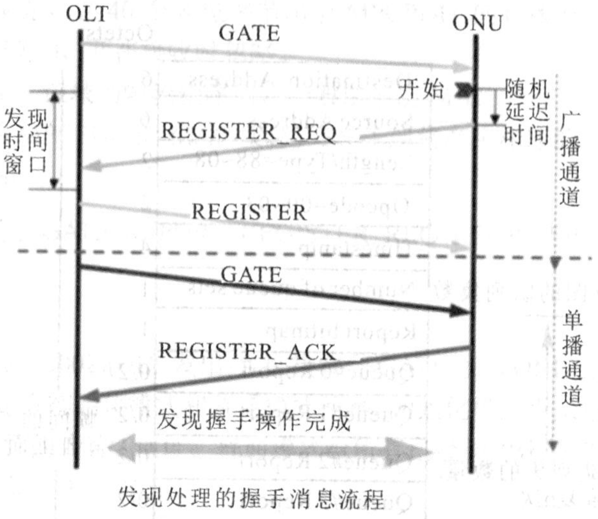

图1-16　ONU自动注册过程流程

(1) OLT广播一个发现GATE消息，该消息包括开始时间窗口和发现时间窗口的长度。

发现是指新连接或者非在线的ONU接入PON的进程。该进程由OLT发起，它周期性地产生合法的发现时间窗口(Discovery Time Window)，使OLT有机会检测到非在线的ONU。发现时间窗口的周期没有定义(一般由厂商自己决定)。

(2) 未注册ONU等待一个随机时间后发送REGISTER_REQ消息，ONU采用竞争算法和测量来避免碰撞。REGISTER_REQ中包括ONU的MAC地址和最长等待时间。

(3) OLT接收到一个可用的REGISTER_REQ消息后，注册该ONU，分配一个LLID并绑定正确的MAC地址到LLID上。

(4) OLT发送REGISTER消息(包括ONU的LLID和OLT的同步时间)到ONU。OLT现在可以发送标准的GATE消息，以允许ONU发送REGISTER_ACK消息。

(5) 发现处理完成，OLT和已注册的ONU开始正常通信。

发现时间窗口是唯一有多个ONU同时访问EPON的窗口，因此可能发生发送冲突。为了减少发送冲突，所有的ONU应使用同一种竞争算法。通过规划ONU到OLT距离的随机分布等措施，可以减少冲突发生的概率。每个ONU在发送REGISTER_REQ消息前应等待一段随机长度的时间，该时间段小于发现时间窗口的长度。值得注意的是，在一个发现时间周期内，OLT可能会接收到多个有效的REGISTER_REQ消息。

OLT可以要求ONU重新执行发现进程并重新注册。同样，ONU也可以通知OLT请求注销，然后通过发现进程进行重新注册(Reregister)。OLT的REGISTER消息可以设置一个值来指示重新注册或注销(Deregister)。如果规定了上述的任一种，则将强制接收到该消息的ONU进行重新注册。对于ONU，REGISTER_ACK消息可包含注销位，注销位通知OLT应注销本ONU。

1.4　EPON 关键技术

1.4.1　突发控制技术

EPON 关键技术

光模块发送方式包括连续发送和突发发送两种模式，EPON 系统光模块工作在突发控制模式下，突发控制技术又分为突发发送技术和突发接收技术两种。

1. 突发发送技术

EPON 的点对多点(P2MP)的特殊结构和时分多址(TDMA)的接入方式决定了 ONU 发送机工作在突发发送的模式下。ONU 在什么时候发送数据，是由 OLT 来指示的，当 ONU 发送数据时，打开激光器发送数据；当 ONU 不发送数据时，为了避免对其他 ONU 的上行数据造成干扰，必须完全关闭激光器。这样，ONU 上的激光器就需要不断地快速(纳秒级别)打开和关闭。因此，传统的针对连续传输设计的 APC(Automatic Power Control，自动功率控制)回路，不能在突发发送模式下正常工作(连续模式的自动功率控制回路之所以不能正常工作在突发发送模式下，是由于当激光器关闭时，直流偏置切断；当激光器被重新打开时，自动功率控制回路已丢失了原来的状态，直流偏置呈现不连续的变化)，如图 1-17 所示。

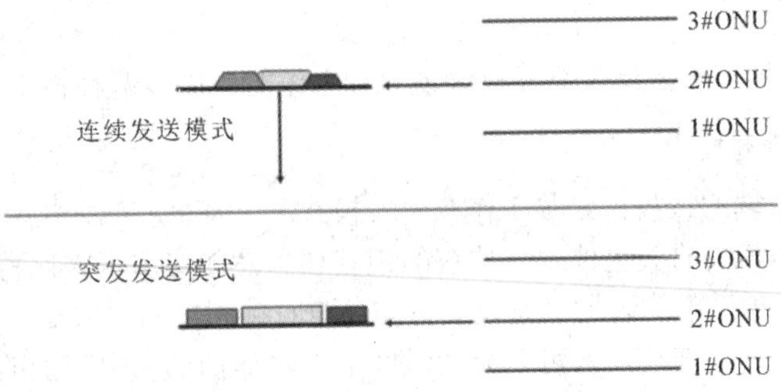

图 1-17　突发发送模式与连续发送模式

实现突发发送有 2 个方案，方案 1 是采用数字 APC 电路；方案 2 是改进传统的自动功率控制系统。方案 1 相比方案 2 存在一个缺点：它需要一个微控制器的参与，并需要一块高速的 RAM，不利于模块的集成，成本较高。

2. 突发接收技术

在 EPON 系统的下行方向，ONU 只能接收来自 OLT 的数据，因此 ONU 接收时来自 OLT 的功率是相同的，ONU 接收机采用普通的接收机即可。

在 EPON 系统中，上行数据由各个 ONU 以突发形式送达 OLT。OLT 要接收来自不同 ONU 的数据包，并恢复它们的幅度，但因 ONU 到 OLT 的距离各不相同，所以数据包到达 OLT 时的功率变化很大；在极限情况下，从最近 ONU 发来的代表 0 信号的光强度甚至比从最远 ONU 传来的代表 1 信号的光强度还要大；为了正确恢复出原有数据，必须根据每个 ONU 的信号强度实时调整接收机的判决门限，如图 1-18 所示。

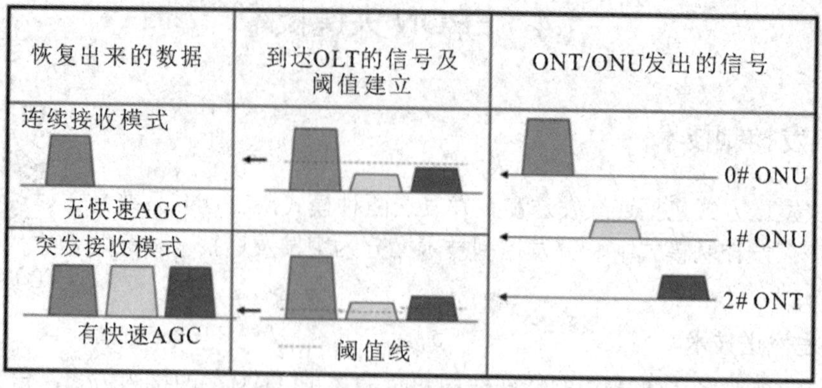

图 1-18 突发接收模式和连续接收模式

现有的突发接收模式分为直流耦合模式和交流耦合模式。

直流耦合模式的基本思想是依据其接收的突发信号，通过测量其光功率而做出相应的调节，直流耦合接收机在整个信元时间内动态调整判决电平。交流耦合模式的基本思想是接收到的高速数据流被看作高频信号，前后量数据流之间的平均功率变化可以认为是低频信号，因此，只需要增加高通滤波器滤除低频信号就可以完成判断门限的恢复。交流耦合模式相对于直流耦合模式会多付出 1.5 dB 的灵敏度代价。

1.4.2 同步技术

EPON 系统中同步技术涉及突发时钟恢复和系统时钟同步两种技术。

1. 突发时钟恢复技术

EPON 中 OLT 端的接收机必须工作在突发模式下。因此，突发模式下的高速时钟和数据恢复技术就成为其中的关键技术。传统的锁相环虽然能应用于吉比特数量级的系统中，但是其同步时间较长，不能满足突发模式下的高速时钟同步的要求。

突发模式下的时钟恢复技术可以分为时间上的附加抽样和空间上的附加抽样两大类。时间上的附加抽样，即采用一个更高速的时钟，由对数据抽样所得的图案和已知图案比较，从而得到同步时钟。但是对吉比特级别的数据来说，需要达到约 5 Gb/s 的采样速率，因此这种方案很难实现。相对来说，使用多路时钟进行空间上的附加抽样要简单得多，也易于实现。

2. 系统时钟同步技术

系统时钟同步是指由于 EPON 上行是多点到一点的拓扑结构，每个 ONU 发送时隙必须与 OLT 的系统分配的时隙保持一致，以防止各个 ONU 上行数据发生碰撞。ONU 侧的时钟应与 OLT 侧的时钟同步。EPON 时钟同步采用时间标签方式。在 OLT 侧有一个全局的计数器，下行方向，OLT 根据本地的计数器插入时钟标签，ONU 根据收到的时钟标签修正本地计数器，完成系统时钟同步；上行方向，ONU 根据本地的计数器插入时钟标签，OLT 根据收到的时钟标签完成测距。

1.4.3　测距技术

1. EPON 系统测距原因

EPON 系统点对多点的特殊结构导致了各 ONU 的数据帧延时不同，为防止数据在时域碰撞，并支持 ONU 的即插即用，必须引入测距技术。

2. 测距要求

各 ONU 和 OLT 的不同物理距离、环境温度的变化和光电器件的老化等因素都会产生传输时延。在 ONU 的注册阶段，为补偿由于物理距离差异造成的时延，会进行静态测距；而在通信过程中，为校正温度变化、期间老化等因素引起的时延漂移，会进行动态测距。

3. 测距的方法

测距方法有扩频法、带外法和带内开窗法。带内开窗法虽然会占用一定的带内宽度，但实现简单、成本低。

4. 测距的过程

带内开窗法的测距过程如图 1-19 所示。

(1) OLT 在绝对时间 T1 发送一个 GATE 消息(其格式参考“EPON 基本原理”中的相关描述)，其中包括一个时间戳 T1。

(2) ONU 在接收到 GATE 消息后，更新本地时间为 T1。

(3) ONU 花费一定的时间完成对 GATE 帧的处理后，发送 REPORT 帧，并打上时间戳 T2。

(4) OLT 接收到 REPORT 帧，此时，OLT 本地的时间戳为 T3。

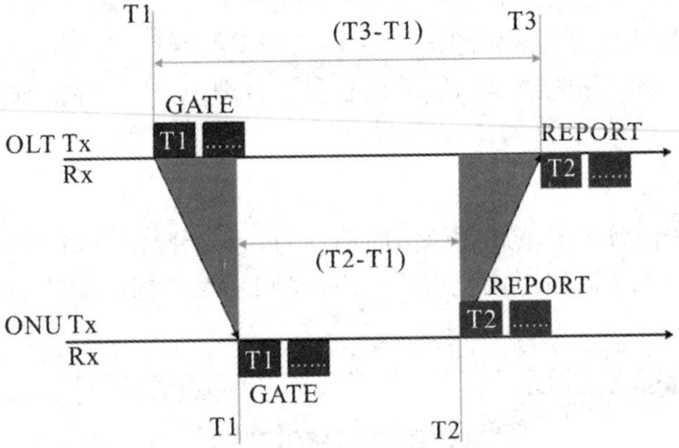

图 1-19　带内开窗法测距

RTT = (ONU 接收到 GATE 消息的时间 − OLT 发送 GATE 消息的时间) + (OLT 接收到 REPORT 消息的时间 − ONU 发送 REPORT 的时间)，对照图 1-19，可以得到 RTT = (T3 − T1) − (T2 − T1) = T3 − T2。在知道 RTT 后就要对各 ONU 进行时延补偿，当 OLT 接收完第 i 个 ONU 发送的数据后，经过保护时段后，希望在 T 时刻收到第 i+1 个 ONU 上传的数据。OLT 在给 ONU 的 GATE 消息分配时隙，在指定传输窗口起始时间时需补偿时延。这时，只需告诉ONU传输起始时间为(T－RTT)，即可有效补偿时延。

1.4.4 DBA技术

1. DBA技术的概念

DBA(Dynamically Bandwidth Assignment，动态带宽分配)技术是一种能在微秒或毫秒级的时间间隔内完成对上行带宽的动态分配的机制。在上行方向，信道中的传输是采用TDMA来共享光纤的，各ONU收集来自用户的信息并高速向OLT发送数据，不同的ONU发送的数据占用不同的时隙。根据不同用户的业务类型与业务特点，合理分配信道带宽，使网络提供者以一套最有效的手段利用网络资源，是决定EPON系统性能的关键技术之一。

2. 需要DBA技术的原因

DBA算法就是实时地改变EPON的各ONU上行带宽的机制。EPON中如用带宽静态分配，对数据通信这样的变速率业务很不合适；如按峰值速率静态分配带宽，则整个系统带宽很快就被耗尽，带宽利用率很低；而动态带宽分配使系统带宽利用率大幅度提高。

DBA技术可以根据ONU突发业务的要求，通过在ONU之间动态调节带宽来提高EPON上行带宽效率。DBA技术具有如下3个功能：

(1) 提高上行带宽的效率；

(2) 允许灵活的SLA策略；

(3) 充分支持增强型业务。

DBA技术采用集中控制方式。所有ONU的上行信息发送时都要向OLT申请带宽，OLT根据ONU的请求按照一定的算法给予带宽(时隙)占用授权，ONU根据分配的时隙发送信息。其分配准许算法的基本思想是：各ONU利用上行可分割时隙反映信元到达的时间分布并请求带宽，OLT根据各ONU的请求公平合理地分配带宽，同时考虑处理超载、信道误码、信元丢失等情况。

3. DBA工作过程

大多DBA算法依赖于一个周期或伪周期行为。一个授权周期是一个预算带宽分配的周期。典型的周期由三个阶段组成，进而构造一种DBA结构，如图1-20所示。

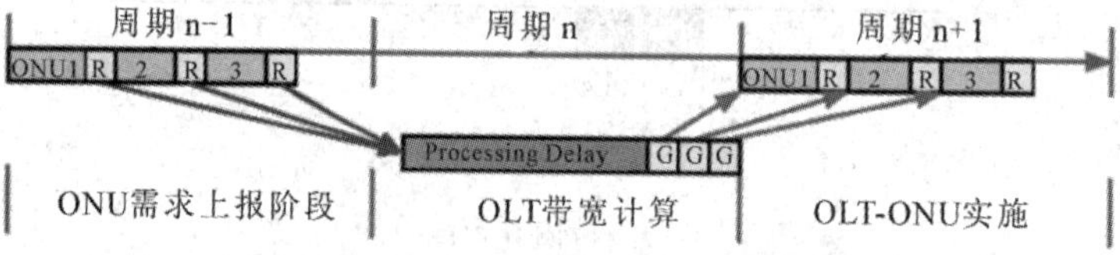

图1-20　DBA算法周期的三个阶段

在周期n−1，ONU产生报告帧REPORT，而OLT收集这些报告。在周期n，DBA算法作决定并产生授权，这些授权将在周期n+1有效。换句话说，在当前周期里，DBA算法对前一周期收集到的信息进行计算，并作好下一周期的有效决定。如图1-21所示为该行为流程。

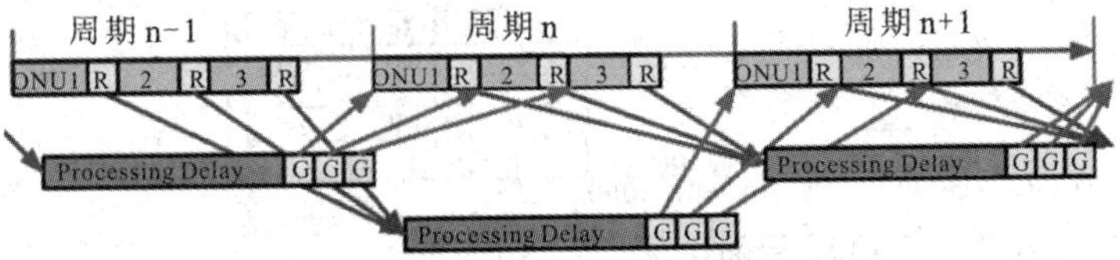

图 1-21　DBA 算法行为流程

4. DBA 算法实例

DBA 算法实现过程如图 1-22 所示。

(1) 先假设 OLT 开始时知道了各 ONU 的 buffer 量和 RTT 时间，并建立了 Polling table，如图 1-22(a)所示。

(2) OLT 送出一个 Grant(授权，通过 GATE 消息来实现)信号给 ONU1，允许发送数据长度 6000 Byte，如图 1-22(b)所示。

(3) ONU1 发送数据 6000 Byte。

(4) 发送完数据，ONU1 发出 request 信号，表明 buffer 还有 550 Byte。

(5) OLT 根据 RTT 时间，计算出 ONU1 的发送完成时间，并提前给 ONU2 发送 Grant 信号，允许 ONU2 发送 3200 Byte，如图 1-22(c)所示。

(6) OLT 收到 ONU1 的请求后，更新 Polling table。

(7) ONU2 发送数据，并请求下一次的带宽(5700 Byte)，如图 1-22(d)所示。

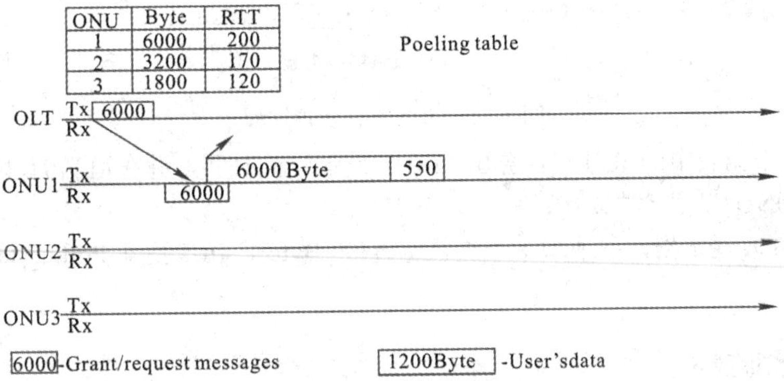

(a) DBA算法实验过程1

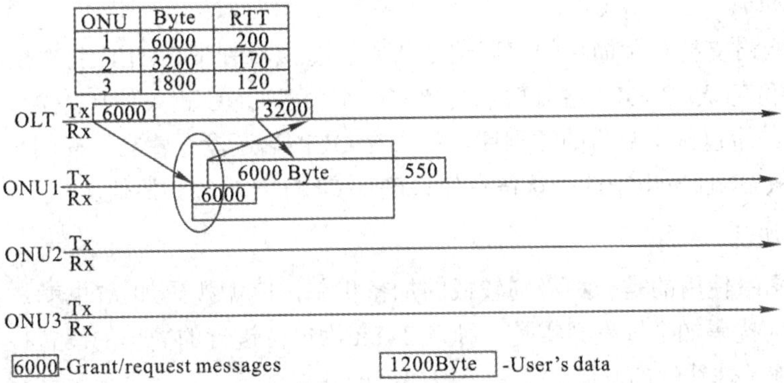

(b) DBA算法实验过程2

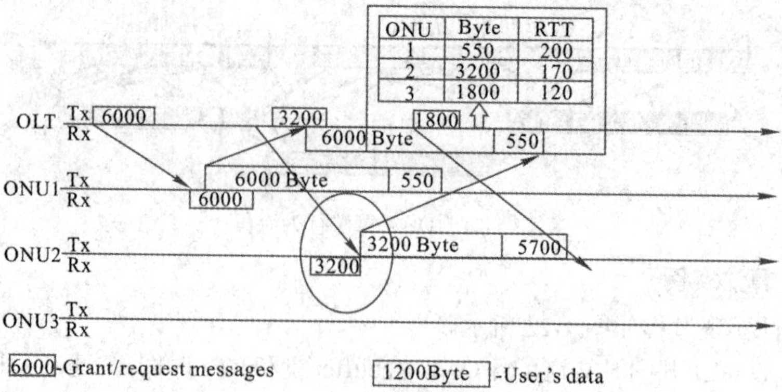

(c) DBA算法实验过程3

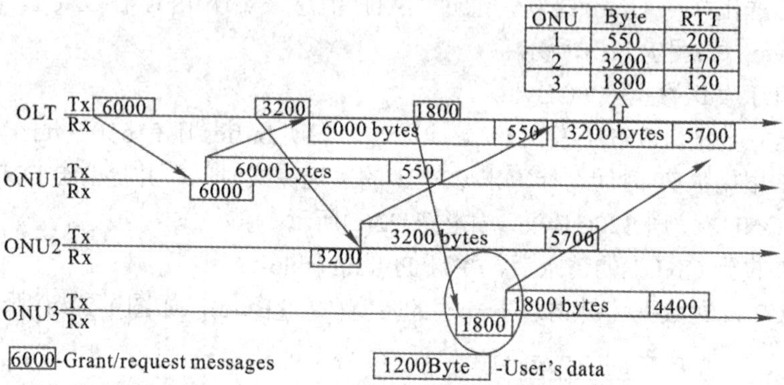

(d) DBA算法实验过程4

图 1-22　DBA 算法实现过程

(8) OLT 根据表中的 RTT，计算出 ONU2 发送完的时间，并在适当的时刻发送 Grant 信号，允许 ONU3 发送数据。

(9) ONU3 发送数据，并请求下一次带宽(4400 Byte)，OLT 更新 Polling table 中 ONU2 的数据。

1.4.5　安全机制

1. 认证机制

EPON 网络支持一种简单的密码认证机制。在该机制下，OLT 将对所有与其相连的 ONU 进行身份确认。在 OLT 端一般都会建立一个由各 ONU 相关信息(MAC 地址或者终端序列号)构成的用以确认身份的数据库，如果在 OLT 端还没有建立这样的数据库，那么它将把第一次从 ONU 发出来的确认信息作为确认 ONU 身份的初始值。

2. 扰码加密

EPON 网络使用的是一种级别较低的加密机制，叫做扰码加密(也就是伪随机序列加密)。EPON 的扰码加密过程其实是一种以 24 bit 为单位进行的简单的码置换过程。不过，这里的置换都是非线性的，而且每一个被加密的数据字节，其上半个字节与下半个字节所使用的密钥也是互相独立的；密钥至少每秒更新一次，由 ONU 提供给 OLT。分析表明，其中真正有效的密钥长度仅为 16 bit，密钥总数有 65 536 个。若采用穷举法来破译，使用每微秒可搜索 1 百万次的计算机，所需时间不到 0.1 μs。

3. AES 加密

AES(Advanced Encryption Standard，高级加密标准)是一种数据块长度为 128 bit、密钥长度可变的迭代分组对称加密算法。其加密和解密使用相同的密钥。密钥块长度可为 128 bit、192 bit 和 256 bit。以 128 bit 为例，可能的密码总数有 3.4×10^{38} 个，以每微秒可搜索 1 百万次的 CPU 来遍历，破解的时间需要 5.4×10^{28} 年。AES 设计原则之一就是抵抗已知的密码攻击，如近几年提出的差分分析和线性分析方法。两种分析方法都是针对大多数加密算法每轮的转换都具有 Feistel 结构设计的，这种结构的特点是其中间状态的部分字节被未改变地置换到其他位置，显然，这会将一些密钥信息泄露给密码分析者。而 AES 算法在每轮的转换中并不具有 Feistel 结构。测试表明，四轮以上的 AES 算法对这两种攻击基本上是免疫的。

1.4.6　光纤保护倒换技术

EPON 技术是光接入网技术中的重要技术之一，用户群很大，一旦网络发生故障，会导致设备大面积瘫痪。因此所有对网络的保护措施势在必行，目前主流采用的是骨干光纤保护倒换方式和全保护光纤倒换方式。

1. EPON 系统骨干光纤保护倒换方式

EPON 采用点到多点的树形拓扑结构，骨干光纤的故障会导致其所属的所有 ONU 均无法与 EPON 网络通信，因此，骨干光纤的生存性将保证整个 EPON 网络的可靠性。同时，由于接入网末稍的接入光纤不可能具备多个路由，此时光纤全保护倒换方式没有实际意义。因此，骨干光纤保护倒换方式将是提高 EPON 系统在网络应用中可靠性的主要保护倒换方式。

如图 1-23 所示，骨干光纤保护方式中，OLT 侧的主、备两个 PON 模块的端口分别通过骨干光纤的主、备两条光纤连接到 2∶N 分光器的两个端口，从分光器到 ONU 侧采用常规连接。在 OLT 主用 PON 模块处于工作状态时，备用 PON 模块处于冷备份状态。如果工作光纤出现故障或主用 PON 模块失效，启用备用 PON 模块和光纤。倒换到备用 PON 模块时，冷备份的备用 PON 模块中的信号发射模块被激发到正常工作状态需要一段较长

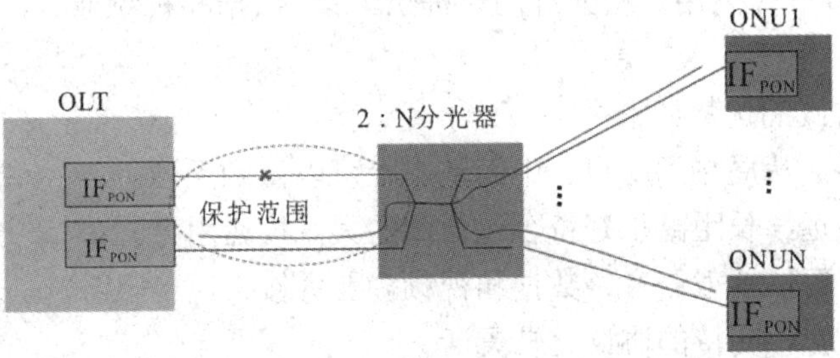

图 1-23　骨干光纤保护倒换方式

的时间。这种方式下，OLT 侧需配置主、备两个 PON 模块，骨干光纤需敷设主、备两条光纤，从而实现对骨干段光纤的保护，提高系统的可靠性。

2. EPON 系统全保护光纤倒换方式

在全保护光纤倒换方式中，每个 ONU 通过主、备两个 PON 模块与两个独立的分光器实现双归属连接，每个分光器连接 OLT 的两个 PON 口。OLT 备用模块采用热备份方式，切换到每个 ONU 上进行，需要切换协议。这种方式下，OLT 和 ONU 均需配置主、备两个 PON 模块，骨干光纤需敷设主、备两条光纤，需设置两台分光器，以及对每个 ONU 敷设主、备两条接入光纤，从而实现对 EPON 系统中每个网元的保护，提高系统的可靠性，如图 1-24 所示。

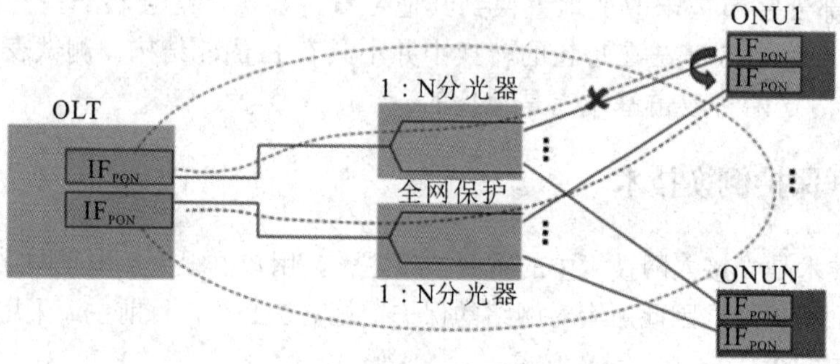

图 1-24　全保护光纤倒换方式

1.5　光接入组网方式

根据业务和用户预测，针对不同的客户群，采用相应的网络应用模式，常见的接入方式有 FTTH、FTTB 和 FTTC 三种。

1.5.1　FTTH 组网方式

FTTx 应用场景

FTTH(Fiber To The Home，光纤到户)中 ONT 通过 PON 方式接入 OLT，实现光纤到户中，采用一根光纤同时提供语音、数据和视频业务，如图 1-25 所示。

FTTH 组网方式的优势如下：

(1) 无源网络，从局端到用户，中间基本上可以做到无源。

(2) 传输距离远，长距离正好符合运营商的大规模运用方式。

(3) 在光纤上可以承载语音、数据和视频多业务接入。

(4) 带宽比较宽，支持的协议比较灵活。

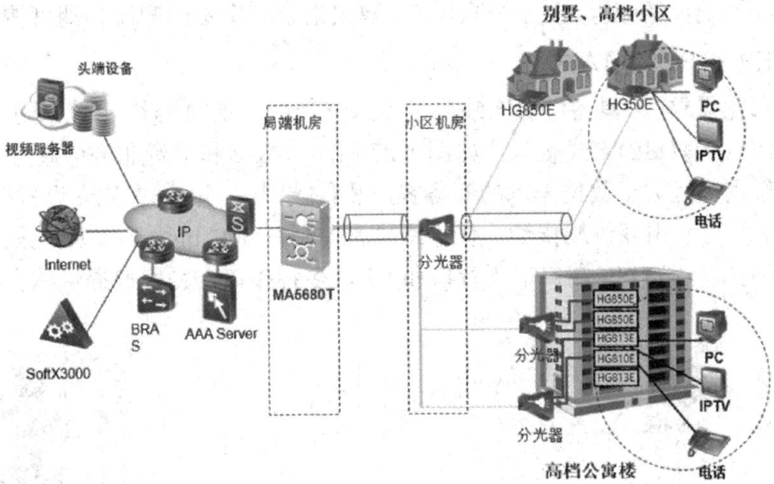

图 1-25　光纤到户组网方式

1.5.2　FTTB 组网方式

FTTB(Fiber To The Building，光纤到楼)利用数字宽带技术，光纤直接到小区里，再通过双绞线(超五类双绞线或 4 对非屏蔽双绞线)到各用户。

1. FTTB+LAN 组网方式

有中、高带宽需求，已具备综合布线且敷设入户光纤困难的住宅、商务楼宇或科技园区，采用 FTTB+LAN 方式接入，如图 1-26 所示。数据和语音业务可通过 ONU 统一接入，对于语音需求远大于数据需求的商务客户和科技园区，可设置独立设备接入语音。校园宽带接入可采用 FTTB(PON+LAN)方式，其中 LAN 部分应结合校园局域网建设，主要为用户提供宽带接入。对于大客户和商务客户，也可通过 PON 接入实现专线接入和点对多点的专网接入。采用以太网技术通过五类线传输，五类线全程长度不超过 100 m。ONU 可提供多路 LAN 端口、语音口和 E1 等多种接口，为用户提供综合接入。语音和宽带接口的比

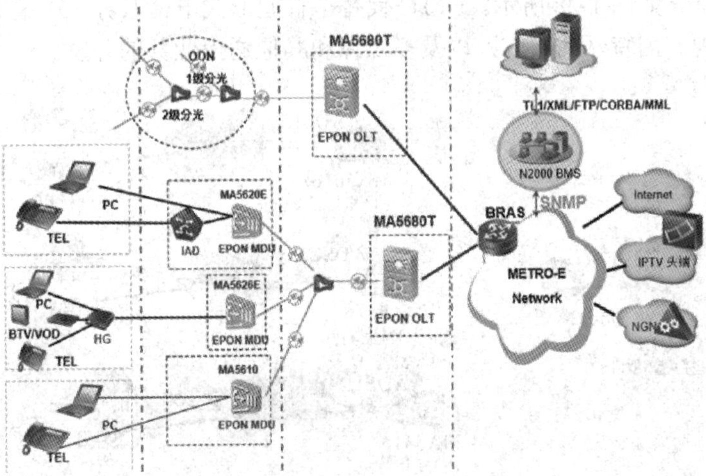

图 1-26　FTTB+LAN 组网方式

例可根据实际情况灵活配置，对于公众用户，建议语音和宽带的配比初期可按 2∶1 考虑。

2. FTTB＋xDSL 组网方式

有中等带宽需求，不具备综合布线且敷设入户光纤困难的住宅、商务楼宇或科技园区，可采用 FTTB(PON+DSL)方式接入，如图 1-27 所示。数据和语音业务可通过 ONU 统一接入，对于语音需求远大于数据需求的商务客户和科技园区，可设置独立设备接入语音。采用 xDSL 技术，可利用双绞线传输，传输距离宜控制在 500 m 内，现阶段采用 ADSL2^{+}技术。ONU 可提供多路 DSL 端口、语音口和 E1 等多种接口，为用户提供综合接入方式。

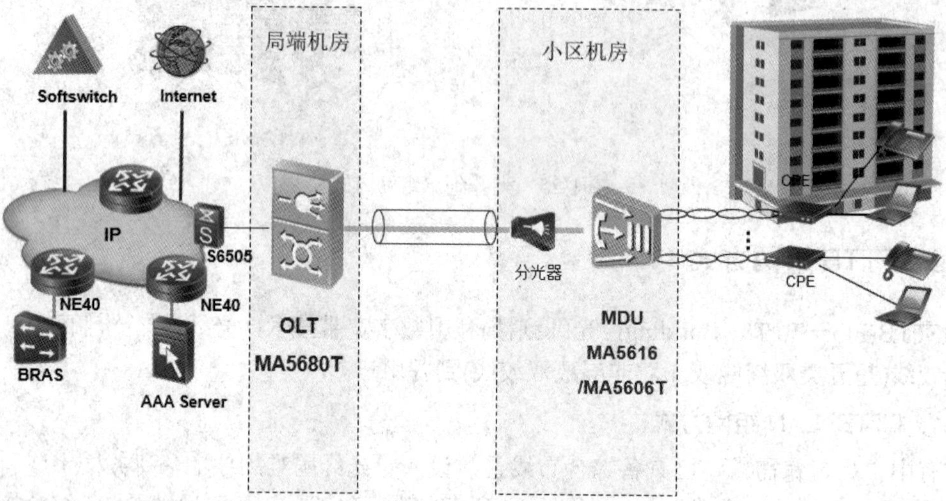

图 1-27　FTTB＋xDSL 组网方式

1.5.3　FTTC 组网方式

FTTC(Fiber To The Curb，光纤到路边)组网方式适用于从中心局到距家庭或办公室一千英尺以内的路边间光缆的安装和使用，利用同轴电缆或其他介质可以把信号从路边传递到家中或办公室，如图 1-28 所示。FTTC 代替了普通旧式电话服务，通过一条线就可完成电话、有线电视、因特网的接入，以及多媒体和其他通信业务的分发。

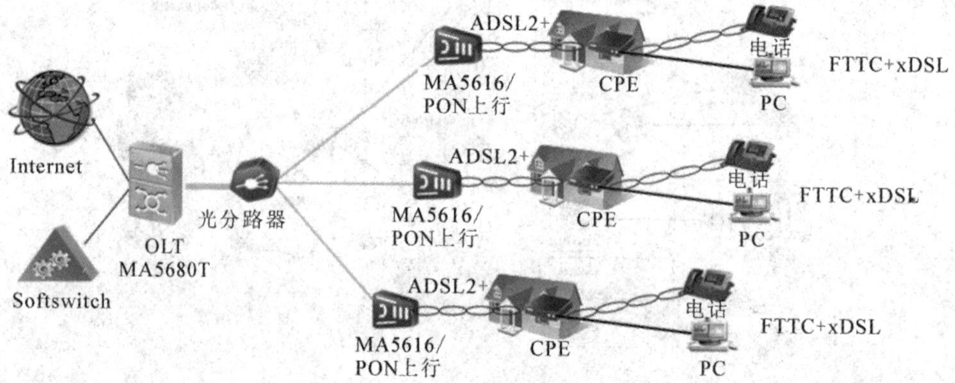

图 1-28　FTTC 组网方式

在 FTTC 结构中，引入线部分是用户专用的，现有铜线设施仍能利用，因而可以推迟耗资巨大的引入线部分(有时甚至是配线部分，取决于 ONU 的位置)的光纤投资，具有较好的经济性。FTTC 结构主要适用于点到点或者点到多点的树形-分支拓扑结构。一般先敷设一条靠近用户的潜在宽带传输链路，一旦有宽带业务需要，可以很快地将光纤引至用户处，实现光纤到家的战略目标。同样，如果出于经济性需要，也可以用同轴电缆将宽带业务提供给用户。由于 FTTC 结构是一种光缆/铜线混合系统，最后一段仍为铜线，还有室外有源设备需要维护，因此从维护运行的观点来看仍不理想。但是如果综合考虑初始投资和年维护运行费用，FTTC 结构在提供 2 Mb/s 以下窄带业务时，仍然是 OAN 中最现实经济的。然而，将来需要同时提供窄带和宽带业务时，这种结构就不够理想了，以后的宽带业务可能不得不减少节点数和用户数，或者采用 1500 nm 波长来传送宽带业务。

【知识归纳】

自我测试

一、填空题

1. 接入网按照传输媒介分为________和________两类。

2. PON 标准中，常见的有________、________和________三种标准。

3. EPON 系统结构由________、ODN 和________组成。

4. ________在 OLT 和 ONU 之间传输光通道。

5. EPON 目前可以提供对称上下行带宽为________。

6. EPON 系统中分光器的最大分光比为________，GPON 系统中分光器的最大分光比为________。

7. EPON 系统中采用________模光纤，传输距离最大不超过________。

8. PON 采用________复用，实现单纤双向传输，上行________波长，下行________波长，上行采用________技术，下行采用________技术。

9. 接入网由三个接口界定，这三个接口分别是________、________和________。

10. 光纤的种类很多，按传输模式可分为________和________。

11. EPON FTTX 主要有三种模式，分别是________、________和________。

12. PON 系统通过________实现一点对多点的网络结构。

13. EPON 系统测距技术常用的三种方法是________、________和________。

二、选择题

1. 接入网的英文名称是(　　)。

A. access Network　　B. core network

C. customer　premises network　　D. transmission network

2. ADSL 的中文含义是(　　)。

A. 数字数据网　　B. 综合业务数字网

C. 不对称数字用户线　　D. 宽带网

3. 下列 xDSL 技术中，接入速率最高的是(　　)。

A. ADSL　　B. VDSL　　C. ISDN　　D. HDSL

4. PON 在网络中的位置属于(　　)。

A. 传输网　　B. 接入网　　C. 核心网　　D. 用户驻地网

5. 数字用户线技术 ADSL 是利用现有的(　　)来实现宽带传输的。

A. 电话双绞线　　B. 电视电缆　　C. 光纤　　D. 无线电

6. EPON 是基于(　　)进行数据封装的。

A. ATM　　B. GEM　　C. 以太网　　D. ATM、GEM

7. 下列不是 XPON 家族成员的是(　　)。

A. EPON　　B. GPON　　C. TPON/APON　　D. FPON

8. 关于 POS 说法，错误的是(　　)。

A. POS(Passive Optical Splitter)称为无源光纤分路器

B. POS 是一个连接 OLT 和 ONU 的无源设备

C. POS 的功能是分发下行数据并集中上行数据

D. 如果断电，则 POS 无法正常工作

9. 以下对 EPON 系统传输机制描述正确的是(　　)。

A. 下行广播，上行 CSMA/CD　　B. 下行广播，上行 TDMA

C. 上行广播，下行 CSMA/CD　　D. 上行广播，下行 TDMA

10. 现阶段，在 FTTH 建设中，最大分光比不宜超过(　　)。

A. 1∶8　　B. 1∶32　　C. 1∶64　　D. 1∶128

三、判断题

1. ADSL 传输的速率比 VDSL 传输快。(　　)
2. ADSL 传输的媒介采用的是单模光纤。(　　)
3. EPON 系统中采用多模光纤进行传输。(　　)
4. EPON 系统中对于新建的小区采用 FTTH 接入方式。(　　)
5. EPON 系统中 ODN 是花费成本最高的。(　　)

四、问答题

1. 简述接入网的分类，以及接入网采用的技术。
2. 简述 ONU 自动注册过程。
3. EPON 关键技术有哪些？
4. EPON 接入有哪三大优势？

第 2 章　EPON 设备及配置

【目标导航】

(1) 熟练掌握 OLT 设备和 ONU 设备的硬件结构。
(2) 熟练掌握 ODN 基本结构。
(3) 掌握命令行配置环境。
(4) 掌握 MA5680T 系统的基本配置。
(5) 掌握各类光终端模板类型及含义。
(6) 能够根据数据规划完成光终端注册。
(7) 掌握 ONU 操作维护命令语句。

【教学建议】

模 块 内 容	学时分配	总课时	重点	难点
2.1 EPON 设备硬件认知	2	8		
2.2 OLT 设备配置	2		√	
2.3 ONU 设备配置	4		√	√

【内容解读】

EPON 光网络体系结构由 OLT、ODN 和 ONU 组成，在 EPON 系统最开始也是至关重要的一步就是解决光网络单元 ONU 的注册问题，只有已注册的光终端才能完成业务下发。

本章包括 OLT 设备认知、ONU 设备认知、ODN 设备认知、MA5680T 系统基础配置以及 ONU 注册，主要介绍各类 ONU 注册配置流程和注册配置命令。本章所有的硬件示例设备均采用的是国内知名厂商华为设备。

2.1　EPON 设备硬件认知

为实现大容量、高速率和高带宽的 EPON 接入系统，要求 OLT 和 ONU 配合满足 FTTH/FTTB/FTTC 组网需求；实现语音、数据、视频、IP 专线互联和批发等业务；提供高带宽、长距离接入，解决大规模光纤接入问题；利用单根光纤提供多业务，适应网络用户个性化需求。

2.1.1　OLT 设备认知

OLT 设备主要有超大容量的机架式、中容量的机架式和较小容量的盒式三种形态，如图 2-1 所示。

OLT 设备

超大容量OLT

中容量OLT

盒式OLT

图 2-1　OLT 设备形态

1. 超大容量 OLT

超大容量 OLT 是光接入网中采用最多的设备。华为采用的是 MA5680T 设备。MA5680T 设备满配时接入的用户量最多。

1) MA5680T 设备机柜

MA5680T 设备支持 N63E-22 机柜(如图 2-2 所示)和 N66 机柜(如图 2-3 所示)。

图 2-2　N63E-22 机柜外观

图 2-3　N66 机柜外观

机柜的尺寸和重量如表 2.1 所示。

表 2.1　机柜尺寸和重量

机　柜	尺寸(宽×深×高)	空机柜重量
N63E-22 机柜	600 mm×300 mm×2200 mm	45 kg
N66 机柜	600 mm×600 mm×2200 mm	73 kg

2) MA5680T 设备机框

MA5680T 设备支持 ETSI 型业务框，有 23 个槽位，如图 2-4 所示。

图 2-4　ETSI 型业务框外观

3) MA5680T 设备配置

MA5680T 设备槽位数量最多，共 23 个业务槽位，如图 2-5 所示。

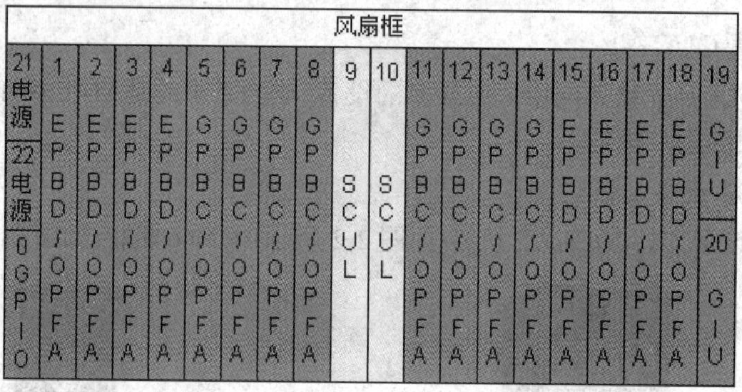

图 2-5　MA5680T 设备业务槽位

23 个槽位对应的单板类型如表 2.2 所示。

表 2.2　MA5680T 机框单板类型

单板类型	单板丝印	槽 位 限 制
主控板	SCUL	插在 9、10 槽位
业务板	EPBA/EPBD	插在 1～8、11～18 槽位
	GPBC	
	OPFA	
	TOPA	插在 1～8、11～18 槽位，配置 TOPA 单板时，需要从 18 槽位开始依次向左配置
以太网业务级联板	ETHA	插在 1～8、11～18 槽位
电源接口板	PRTG	插在 21、22 槽位
上行接口板	GICF	插在 19、20 槽位
	GICG	
	X1CA	
	X2CA	

4) MA5680T 设备风扇框

MA5680T 设备支持 ETSI 型风扇框，风扇框中配置 4 个风扇，每个风扇可独立拆装，风扇重量为 2.9 kg，最大功率为 51 W。风扇框外观如图 2-6 所示。

图 2-6　MA5680T 设备风扇框外观

风扇框具有以下 3 个功能：

(1) 散热。风扇框插在业务框的顶部，采用抽风方式实现业务框的通风散热。冷风从机框下部进入，经过机框内各工作单板后，由机框上部排出。

(2) 监控。风扇框中配置有风扇监控板，可以检测出风扇是否正常，并提供接口和主控板通信，定时将检测信息通过风扇监控板传送到主控板。

(3) 调速。风扇的转速可根据检测出的环境温度自动调节(默认情况下为自动模式)，也可通过数据手动配置来设置。手动配置可以根据主机下发的命令行设置具体的转速等级，可选转速等级为 0 挡～5 挡，其中 0 挡风速最低，5 挡风速最高。

风扇框左部有一个状态指示灯 STATUS，从指示灯的状态可以辨别风扇的运行情况，具体指示灯状态说明如表 2.3 所示。

表 2.3　风扇框指示灯状态

丝印	指示灯状态	状态说明
STATUS	黄灯快闪	风扇框未注册或者加载中
	绿灯 1 s 亮、1 s 灭周期闪烁	风扇框运行正常
	黄灯 1 s 亮、1 s 灭周期闪烁	有提示告警，但不影响业务
	黄灯常亮	主机和风扇框之间的通信中断
	红灯快闪	风扇故障或温度过高告警

5) MA5680T 设备单板

MA5680T 设备常见的单板有主控板、业务板、上行接口板、以太网业务级联板和电源板。

(1) 主控板。主控板全称为超级控制单元板(SCUL)，在机框 9、10 槽位工作。SCUL 具有以下 4 个功能：

① SCUL 通过带宽 GE/10GE(Gigabit Ethernet，千兆以太网)的总线接口与业务板通信，完成对设备的配置、管理和控制。

② 实现二层功能、三层交换和简单路由协议等。

③ 支持主控板主备倒换。

④ 通过带内网管通道实现告警信息的处理，SCUL 软件通过高层协议从业务板上报的信息中分离出告警等管理信息，进行相关的识别处理。SCUL 提供维护网口、调试串口、监控串口三类端口类型，如图 2-7 所示。

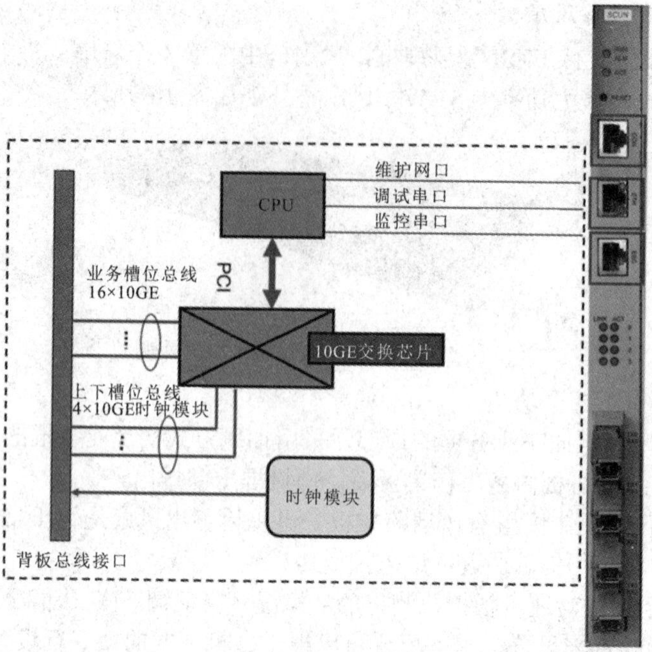

图 2-7　SCUL 模块

SCUL 指示灯工作状态如图 2-8 所示，维护人员根据主控表指示灯的工作状态就能辨别设备工作状态。

RUN ALARM指示灯	
绿灯1s 亮1s 灭周期闪烁	单板运行正常
绿灯0.25s 亮0.25s 灭周期闪烁	单板启动加载中
红灯亮	单板故障
ACT：主备用指示灯	
绿灯亮	单板处于主用状态
绿灯灭	单板处于备用状态

图 2-8　SCUL 指示灯工作状态

(2) 业务板。MA5680T 设备提供 EPBA、EPBC、EPBD、OFFA 和 TOPA 五种类型的业务板。业务板提供 EPON 接口，与终端 ONT 设备配合完成 EPON 接入功能。业务板的类型如图 2-9 所示。其中，主要的业务板提供如下的接口类型：

① EPBA 单板：提供 4 个 EPON 接口。

② EPBC 单板：提供 4 个 EPON SFP 可插拔光模块接口。

③ EPBD 单板：提供 8 个 EPON SFP 可插拔光模块接口。

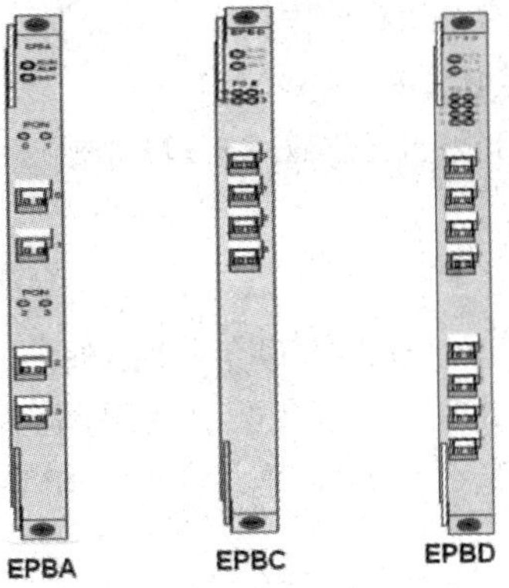

图 2-9　EPON 业务板类型

业务板通过光接口连接 ONU 设备，其指示灯工作状态如表 2.4 所示。

表 2.4　业务板指示灯工作状态

RUN ALARM 指示灯	工 作 状 态
绿灯亮 1 s、灭 1 s 周期闪烁	单板注册成功且运行正常，指示灯慢闪
绿灯亮 0.25 s、灭 0.25 s 周期闪烁	单板启动与注册中，指示灯快闪
红灯亮	单板检测到与主控板断开链接
绿灯常亮	对应的 PON 端口有 ONT 在线
绿灯常灭	对应的 PON 端口无 ONT 在线

(3) 以太网业务级联板。以太网业务级联板有 ETHA 和 ETHB 两种类型，如图 2-10 所示。级联板用于 GE 光口级联，ETHA 板支持板内端口聚合，ETHB 板支持板间端口聚合。

(4) 上行接口板。MA5680T 设备上行接口板分为两类，光口上行接口板和电口上行接口板。光口上行接口板有 GICF 和 GICG 单板，电口上行接口板有 X1CA 和 X2CA 单板。上行接口板用于上行或级联。上行接口板如图 2-11 所示。

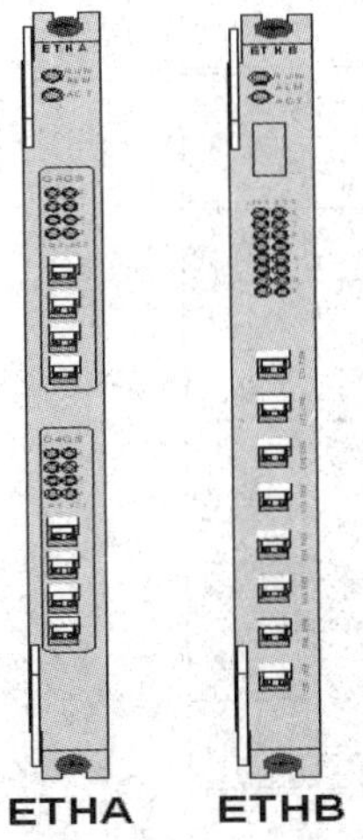

图 2-10　以太网业务级联板

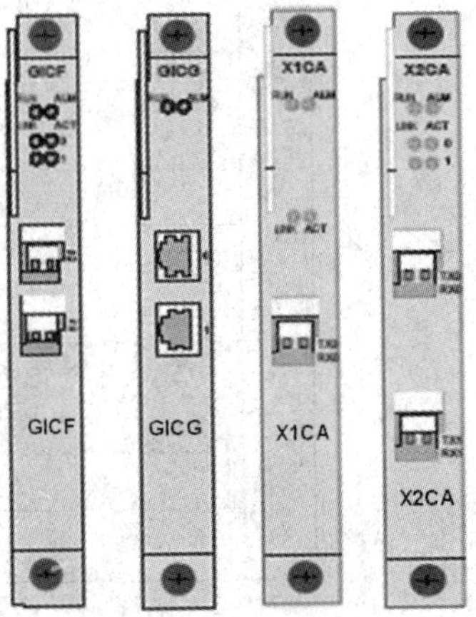

图 2-11　上行接口板

① GICF 单板：提供 2 路 1 GE 光接口。

② GICG 单板：提供 2 路 1 GE 电接口。

③ X1CA 单板：提供 1 路 10 GE 光接口。

④ X2CA 单板：提供 2 路 10 GE 光接口。

(5) 电源接口板。电源接口板(PRTG)在 21 和 22 槽位工作，为 MA5680T 设备机框提供 −48 V 接入电压。

2. 中容量 OLT

华为中容量 OLT 采用的是 MA5683T 设备。MA5683T 光接入设备作为 GPON/EPON 系统中的 OLT 设备，和终端 ONU/ONT 设备配合使用，可以提供 GPON/EPON 接入业务，满足 FTTH(光纤到户)、FTTB(光纤到楼)、基站传输、IP 专线互联和批发等组网需求。

1) MA5683T 设备机框

MA5683T 设备机框支持 13 个槽位，如图 2-12 所示。

图 2-12　MA5683T 设备机框

2) MA5683T 设备配置

MA5683T 设备的风扇在机箱内部的左侧，采用吹风方式。MA5683T 设备提供 0～12 共 13 个单板槽位，如图 2-13 所示，其配置特点如下：

(1) 0～5 槽位配置业务板。

(2) 6～7 槽位为主控板槽位。

(3) 8～9 槽位配置 GIU 上行板。

(4) 10～11 槽位配置电源板。

(5) 12 槽位配置通用接口板。

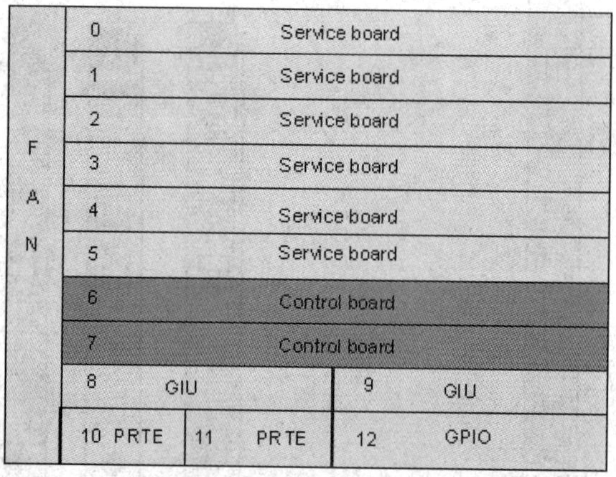

图 2-13　MA5683T 设备单板槽位

3) MA5683T 设备单板

MA5683T 设备常见的单板有主控板、业务板、上行接口板、TDM 接口板、电源板和监控板。MA5683T 单板功能和 MA5680T 的一致。MA5683T 单板类型以及接口如表 2.5 所示。

表 2.5　MA5683T 设备单板类型以及接口

分　类	单板名称	中文名称	基本功能	对外接口
主控板	SCUL	超级控制单元板	主要是控制系统	1 个维护网口、1 个串口、1 个环境监控口
业务板	GPBC	GPON 光业务接入板	提供 GPON 接入功能	4 个 GPON 接口
	GPBD	GPON 光业务接入板	提供 GPON 接入功能	8 个 GPON 接口
	EPBA	EPON 光业务接入板	提供 EPON 接入功能	4 个 EPON 接口
	EPBC	EPON 光业务接入板	提供 EPON 接入功能	4 个 EPON 接口
	EPBD	EPON 光业务接入板	提供 EPON 接入功能	8 个 EPON 接口
	OPFA	FE 光业务接入板	提供 16 路 FE 光接入	16 个 FE 光口
上行接口板	GICF	GE 上行光接口板	提供 GE 上行功能	2 个 GE 光接口
	GICG	GE 上行电接口板	提供 GE 上行功能	2 个 GE 电接口
	X1CA	10GE 上行光接口板	提供 10GE 上行功能	1 个 10GE 光接口
	X2CA	10GE 上行光接口板	提供 10GE 上行功能	2 个 10GE 光接口
电源板	PRTE	电源接口板	为业务框供电	1 个电源连接器
TDM 接口板	TOPA	TDM 接口板	提供 E1 上行功能	16 个 E1 接口、2 个 STM-1 接口
监控板	PMIA	电源监控接口板	提供风扇监控、环境监控和 100 Mb/s 网口上行功能	1 个 GE 电口、1 个调试串口

3. 盒式 OLT

华为盒式 OLT 设备采用的是 MA5606T。MA5606T 设备满足用户稀疏或偏远地区组网需求。

1) MA5606T 设备机框

MA5606T 设备(如图 2-14 所示)只支持 4 个槽位。MA5606T 机箱是室内型小容量机箱，高 2U。机箱可通过挂耳安装在机柜或网络箱中，也可以挂墙安装或直接安放在工作台上。

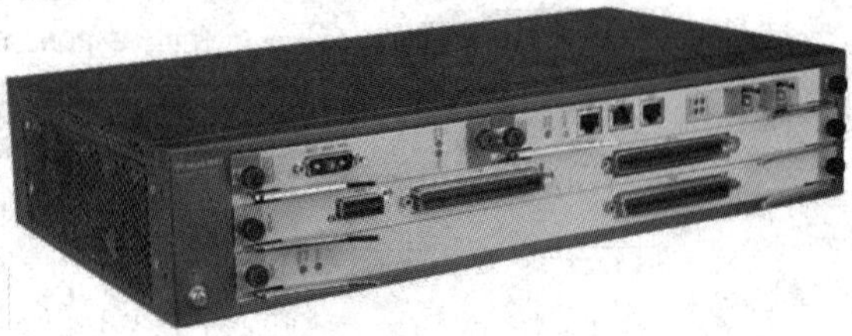

图 2-14　MA5606T 设备机框

2) MA5606T 设备配置

MA5606T 设备提供 0～3 共 4 个单板槽位，如图 2-15 所示，0 号槽位配置电源板，1 号槽位配置主控板，2～3 号槽位配置业务板，风扇在机箱内部的左侧，采用吹风方式。

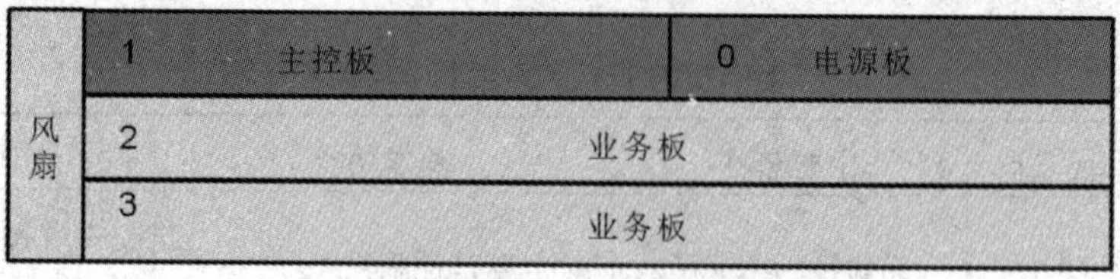

图 2-15 MA5606T 设备单板槽位

3) MA5606T 设备单板

MA5606T 设备常见的单板有主控板、业务板和电源板。MA5606T 单板功能和 MA5680T 的一致。MA5606T 设备单板类型如表 2.6 所示。

表 2.6 MA5606T 设备单板类型

单 板	简 称	全 称	功 能
主控板	MCUA	小规模控制单元板	实现对业务板的管理，通过扣板实现业务的上行；支持热插拔
业务板	EPBA	4 路 EPON 接口板	提供 4 个 EPON 接口，与终端 ONT 设备配合完成 EPON 接入功能；支持热插拔
	GPBC	4 端口 GPON 接口板	提供 4 个 GPON 接口，与终端 ONT 设备配合完成 GPON 接入功能；支持热插拔
	OPFA	16 路 FE 光接入板	提供 16 路 FE 光接入；支持热插拔
电源板	MPWA	直流电源板	为 MA5606T 机箱供电，实现对风扇模块的监控和信号上报

2.1.2 ONU 设备认知

光终端 ONU 的种类繁多，如图 2-16 所示，根据光终端接入的功能不同可以分为三类，

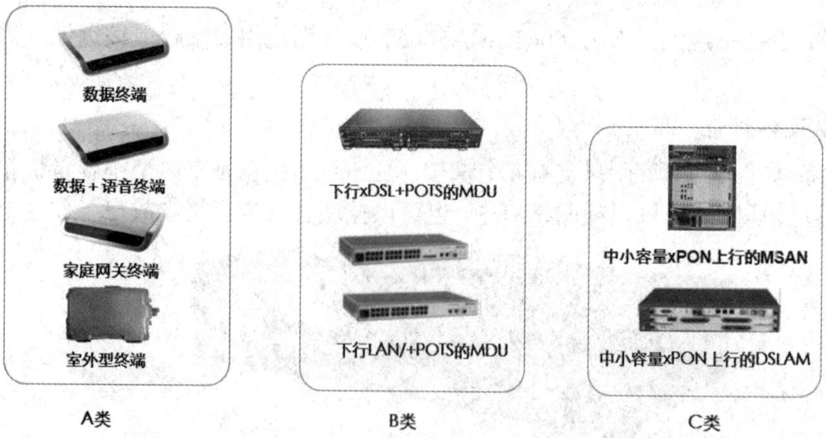

MDU 设备

图 2-16 光终端 ONU 种类

即 A 类光终端、B 类光终端和 C 类光终端。A 类光终端采用盒式结构，体积比较小，接入用户量仅 1 个，用于 FTTH(光纤到户)组网；B 类光终端和 C 类光终端在 EPON 接入系统中作为 MDU(Multi-Dwelling Unit，多用户居住单元)设备，可以承载多个用户接入；B 类光终端外观结构和交换机相似，用于 FTTB(光纤到楼)组网；C 类光终端外观和盒式 OLT 外观相似，用于 FTTC(光纤到路边)组网，一般安装在老旧小区的外面，接入用户量较多。无论是 A 类、B 类和 C 类光终端，都能为用户提供宽带、语音和视频业务，只是接入用户量和接入物理位置不同而已。

1. A 类 ONT 终端

EPON 光接入系统中 FTTH 组网采用就是 A 类 ONT 终端，设备放置在家中多媒体信息箱中，根据功能大致可以分为桥接型 ONT、桥接+语音型 ONT 和网关型 ONT 三大类。常用 ONT 终端如图 2-17 所示，ONT 状态指示灯如表 2.7 所示。

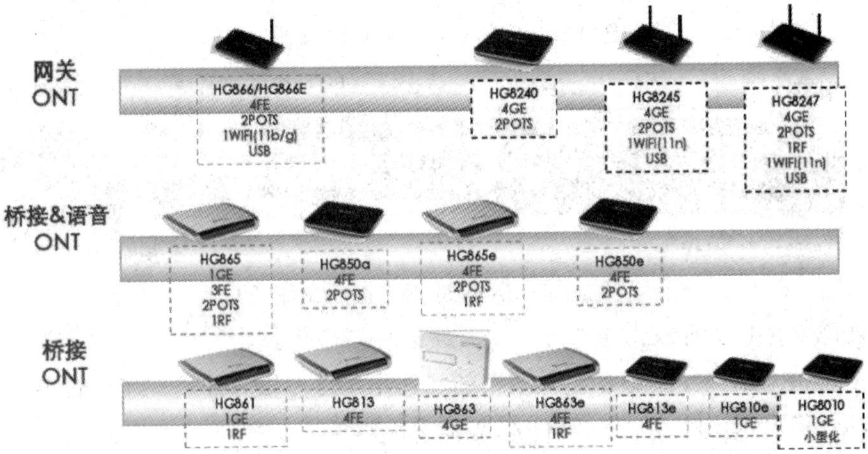

图 2-17　常用 ONT 终端

表 2.7　ONT 状态指示灯

指示灯	状　态
POWER	常亮—正常；灭—不正常
AUTH	常亮—注册成功；闪烁—注册未成功
LINK	常亮—EPON 光纤连接正常；灭—光纤连接不正常
LAN	常亮—连接正常；闪烁—数据转发；灭—未连接
VoIP	常亮—语音终端注册成功；灭—未注册

2. B 类 MDU 设备

MA5620E/MA5626E 在 EPON 接入系统中作为 MDU 设备，上行方向与 OLT 配合提供高速率和高质量的数据、语音和视频业务，实现 FTTB 接入，设备一般放置在小区单元门入口处。为更好地满足客户对 FTTB 组网中 MDU 设备的需求，华为技术有限公司推出 MA5620E/MA5626E EPON 远端光接入单元。

1) B 类 MDU 支持业务接入

(1) MA5620E 支持以下两种业务接入方式：

① 基于 VoIP 的 POTS(Plain Old Telephone Service，普通老式电话业务)接入。

② 基于以太网的 LAN 接入。

(2) MA5626E 支持基于以太网的 LAN 接入。

2) B 类 MDU 机框

MA5620E 和 MA5626E 设备机框都支持交流电源输入和直流电源输入，如图 2-18 与图 2-19 所示。MA5620E 设备支持 POTS 接口和 FE 电接口两种接口，MA5626E 设备仅支持 FE 电接口。

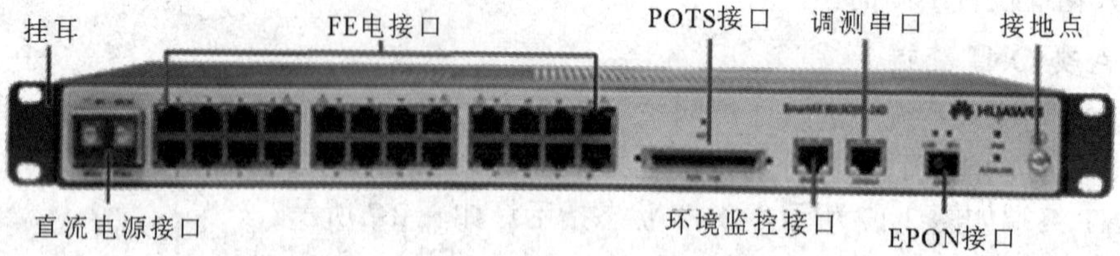

图 2-18　MA5620E 设备机框(直流供电)

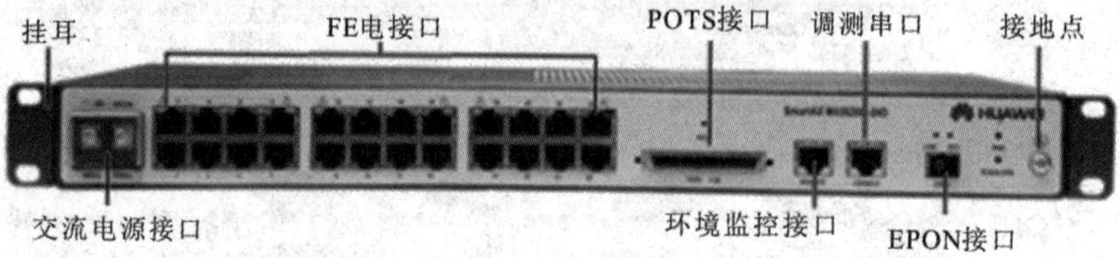

图 2-19　MA5626E 设备机框(交流供电)

3) B 类 MDU 设备状态指示灯

MA5620E/MA5626E 设备提供丰富的状态指示灯，以方便用户了解设备运行状态。MA5620E/MA5626E 设备的状态指示灯如表 2.8 所示。

表 2.8　MA5620E/MA5626E 设备状态指示灯

指 示 灯	状　态
FE 电接口状态指示灯	
绿灯亮	端口建立连接
绿灯灭	端口无连接
黄灯闪烁	端口有数据传输
黄灯灭	端口无数据传输
POTS 接口状态指示灯(仅 MA5620E 支持此接口指示灯)	
绿灯亮	至少有一个业务端口激活
绿灯灭	无业务端口激活
EPON 接口状态指示灯	
LINK：绿灯常亮	EPON 接口收到下行光信号
LINK：绿灯常灭	EPON 接口没有收到下行光信号
REG：绿灯常亮	设备注册成功
REG：绿灯闪烁	设备正在进行注册
REG：绿灯常灭	设备注册失败

续表

指 示 灯	状 态
PWR 状态指示灯	
绿灯常亮	设备正常上电
绿灯常灭	设备掉电
RUN/ALARM 状态指示灯	
绿灯 0.25 s 亮、0.25 s 灭周期闪烁	设备启动中
绿灯 1 s 亮、1 s 灭周期闪烁	设备工作正常
红灯常亮	设备运行故障

4) B 类 MDU 设备配置

MA5620E/MA5626E 两种设备的主要区别在于接口的数量和是否支持 POTS 接口。MA5620E/MA5626E 设备的配置情况如表 2.9 所示。

表 2.9 MA5620E/MA5626E 设备的配置情况

设 备 名 称	接 口 配 置
MA5620E(交流电源)	8 个 POTS 接口，8 个 FE 电接口
	16 个 POTS 接口，16 个 FE 电接口
MA5620E(交流和直流两种电源)	24 个 POTS 接口，24 个 FE 电接口
MA5626E(交流电源)	8 个 FE 电接口
	24 个 FE 电接口
MA5626E(交流和直流两种电源)	16 个 FE 电接口

5) B 类 MDU 设备工作原理

MA5620E/MA5626E 设备通过 EPON 子系统、汇聚子系统和语音子系统的交互完成所有业务的处理，如图 2-20 所示。MA5620E/MA5626E 设备的工作原理如下：

(1) OLT 通过光纤连接到 MA5620E/MA5626E 设备的 EPON 接口，完成业务通道的对接。

(2) EPON 子系统实现光/电、电/光转换和 MAC 协议处理等功能，与汇聚和接口子系统进行对接。

(3) 汇聚子系统完成以太网数据的交换汇聚以及高层协议处理，实现以太网用户的接入，并与语音子系统进行对接。

(4) 语音子系统(MA5620E 独有)完成对语音数据的处理，同时负责呼叫过程的管理，实现语音业务的接入。

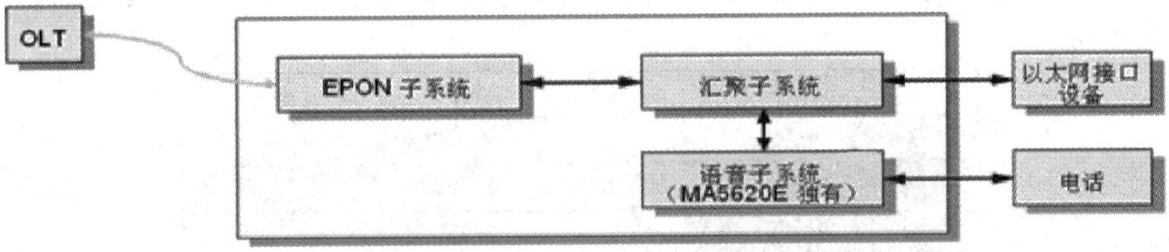

图 2-20 MDU MA562x 设备工作原理

3. C 类 MDU 设备

SmartAX MA5616 设备在 EPON 接入系统中作为 MDU 设备，SmartAX MA5616 多业务接入设备(以下简称 MA5616 设备)支持 EPON/GPON/双 GE 上行，支持 ADSL2$^+$、VDSL2 和 POTS 接入。

1) MA5616 设备机框

MA5616 设备采用 FTTC 组网方式，一般用于老旧小区接入；设备放置在小区外面，支持多种业务接入。C 类 MDU 设备外形比其他光终端的大，其尺寸为 442 mm × 245 mm × 88.1 mm (宽 × 深 × 高)，不带挂耳；482.6 mm × 245 mm × 88.1 mm(宽 × 深 × 高)，带 19 英寸挂耳。C 类光终端设备和 B 类光终端设备一样，也支持直流和交流两种供电方式，如图 2-21 和图 2-22 所示。

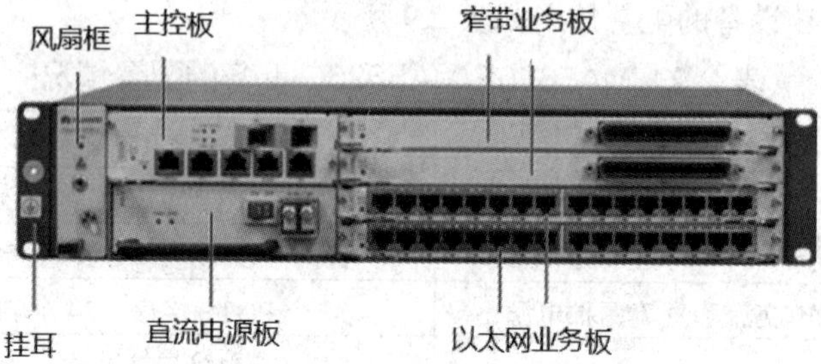

图 2-21　MA5616 设备机框(直流供电)

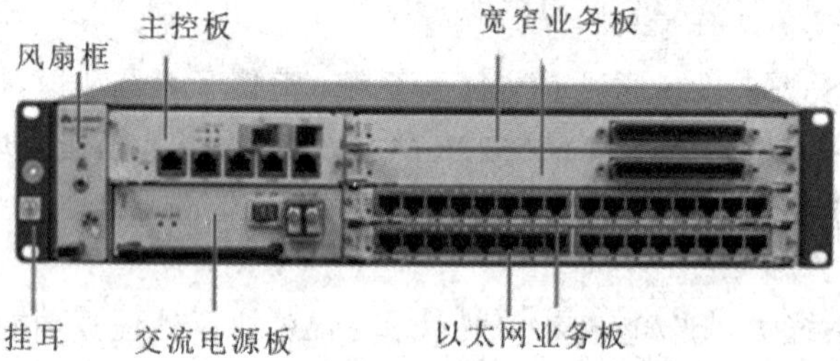

图 2-22　MA5616 设备机框(交流供电)

2) MA5616 设备配置

MA5616 设备提供 0～5 共 6 个单板槽位，如图 2-23 所示，0 号槽位配置主控板，1～4 号槽位配置业务板，5 号槽位配置电源板，风扇在机箱内部的左侧，内置 3 个风扇，采用吹风方式；冷风从机箱左侧进入，通过风扇的吹风作用，经过单板向右方走，最后从机箱右侧排出。

风扇框	主控板 0	业务板	1
		业务板	2
	电源板 5	业务板	3
		业务板	4

图 2-23　MA5616 设备配置

3) MA5616 设备单板

MA5616 设备常见的单板有主控板、业务板和电源板。MA5616 设备具体单板类型如表 2.10 所示。

表 2.10　MA5616 设备具体单板类型

单　板	简　称	槽　位	功　能
主控板	CCUB	0	主要完成上行业务汇聚、设备管理及对各个接口模块的业务管理等功能；支持热插拔
业务板	ASRB	1～4	支持 32 路 VoIP 业务，提供 32 路 POTS 用户接入；支持热插拔
	ASRB		支持 32 路 ADSL/ADSL2/ADSL2$^+$接入，内置分离器；支持热插拔
	VDGE		支持 16 路 VDSL2 接入；支持热插拔
电源板	PDIA	5	支持交流输入电压转换，输出 −48 V DC、+12 V DC 和 +3.3 V DC
	PAIA		支持交流输入电压转换，输出 −48 V DC、+12 V DC 和 +3.3 V DC；并支持蓄电池接入
	PAIB		支持转接 −48 V 直流输入，实现机箱对 −48 V DC、+12 V DC 和 +3.3 V DC 的供电需求

4) MA5616 设备工作原理

MA5616 设备通过 PON 接口上行至 OLT 或通过 GE 接口上行至 BRAS。MA5616 设备的工作原理(如图 2-24 所示)如下：

(1) 主控板实现对业务板的管理，并通过背板实现业务上行和设备级联。

(2) 当使用不同背板时，可以提供不同的上行接口。

(3) 电源板输出直流电到背板，再由背板输出到风扇框、业务板和主控板。

(4) 用户端设备通过用户线缆连接到 xDSL 业务板，通过主控板连接到 IP 网络，实现 xDSL 业务接入。

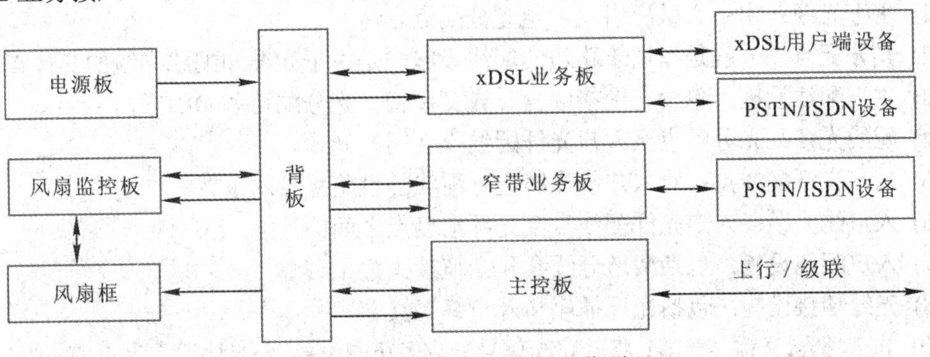

图 2-24　MA5616 设备的工作原理

(5) 窄带信号通过窄带业务板接入，通过主控板连接到 PSTN/ISDN 设备，实现窄带业务接入。

(6) 风扇监控板实现对风扇框的监控，同时将监控信息通过背板上报给主控板。

2.1.3 ODN 设备认知

1. ODN 基本结构

ODN(Optical Distribution Network，光分配网)是由馈线光缆、配线光缆、入户光缆和光终端子系统组成的点对多点的光分配网络，一般以树形结构为主，是基于 PON 设备的 FTTx 光缆网络，作用是把光线路终端(OLT)和光网络单元(ONU)连接起来，提供业务传送的物理连接。简单来说，ODN 就是两个有源设备(OLT 设备和 ONU 设备)之间所有无源光纤、无源设备(光分路器等)组成的一个网络，如图 2-25 所示。

ODN 结构

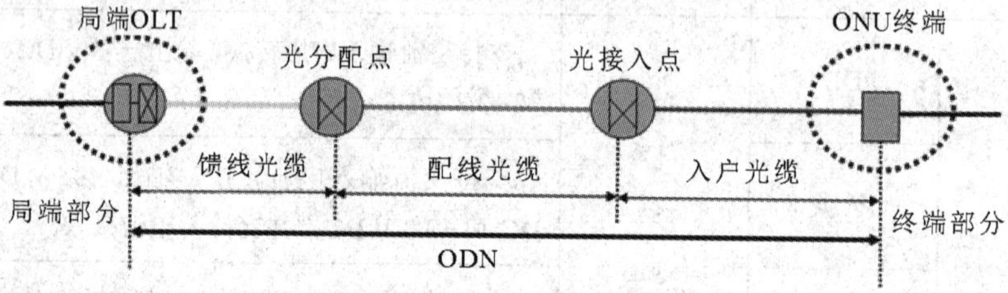

图 2-25　ODN 基本结构

2. ODN 布放

光缆敷设同样需要管道和架空电杆等设施，这些设施规划与市政规划紧密相关。ODN 的网络拓扑结构与 PSTN 的电缆拓扑结构是一致的，借鉴 PSTN 的部署模式，包括交接箱的位置和容量的继承。与双绞线相比，同样大小的管道能够承载更多的光纤数量。由于 PON 的 P2MP 的特征，大大节约了馈线和配线光缆数量，一次敷设好光缆就能满足多年的发展需要，降低网络规划的难度，而且初始 ODN 投资不高。

1) ODN 光分配网络拓扑图

ODN 光分配网拓扑如图 2-26 所示。ODN 光分配网络的组成如下：

(1) 主干光缆：由中心机房引出，至光分配点。

(2) 光分配点：一般是指位于路边的配线设施，是主干光缆和配线光缆的交接点。

(3) 主干配线设施：包含光缆接续盒、光交接箱、光分配箱和 ODF 等。

(4) 配线光缆：光分配点至入户光纤配线点之间的光缆。

(5) 入户光纤配线点：对入户线光缆进行配线的设施所在的位置。

(6) 入户线光缆：入户光纤配线点至光纤端接点之间的光缆。

(7) 入户配线设施：包括楼道分线盒和光缆接头盒。

(8) 光纤端接设施：包括光纤插座和入户终端盒。

(9) 光分路器(又称分光器)：将一路光信号分成多路的设备，分光比通常为 1∶2～1∶64。

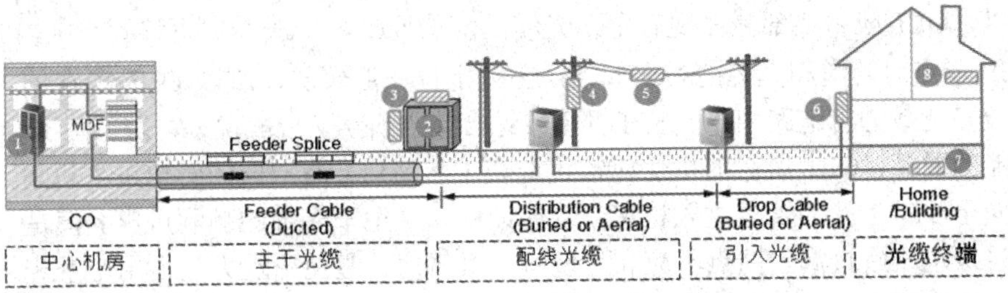

图 2-26　ODN 光分配网络拓扑

(10) 光跳线：连通光纤端接设施与 ONU 的一小段光缆或光纤。

2) OLT 位置选择

OLT 作为 PON 的局端设备，是接入网中层级最高的网络节点。OLT 的作用是汇聚辖区内的 ONU 的数据，并将数据流量转发到上层网络。由此可见，OLT 在 PON 中的主要作用是业务汇聚和转发，因此作为局端设备，OLT 的设计应从该设备自身所承担的汇聚功能出发，重点考虑接入业务总量与 OLT 设置之间的关系。

OLT 的位置主要取决于局方的建设成本和网络建设所处阶段，同时还应考虑 PON 的长距离覆盖特性(如图 2-27 所示)。

(1) 项目建设初期建议将 OLT 放置在 CO(Central Office，中心机房)，因为用户较少，且可以体现 PON 的远距离覆盖性。

(2) 项目建设后期用户数较多，考虑到建设成本的因素，可以将 OLT 放置在远端 CO。

(3) 可利用旧有城域网的 ODF 机架或室外机柜，来确定 OLT 的放置位置。

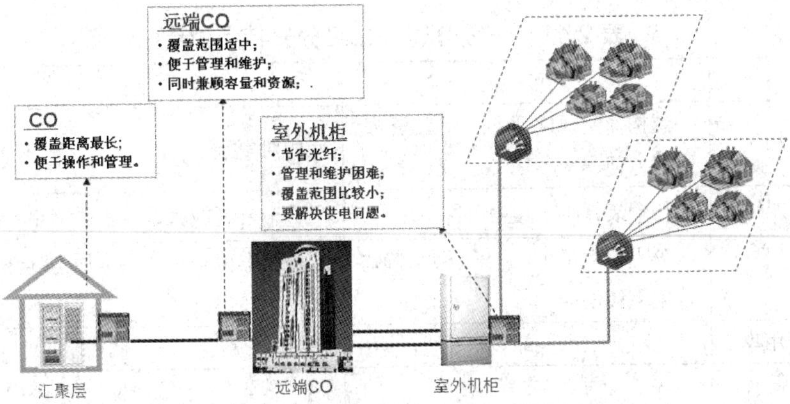

图 2-27　OLT 常见布放位置

OLT 节点应定位于汇聚层以上网络节点，并不作为接入设备使用，这是由 OLT 的网络功能所决定的。因为在 PON 的光接口定义中，PON 光接口的传输距离高达 20 km，有很强的汇聚能力。在 OLT 设备的规划和使用过程中，必须充分考虑 OLT 自身的网络特性，以达到充分发挥设备性能、降低网络投资和维护成本的目的。因此，对于不同的 OLT 布局方案，即使整体投资相差不大，也应尽量集中设置 OLT 节点。对于 OLT 节点的布局规划，在同等条件下，应倾向于 OLT 集中部署方案。相反，如果 OLT 进行分散设置，势必造成局点过多而且分散，导致 OLT 上行链路数量过多；而在 OLT 的上层再次进行数据链路的汇聚，会导致总体网络层次多，网络结构复杂，不利于网络的扁平化和网络运行质量的提升。所以，OLT应主要部署在现有主干光缆的汇聚局点，一般不宜下移到小区内。

OLT节点对管道和光缆的要求如下：因为定位在汇聚层，所以OLT所在的机房应该是拥有较多孔数的管道路由，一般在机楼或综合接入机房。一般说来，为了利于OLT汇聚业务职能的发挥，OLT所在的机房应该优选在十字路口，有双向的管道进入机房，并且在每个方向至少有1孔的管道进入机房，以保证接入层主干光缆的顺利进出。但是，OLT节点部署层级也不宜过高，局点不应高于现有一般机房，避免出现大量占用中继光缆纤芯的情况，也不应低于光节点，避免出现反向占用主干纤芯，导致纤芯方向混乱的情况。当一般机房覆盖范围较大时，可考虑OLT节点下移，下移的OLT节点FTTH终局容量应根据用户密度覆盖2～4 km的范围，终局容量为2～5万户。对于用户密度较低的区域(如城乡结合部)，OLT规划容量最低不得低于1万户。

3) 分光器布放

分光器位置的设置除考虑建设成本外，还需结合用户的带宽需求、PON口利用率、分光器利用率、ONU端口数、ONU数量及分布、级联衰耗和后期运维等多种因素综合考虑。为此，分光器的最佳位置选择需具体问题具体分析，根据不同场景来合理选取，不能一概而论。分光器布放时还需要考虑光分比设置以及光分比范围，具体要求如下。

(1) 分光比。ODN网络结构主要取决于分光器的设置，分光器的设置方式主要从分光级数来考虑，目前网络应用中较多的是一级分光和二级分光，一级、二级分光特点对比如表2.11所示，三级及三级以上分光方式一般不采用，从分光级数与集中/分散设置两方面来考虑，分光器的设置一般有以下3种方案：① 一级分光集中设置；② 一级分光分散设置；③ 二级分光设置。

表2.11　一级分光、二级分光特点对比

项　目	一 级 分 光	二 级 分 光
拓扑结构	结构简明，IT系统支持，资源管理方便	相对复杂
传输衰耗	传输衰耗小，覆盖范围更广	传输衰耗较大，覆盖范围小
线路节点	分光器数量少，跳纤点少，障碍发生率较低	分光器两个级联，增加了跳纤点，障碍发生率较高
PON口利用率	高	低
光交数量	多	少
光交内跳纤数量	多	少
光纤光缆数量	多，维护量大	少，维护量小
查障	节点少，故障定位容易	节点多，故障定位复杂
维护分工	安装维护人员需要到光交跳纤	有利于末端安装维护和主干维护分离
用户放装	小区光交内跳纤，出错率高	仅需在楼道分纤箱中跳纤，出错率较低

总的来说，一级分光比较容易测试和维护，同时光功率衰减比较小；采用单级分光结构，分光器的利用率比较高。二级分光比集中分光的费用要高；二级分光可以节省配线段光缆，而且网络的灵活性比集中分光要好。

(2) 分光比的选择。在FTTB模式下，建设场景比较简单，一般分光器设置于小区或路边，分光比为 1∶4～1∶16，ODN 组网方式相对单一。

在 FTTH 组网模式下，由于实际建设场景较为复杂，特别是受到建筑物形态、用户分布的影响，在同一场景下选择不同的 ODN 组网方式建设投资差异很大。按照分光级数、分光器安装的位置和分光比的选择，主要可以分为以下几种模式：

① 小区集中一级分光模式。分光比选择 1∶64，全部集中设置在小区的光分配点，从分光器到住宅楼选用 4～6 芯市话光缆或室外蝶形光缆。这种组网方式一般适用于别墅、低层住宅小区及工业园区等用户密度较低的场景。

② 小区二级分光模式。一级分光器集中设置在小区内的光交接箱或光交接间内，二级分光器设置在每个楼宇内，依据楼内用户数量，分光比选择 1∶4 + 4 ×1∶16、1∶8 + 8 × 1∶8 或 1∶16 + 16 ×1∶4 等多种组合方式。这种组网方式一般适用于低层住宅小区及工业园区等用户密度较低的场景。

③ 楼内集中一级分光模式。每栋楼宇设置一个分光点，楼内所有分光器采用 1∶64 分光比集中设置在该分光点内，垂直光缆采用大芯数光缆至各楼层，在楼层设置分纤盒，从分纤盒到用户家敷设蝶形光缆。这种组网方式比较适用于高层塔楼或有公共地下停车库的楼群，分光器集中后可以提高 OLT PON 端口和分光器的利用率。但垂直光缆芯数较大，建设施工较为困难。

④ 楼内一级分光模式。采用一级分光方式，几个楼层合设一个分光器，分光器到用户采用蝶形光缆。这种组网方式比较适用于高层住宅楼，垂直光缆芯数较小，但建设初期分光器和 OLT PON 端口利用率较低。

⑤ 楼内二级分光。一级分光器设置在每个楼宇一楼或地下室，采用 1∶8 或 1∶16 分光比；二级分光器设置在楼层，分光比根据一级分光器的分光比来选择，使总分光比达到 1∶64。这种组网模式同样适合高层住宅楼或大开间商务办公楼，网络建设初期投资少，利用率高，后期扩容较为简单。

(3) 不同分光器位置布放的优、缺点。分光器位置布放是根据具体的环境决定的，如图 2-28 所示，每种位置选择都有优、缺点，具体如下：

① 中心机房(CO)。便于管理和维护，光纤的用量比较大；网络弹性不足、实施费用比较高。

② 小区机房。集中分光，便于安装、网络结构比较简单；用户密度比较高的时候，总的建设费用较低。

③ 大楼内。网络结构比较复杂、PON 端口的利用率不是很高；节省大量的光纤、比

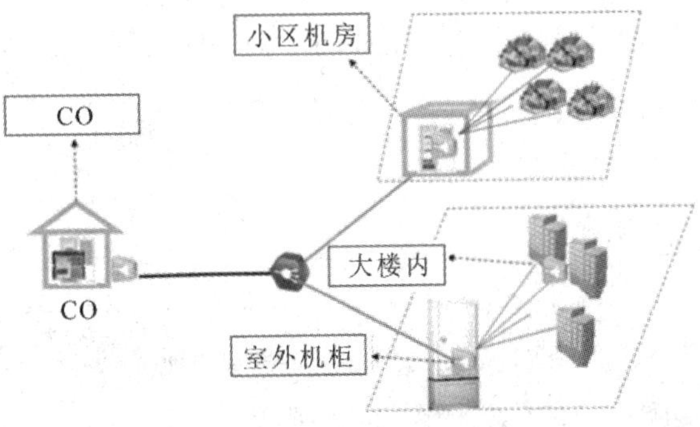

图 2-28　分光器位置布放

较适合密度比较高的建筑。

④ 室外机柜。网络适应性比较强，驻地分配网络的费用比较低，利用率比较高；入户光纤的用量比较大。

3. ODN 系列产品

1) ODF 架

(1) ODF 架的分类。

ODN 产品概述

① 光纤配线架(Optical Fibre Distribution Frame，ODF)是光缆和光通信设备之间或光通信设备之间的连接配线设备，一般应用在室内环境，如图 2-29 所示。

图 2-29　ODF 架外观

② 光缆交接箱(Optical Cable Cross Connection Cabinet)是用于连接主干光缆与配线光缆的接口设备。用在 ODN 中的光缆交接箱可以安装分光器。它一般应用在室外环境中。

(2) ODF 架的功能。ODF 分成单元式、抽屉式和模块式三大类。ODF 具有光缆固定保护、光纤终接、光缆纤芯保护、标识记录和光纤存储等功能。

(3) ODF 架熔配分离和熔配一体化的区别。

① ODF 架的熔接配线分离式如图 2-30 所示。

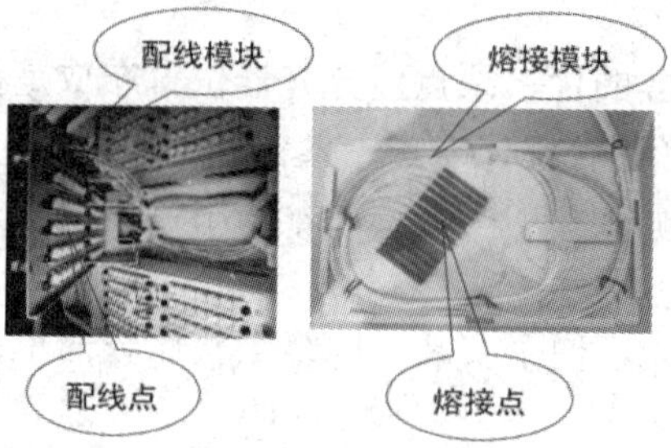

图 2-30　熔接配线分离式

熔接配线分离式的原理是熔接配线分别在两个模块中实现，如图 2-31 所示。

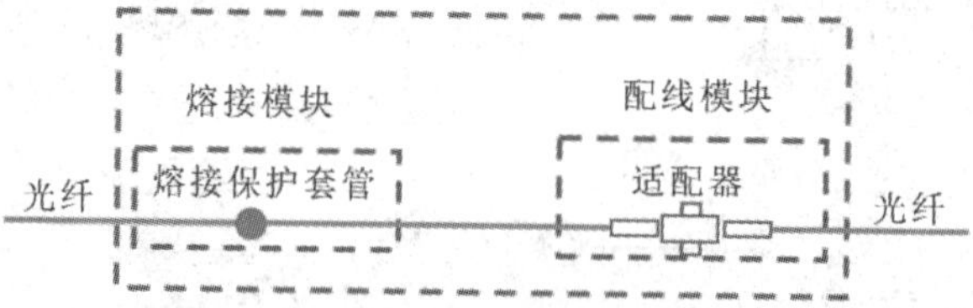

图 2-31　熔接配线分离式原理

② ODF 架的熔接配线一体化式如图 2-32 所示。

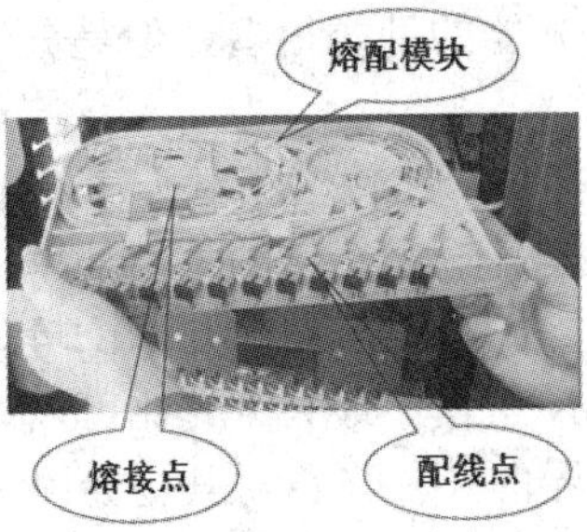

图 2-32　熔接配线一体化式

熔接配线一体化式的原理是熔接配线在同一个模块中实现，如图 2-33 所示。

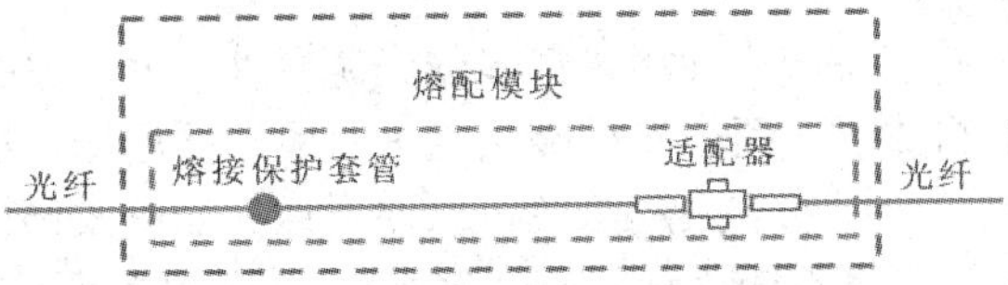

图 2-33　熔接配线一体化式原理

2) 分光器

(1) 分光器的种类。分光器是光纤链路中重要的无源器件之一，是具有多个输入端和多个输出端的光纤汇接器件。依据安装场景，分光器可以分为上架型、户外型和室内壁挂型三种(如图 2-34 所示)，常见的有分光器模块、箱体内置分光器、盒内置分光器、户外分纤箱、室内分纤箱等，如图 2-35 所示。

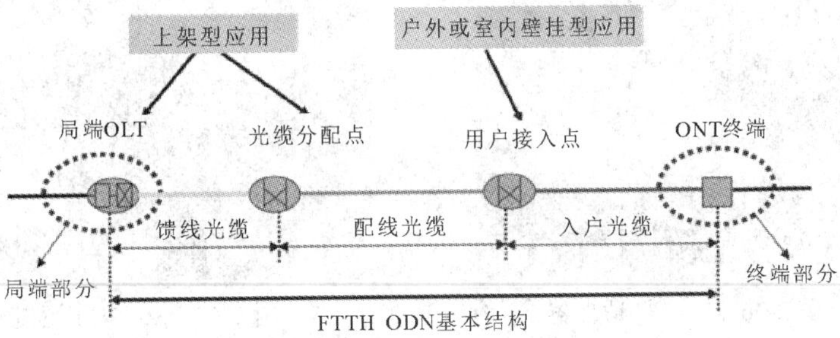

图 2-34　分光器安装场景分类应用

分光器模块　　箱体内置分光器　　盒内置分光器

户外分纤箱　　室内分纤箱

图 2-35　常见的分光器种类

(2) 分光器的技术参数。分光器的种类很多，但是分光器的技术参数是不变的。分光器的技术参数有：

① 损耗插入。插入损耗是指每一路输出相对于输入光损失的分贝数。

② 分光比。分光比是分光器各输出端口的输出功率比值。在工程中根据光功率来选择分光比。在 EPON 系统应用中，光分比有 1∶2、1∶4、1∶8、1∶16 和 1∶32，EPON 系统最大分光比是 1∶32，GPON 工程中最大分光比可以达到 1∶64。

③ 隔离度。隔离度是分光器的某一光路对其他光路中的光信号的隔离能力。隔离度对于分光器的意义更为重大，在实际系统应用中往往需要隔离度达到 40 dB 以上，否则将影响整个系统的性能。

3) 光纤连接器及附属产品

光纤连接器是光纤通信系统中使用量最多的光源器件，大多数的光纤连接器是由两个光纤接头和一个耦合器组成的。两个光纤接头装进两根光纤尾端，耦合器起对准套管的作用。另外，耦合器多配有金属或非金属法兰，以便于连接器的安装固定。

(1) FC-FC 适配器。如图 2-36 所示，FC-FC 适配器外部加强方式是采用金属套加强，紧固方式为螺丝扣固定。该连接器结构简单，操作方便，制作容易，采用对接端面呈球面的插针，插入损耗和回波损耗较小。

(2) SC-SC 适配器。如图 2-37 所示，SC-SC 适配器外壳呈矩形，所采用的插针与耦合套筒的结构尺寸与 FC-FC 型完全相同，其中插针的端面多采用 PC 或 APC 型研磨方式；紧固方式采用插拔销闩式，不需旋转。此类适配器价格低廉，插拔操作方便，介入损耗波动小，抗压强度较高，安装密度高。

图 2-36 FC-FC 适配器

图 2-37 SC-SC 适配器

(3) 连接器的接头。连接器的接头有很多种，如图 2-38 所示，常见的有 SC 接头、FC 接头和 LC 接头。SC 方接头用于光模块的连接器，它的外壳呈矩形，紧固方式采用插拔式，不须旋转；FC 圆头采用金属套，紧固方式为螺丝扣，一般在 ODF 侧采用，配线架上用得最多。LC 小方头连接 SFP 模块的连接器，采用方便的模块化插孔(RJ)机理制成，路由器中常用。

Sc方接头　　FC圆头　　LC小方头

图 2-38 常见的连接器接头

(4) 光纤跳线。两头都有衔接器的光纤叫光纤跳线(即跳纤)，通常应用在 ODF 架之间，如图 2-39 所示。常见的光纤跳线有单模光纤跳线和多模光纤跳线。光纤跳线长度的规格有 0.5 m、1 m、2 m、3 m、5 m 和 10 m 等。

(5) 尾纤。尾纤只需一端有衔接头，而另一端是一根光缆纤芯的断头，经过熔接与其他光缆纤芯相连，常出现在光纤熔接盒内，用在衔接光缆与光纤收发器之间，如图 2-40 所示。尾纤也分单模和多模。

图 2-39　跳纤

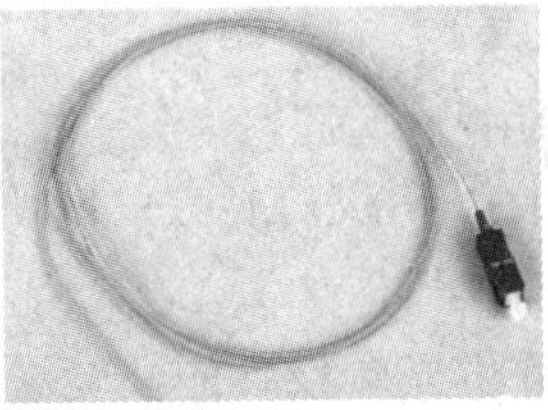

图 2-40　尾纤

ODN 参数和链路检测

4. ODN 链路检测

1) ODN 链路检测参数

ODN 建设成本相对高昂，最高可达总体投资的 50%～70%，是 FTTx 投资的重点，也是 FTTx 管理的难点。ODN 多采用 P2MP 拓扑，网络中的接续节点多，网络管理复杂。光纤比铜线敏感，更容易受损。因此，对 ODN 进行高效的建设、运营和维护至关重要，ODN 链路检测工具和参数至关重要。ODN 网络关键参数有以下 3 个：

(1) 衰减。衰减是光在沿光缆传输过程中光功率的减少。典型光纤衰减参数如表 2.12 所示。

表 2.12　典型光纤衰减参数

名　称	类　型	平均损耗/dB
光纤(G.652D)	1310 nm (1 km)	≤0.35
	1550 nm (1 km)	≤0.21
光纤(G.657A)	1310 nm (1 km)	≤0.38
	1550 nm (1 km)	≤0.25

(2) 插入损耗。插入损耗是指光纤中的光信号通过活动连接器之后，其输出光功率相对输入光功率损失的分贝数。插入损耗的测量方法同衰减的测量方法，ODN 器件损耗典型值如表 2.13 所示。

表 2.13　ODN 器件损耗典型值

名　称	类　型	平均损耗/dB
连接点	快速连接器	<0.5
	冷接	≤0.2
	熔接	≤0.1
	活动连接	≤0.3
光分路器	1∶64 (PLC)	≤20.5
	1∶32 (PLC)	≤17
	1∶16 (PLC)	≤13.8
	1∶8 (PLC)	≤10.6
	1∶4 (PLC)	≤7.5
	1∶2 (FBT)	≤3.8

(3) 回波损耗。回波损耗(Optical Return Loss，ORL)又称为反射损耗，是指在光纤连接处，后向反射光相对输入光损失的分贝数。回波损耗愈大愈好，以减少反射光对光源和系统的影响，建议线路最小 ORL 为 45 dB，精度为 PC 的回波损耗应大于 45 dB， APC 大于 55 dB。

2) ODN 链路检测工具

(1) 光通信工程通用测试工具。

① 光功率计(Optical Power Meter)。光功率计是指用于测量绝对光功率或通过一段光纤的光功率相对损耗的仪器，如图 2-41 所示。通过测量发射端机或光网络的绝对功率，一台光功率计就能够评价光端设备的性能。光功率计与稳定光源组合使用，能够测量连接损耗和检验连续性，帮助评估光纤链路传输质量。光功率计校准波长通常包含 850 nm、1300 nm、1310 nm、1550 nm；探测器可选 Ge 和 InGaAs；测量范围为 +6～ −60 dBm；精度为 0.25 dBm；可显示总功率。

② 光源。光源是用于 ODN 检测的手持光源，包含的波长有 1310 nm、1490 nm、1550 nm，具有 5 nm 的线宽，功率范围固定为 −6 dBm，波长精度为 −20 nm。如图 2-42 所示为常见手持光源检测器。

③ OTDR。OTDR(Optical Time Domain Reflectometer，光时域反射仪)是利用光线在光纤中传输时的瑞利散射和菲涅尔反射所产生的背向散射而制成的精密的光电一体化仪表，被广泛应用于光缆线路的维护、施工之中，可进行光纤长度、光纤的传输衰减、接头衰减和故障定位等的测量，如图 2-43 所示。OTDR 重量轻(约 0.9 kg)、体积小，便于携带，在 ODN 链路检测中用于测试整个光纤链路的损耗，可选择单模或多模信号，动态范围单模的为 26 dB，多模的为 22 dB，集成红光光源，相互配合，进行故障定位。OTDR 在实际使用中不能穿透分光器进行测量。

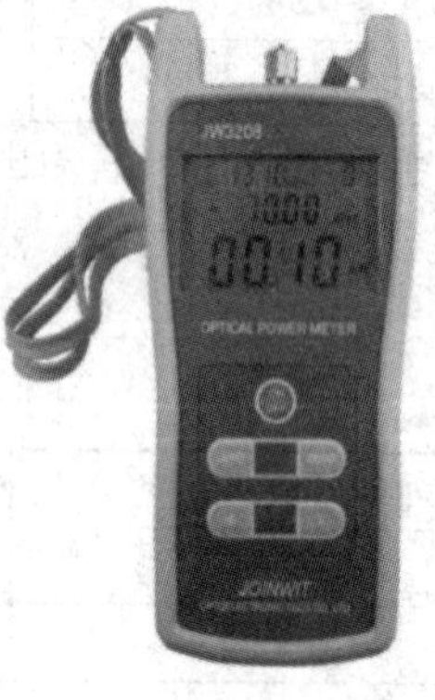

图 2-41　光功率计

图 2-42　光源检测器

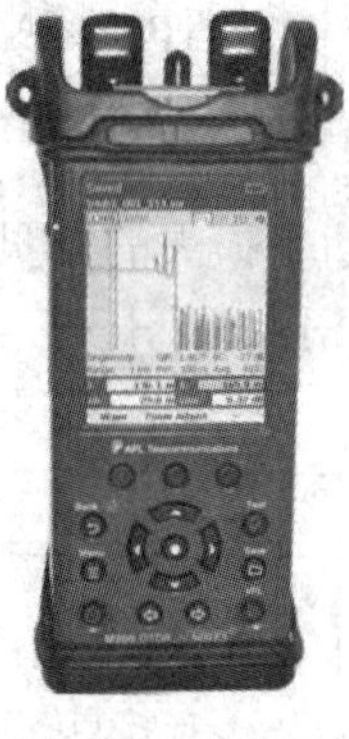
图 2-43　OTDR

(2) PON 专业测试工具。

① PON 功率计。该功率计能同时测试承载声音、数据和图像信号的不同波长的光功率值，并以通过/失败的方式显示；可以在穿通方式(即将该功率计置于 OLT 和 ONT 之间，让业务信号完全通过的方式)下测试；可以对 ONT 的稀疏信号进行测试，并以通过或未通过方式显示。如图 2-44 所示为 EXFO 公司的 PON 功率计。

② OTDR。PON 专业 OTDR(如图 2-45)的主要功能是：最大动态范围为 50 dB，最短盲区为 0.8 m，可穿透分光器对整个 PON 进行测试，可采用 1310 nm/1490 nm/1550 nm/ 1625 nm

波长，可集成模块或者利用接口连接功率计、可视故障定位仪、光源、高速以太口和 USB；为可触摸屏，方便操作。

③ 光纤笔检测仪。该检测仪的故障定位器可发出持续或脉冲式的红光注入光纤，在宏弯或者光纤断裂处就会有红光漏出；可识别断裂、弯曲、连接器故障、熔接以及其他引起损耗的原因，探测距离为 5 km，如图 2-46 所示。

图 2-44　PON 功率计

图 2-45　专业 OTDR

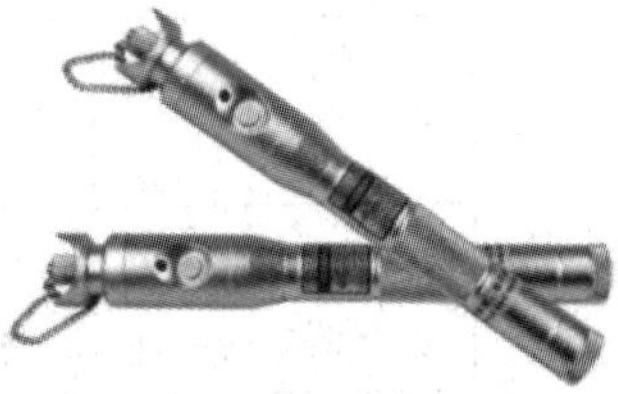

图 2-46　光纤笔检测仪

5. ODN 工程施工检测

ODN 工程施工检测分为 5 个步骤，具体的流程如图 2-47 所示。

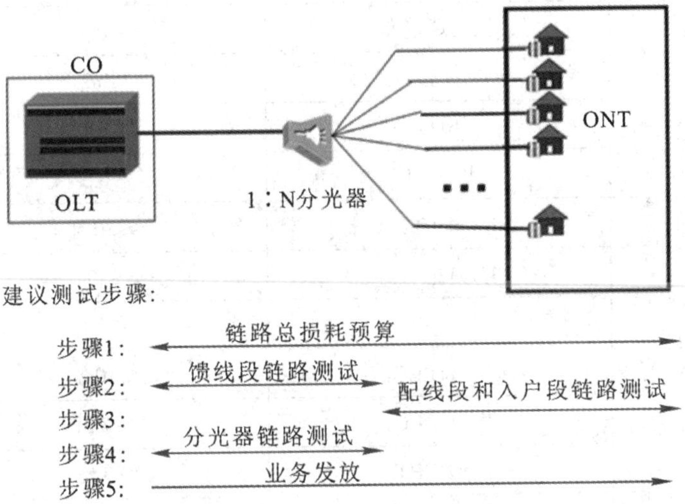

ODN 工程施工检测

图 2-47　ODN 工程施工检测步骤

1) 链路总损耗预算

根据部署的 PON 类型，测试前应认真检查 ODN 的每个元件，确保每个元件能正常使用。

(1) ODN 链路总损耗包括以下 5 个方面：

① 分光器损耗；

② 熔接和冷接损耗；

③ 连接器和适配器(法兰盘)损耗；

④ 光纤传输损耗；

⑤ 线路额外损耗，一般取 3 dB 左右。

(2) 对于集成CATV业务，需要另外考虑，每个 WDM 耦合器的损耗通常为0.7～1.0 dB。1550 nm 波长应用于 CATV 传输时，链路功率预算需另外计算，1550 nm 的衰减约为 0.2 dB/km，CATV 接收机光功率最小为 −8 dBm。

(3) GPON 光模块满足 Class B+标准，满足 20 km、1∶64 分光比。

(4) EPON 光模块满足 PX10/PX20 标准，满足 10 km、1∶32 分光比或 20 km、1∶16 分光比。如表 2.14 所示为 ODN 链路衰减预算要求。建议在规划 ODN 网络时，链路具有一定的衰减冗余。如表 2.15 所示为光纤的典型损耗值。

表 2.14　ODN 链路衰减预算要求

项　目	单　位	单模光纤		
		GPON Class B+	EPON PX10	EPON PX20
光功率				
最大光链路损耗	dB	28.5	21	26
最小光链路损耗	dB	13	5	10

表 2.15　光纤典型损耗值

名　称	类　型	平均损耗/dB
连接点	快速连接器	<0.5
	冷接	≤0.2
	熔接	≤0.1
	活动连接	≤0.3
光分路器	1∶64(PLC)	≤20.5
	1∶32(PLC)	≤17
	1∶16(PLC)	≤13.8
	1∶8(PLC)	≤10.6
	1∶4(PLC)	≤7.5
	1∶2(FBT)	≤3.8
光纤(G.652D)	1310 nm (1 km)	≤0.35
	1550 nm(1 km)	≤0.21
光纤(G.657A)	1310 nm (1 km)	≤0.38
	1550 nm(1 km)	≤0.25

(5) PON 口发光功率测试。使用光功率计测试 OLT PON 口发光功率，以保证 PON 口发光功率在正常范围之内。PON 口发光功率测试如图 2-48 所示。常见的 PON 口发光功率典型值如表 2.16 所示。

图 2-48　PON 口发光功率测试

表 2.16　PON 口发光功率典型值

项　目	单 模 光 纤		
	GPON Class B+	EPON PX10	EPON PX20
OLT			
最小平均发送功率/dBm	1.5	−3	2
最大平均发送功率/dBm	5	2	7
接收灵敏度/dBm	−28	−24	−27
过载光功率/dBm	−8	−1	−6

(6) PON 口光功率测试注意事项：

① PON 口接头类型为 SC/PC，而光功率计的接头类型通常为 FC/PC(圆头)，需要准备合适的跳纤类型。

② 所有 PON 的跳纤都必须是单模的，禁止在 PON 中使用多模跳纤。(单模跳纤是黄色的；多模跳纤是橘黄色的，颜色较单模光纤颜色深)

③ 测试完成应使用无水酒精或专业清洁工具清洁尾纤接头。

2) 馈线段链路测试

馈线段链路测试比较简单，通常使用 OTDR 和光功率计。

(1) OTDR 测试。使用 OTDR 测试主干光缆(馈线段)链路情况时，从 PON 口至分光器 IN 口，测量光衰值、回波损耗值、距离及异常损耗点，如图 2-49 所示。

图 2-49　OTDR 测试主干光缆(馈线段)链路

使用 OTDR 测试馈线段链路的注意事项如下：

① 由于大多数 OTDR 都无法穿透分光器，因此从 OLT 侧向下测试的时候，OTDR 上显示的距离是 OLT 到分光器的距离。

② OTDR 测试时，光纤必须为黑光纤，即光纤链路中不能有光源，否则将干扰 OTDR 测试结果。特别注意，从分光器向 OLT 做上行测试时，务必要将光纤与 PON 口断开，并

注意对测试结果进行记录。从 OLT 向下行方向测试时，注意 ONT 侧不能有长发光设备或流氓 ONT(工程上将 PON 口一直发光的 ONT 叫做流氓 ONT)。

③ 最好能双向测试。

④ 测试完成后必须使用无水酒精或专业清洁工具清洁尾纤接头。

(2) 光功率计测试。使用光功率计测试主干光缆(馈线段)链路情况时，从 PON 口至分光器 IN 口，测量光衰值及异常损耗点，如图 2-50 所示。

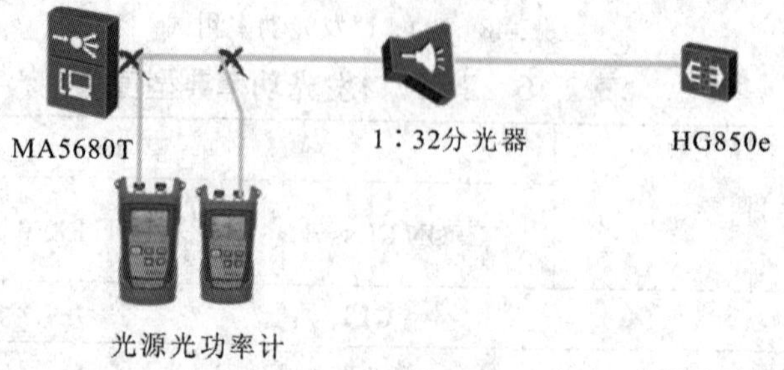

图 2-50　光功率计测试主干光缆(馈线段)链路

使用光功率计进行馈线段链路测试的注意事项如下：

① 如果没有 OTDR，只有光功率计，则对每个具有适配器的节点单独检测，这只能检测出光衰，而无法检测出回波损耗和距离等。

② 使用光功率计时，必须保证对端有稳定发光的光源设备，需要双方配合好。

③ 配线段和入户段使用光功率计测试的方法与馈线段的类似，按节点测试。

④ 最好能双向测试。

⑤ 测试完成后必须使用无水酒精或专业清洁工具清洁尾纤接头。

3) 配线段和入户段链路测试

使用 OTDR 测试配线段和入户段光缆(分支段)链路情况时，从分光器 OUT 口至 ONT 侧，测量光衰值、回波损耗值、距离及异常损耗点，如图 2-51 所示。

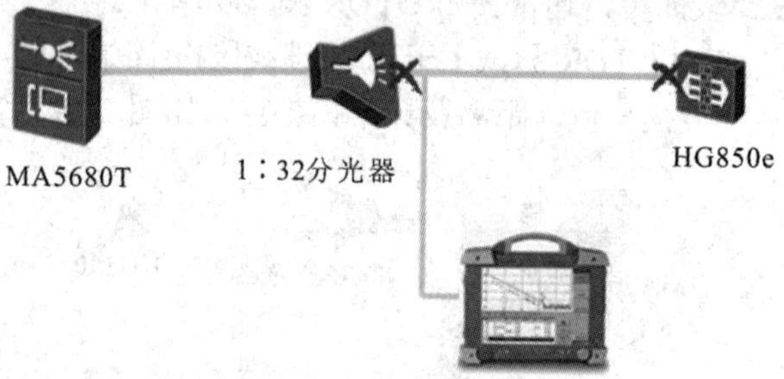

图 2-51　配线段和入户段光缆(分支段)链路测试

使用 OTDR 进行配线段和入户段链路测试时的注意事项如下：

(1) 由于大多数 OTDR 都无法穿透分光器，因此做上行测试时，距离为 ONT 至分光器的距离。

(2) OTDR 测试光纤必须为黑光纤，即链路中不能有光源干扰，注意测试时上行和下行的波长选择(1310 nm、1490 nm 和 1550 nm)。

(3) 最好能双向测试。

(4) 测试完成后必须使用无水酒精或专业清洁工具清洁尾纤接头。

4) 分光器链路测试

使用光功率计对分光器每个 OUT 口进行测试，以保证分光器插损值符合规范，如图2-52所示。

图2-52　分光器端口测试

光分器链路测试的注意事项如下：

(1) 分光器的接头类型种类丰富，需要提前准备合适的跳纤。

(2) 使用光功率计测试时需要有稳定光源。

(3) 测试时需要经常插拔分光器接头，并注意测试完后清洁尾纤接头及适配器。

注：光纤识别方法。

(1) 识别有效光纤。使用光纤识别仪或光功率计都可以检测出跳纤或者尾纤内是否有光信号，两者的区别在于，光纤识别仪在光纤熔接之前便可以准确检测，而光功率计需要有相应的连接器，如图2-53所示。

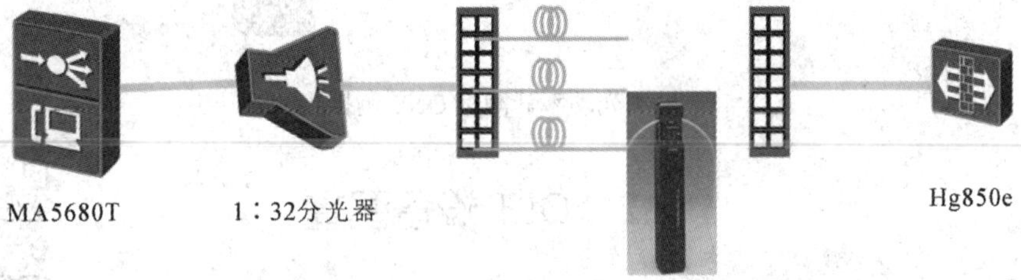

图2-53　光纤识别仪识别有效光纤

(2) 识别流氓ONT。对于正常的PON，在ONT没有接到网络之前，ONT是不发光的，如果检测出从ONT侧上来的尾纤有光信号，说明存在流氓ONT或者有其他光源。如图2-54所示，可使用光纤识别仪检测流氓ONT，也可使用光功率计检测。

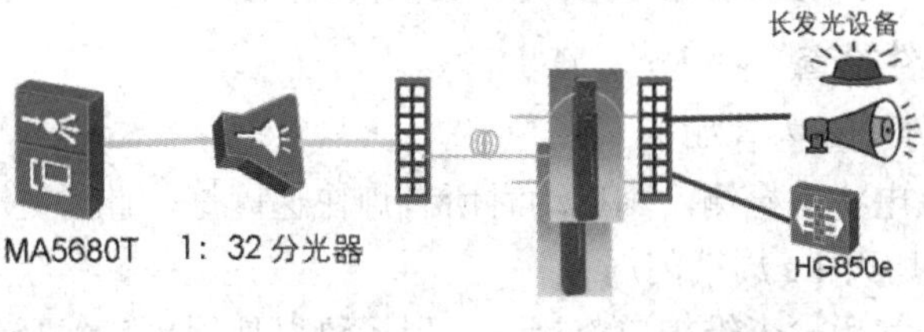

图2-54　使用光纤识别仪检测流氓ONT

5) 业务发放

ONT 处接收到的光功率需要满足光模块的要求才能进行最终业务发放(具体参照值如表 2.17 所示)。

表 2.17　ONT 光功率测试参照值

项　目	单模光纤		
	GPON Class B+	EPON PX10	EPON PX20
ONT			
最小平均发送功率/dBm	0.5	−1	−1
最大平均发送功率/dBm	5	4	4
接收灵敏度/dBm	−27	−24	−27
过载光功率/dBm	−8	−3	−3

例如 EPON PX20 中规定，ONT 光模块的接收灵敏度为 −27 dBm，过载光功率为 −3 dBm，那么 ONT 处接收到的光功率必须大于 −27 dBm，小于 −3 dBm(负值越大，光强度越小)。使用光功率计对 ONT 侧接收的功率进行测试，如图 2-55 所示。

图 2-55　使用光功率计测试 ONT 侧接收的光功率

2.2　OLT 设备配置

搭建命令行环境

2.2.1　搭建命令行环境

OLT 设备是 PON 系统的核心设备，一般安装在中心机房。如何搭建配置环境，需要确定设备硬件的安装方式、设备维护方式和设备软件命令等。具体实施时，应首先检查设备的硬件，硬件检查项目包括机柜的安装、机柜接线关系、电源和接地等。

1. OLT 设备硬件检查

OLT 设备的硬件检查内容如下：

(1) 进行系统上电状态检测，刚启动时所有灯快速闪烁，此时处于正常加载状态；正常运转时绿灯亮 1 s、灭 1 s 周期闪烁。

(2) 设备运转正常后检查维护口连接，在现场可以使用串口线登录，也可以采用带外网口登录。

(3) 检查上行口连接，包括光模块种类和光纤种类。

(4) 检查用户光纤连接，了解光纤连接的标签号，标签应清晰。

2. OLT 设备维护方式

OLT 设备维护方式多样，常见的有两种。

1) *界面维护方式*

界面维护方式有以下两种：

(1) 图形用户接口(Graphical User Interface，GUI)方式，即 N2000 BMS 网管方式。

(2) 命令行接口 GUI 方式，包括 CONSOLE 控制台和 Telnet 远程登录方式。

2) *端口维护方式*

端口维护方式有以下两种：

(1) 串口维护方式：即 CONSOLE 控制台方式，维护终端通过串口连接与设备主控板的控制台通信，实现设备的操作和维护。维护步骤为“开始→程序→附件→通信→超级终端”，然后单击进行选择，波特率为 9600 b/s。串口维护方式需要工程师在设备现场进行操作，如图 2-56 所示。

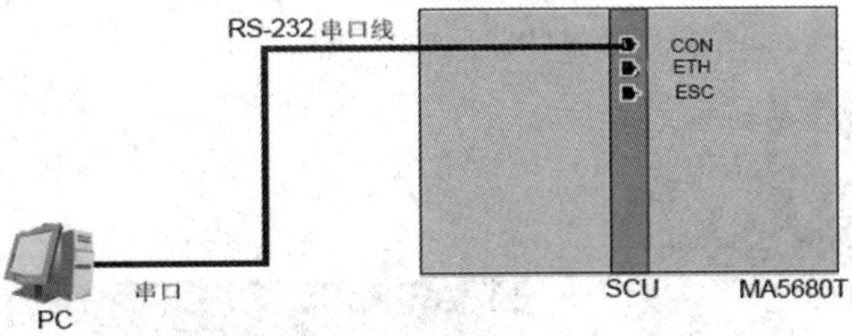

图 2-56　串口维护方式

(2) 网口维护方式：包括 N2000 BMS 网管和 Telnet 远程登录方式。网口维护方式又可分为带内网口维护和带外网口维护两种。

① 带内网口维护方式：通过 MA5680T 的上行板的业务上行口登录到 MA5680T 进行维护管理。Telnet 和 N2000 BMS 均可采用这种方式。带内网口维护的优点是组网灵活、不用附加设备，可节约用户成本；缺点是业务通道发生故障的时候(所有业务都是通过上行口进行对接的)，无法开展维护工作，如图 2-57 所示。

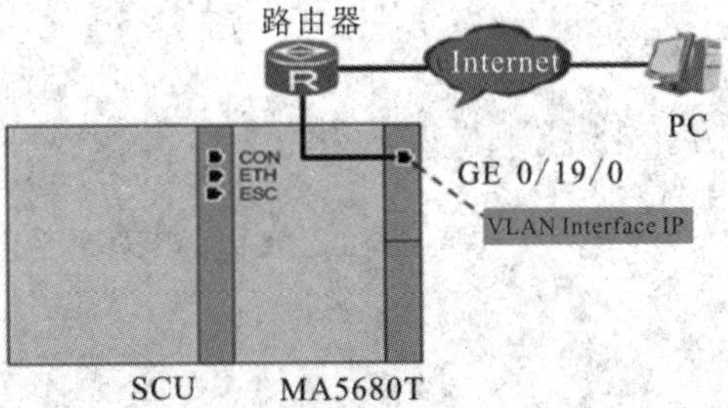

图 2-57　带内网口维护方式

② 带外网口维护方式：通过MA5680T 的主控板的ETH维护网口登录到MA5680T进行维护管理。Telnet 和 N2000 BMS 均可采用这种方式。带外网口维护的优点是提供更可靠的设备管理通路，且在被管设备故障时能及时定位网上设备信息；缺点是需要另外提供设备组网，提供与业务通道无关的维护通道，如图 2-58 所示。

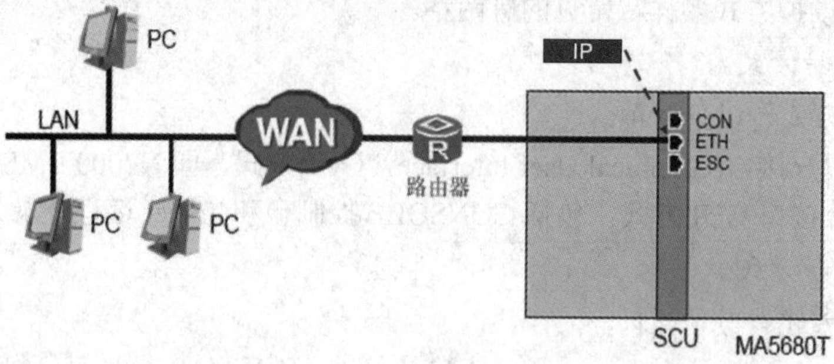

图 2-58　带外网口维护方式

3. 命令行特性

1) 命令行登录界面

可使用 Windows 自带的 Telnet 工具登录命令行界面，如图 2-59 所示，或者使用超级终端软件 Hyper Terminal 和终端仿真软件 Secure CRT。

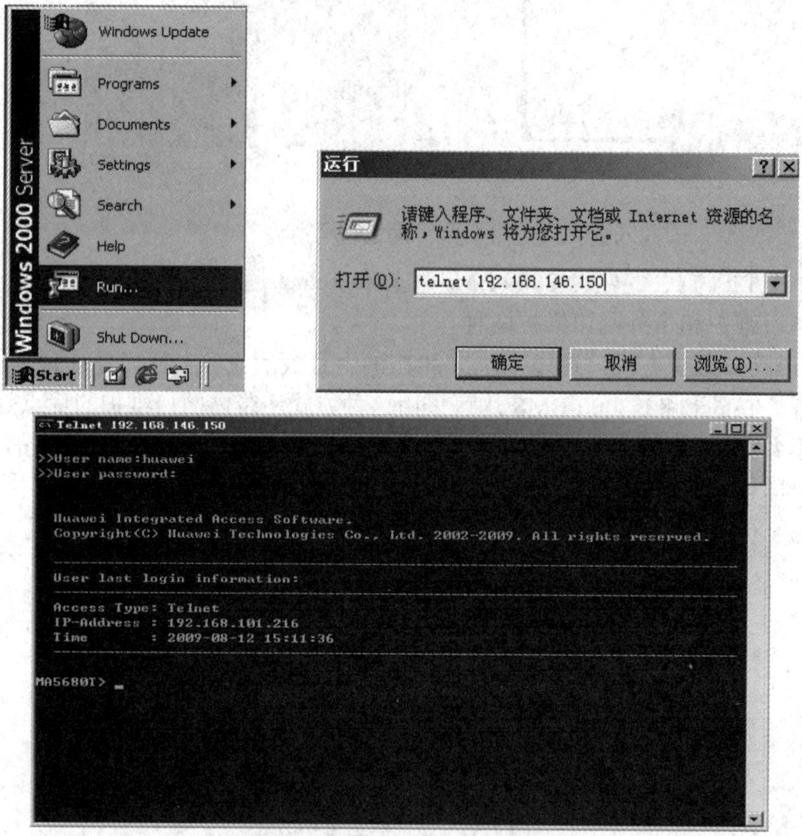

图 2-59　命令行登录界面

2) 命令行模式及切换操作

系统提供多层次命令行模式(注：此命令行模式适用于 OLT 设备和各类 MDU 设备)，对命令操作权限实行分层管理，从而实现对终端操作用户权限的分级管理。命令行模式及切换操作如图 2-60 所示。

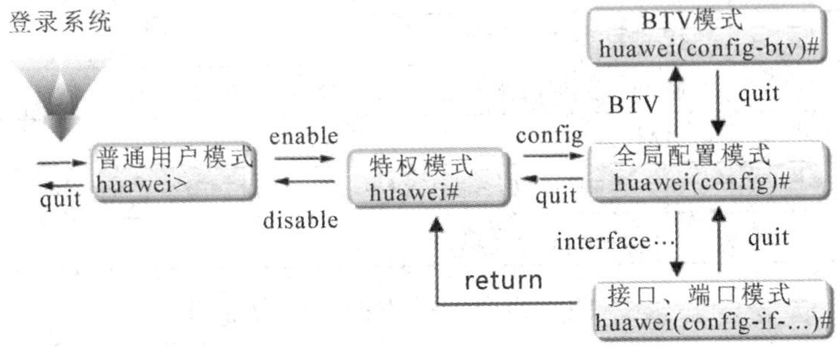

图 2-60　命令行模式及切换操作

3) 命令行模式的特点

MA5680T 提供多种命令行模式，以实现分级保护，防止未授权用户的非法侵入。(注：此命令行模式适用于 OLT 设备和各类 MDU 设备。)

(1) 向下兼容。普通用户模式中的所有命令在特权模式下都能执行；普通用户模式和特权模式中的所有命令在全局配置模式下都能执行。

(2) 分级保护。可以防止未授权用户的非法侵入，不同级别的用户可以进入不同的命令行模式。同时，对于不同级别的用户，即使进入同样的模式，所能执行的命令也会有所不同。

4) 命令行的辅助功能

命令行有很多辅助功能，在维护的时候，工程师可以通过命令行的提示进行操作。

(1) 命令行帮助“?”键功能。

提示当前模式下可操作的命令，例如：

```
MA5680T(config)#?
```

根据关键字母提示可能的命令关键字，例如：

```
MA5680T (config)#in?
```

提示当前命令关键字后可跟随的命令关键字或参数，例如：

```
MA5680T (config)#interface ?
```

(2) 智能匹配“space”键功能，例如：

```
MA5680T >ena <space>(按空格键 space，自动匹配)
MA5680T >enable
```

(3) 查询已操作的历史命令，例如：

```
MA5680T (config)#display history-command
```

(4) 常见参数和操作错误信息提示如表 2.18、表 2.19 所示。

表 2.18　命令行参数字符

字　符	含　义
<K>	关键字类型
<U>	ULONG 类型，括号后面为用户输入取值范围
<S>	字符串类型，括号后面为用户可输入的字符串的长度范围
<I>	IP 地址类型
<M>	MASK 类型，例如 IP 地址的掩码
<P>	MAC 地址类型
<H>	十六进制值类型，即可以支持输入 0X，默认仍为十进制输入
<D>	<yyyy-mm-dd>日期类型

表 2.19　命令行操作错误信息提示

英文错误信息	错 误 原 因
Unknown command	没有查找到命令；没有查找到关键字；参数类型、参数值越界
Incomplete command	输入命令不完整
Too many parameters	输入参数太多
Ambiguous command	歧义的命令
Parameter error	参数错误，光标将提示错误所在位置

2.2.2　管理用户账号和权限

现在网络中的 OLT 设备多采用带外维护，但是如果想登录设备进行访问和配置，则必须定义用户，需要增加不同属性的系统操作用户，便于管理员进行设备管理。

1. 管理用户账号类别

EPON 系统中定义了 4 种账号类别：普通用户、操作员、管理员和超级用户。

管理命令行
用户账号

2. 管理用户账号权限

4 种用户对应的权限由低到高分别是普通用户、操作员、管理员和超级用户，各级用户只能增加比自身级别低的用户。

(1) 普通用户：只能执行基本系统操作，具有简单的命令查询权限。

(2) 操作员：可以对设备和业务进行配置。

(3) 管理员：可以执行所有配置操作，可以对设备、用户账号和操作管理权限进行维护和管理。

(4) 超级用户：可以执行所有配置操作，具有系统最高权限。

管理员和超级用户都具有高级别的权限，两者之间的共同点是都可以执行所有配置操作，负责对设备、用户账号和操作管理权限进行维护和管理。两者不同在于，超级用户仅有一个，是系统最高级别的用户，而管理员级用户可以有多个；超级用户可以增加管理员级用户，而管理员级用户不能增加超级用户。

3. 模板化管理

当对 MA5680T 设备进行访问和配置时，需要增加不同属性的系统操作用户，以便于管理。每个新增用户都要绑定用户模板，用户模板对应相应的模板属性，所以创建用户模板可便于对用户进行分类管理。

MA5680T 设备系统中提供 4 个默认模板，分别对应 4 个用户级别(超级用户、管理员、操作员和普通用户)。用户模板最多可以增加 12 个，需要配置用户模板属性，包括模板名称、用户名的有效期、用户密码的有效期、开始登录时间和结束登录时间(详见例 2-1)。系统中 root 模板为超级用模板，该模板会关闭用户的限制约束属性，因此建议增加用户时不要绑定此模板。

例 2-1　增加维护用户模板，模板名称为 huaian，用户名的有效期为 30 天、用户密码的有效期为 30 天，开始登录时间为凌晨 00:00、结束登录时间为早上 05:00。

具体操作如下：

```
MA5680T(config)#terminal user-profile add
- 模板名称(<=15 位)：huaian
- 用户名的有效期(0—999 天)[0]：30
- 用户密码的有效期(0—999 天)[0]：30
- 开始登录时间(hh：mm)[00:00]：00:00
- 结束登录时间(hh：mm)[00:00]：05:00
- 模板添加成功
- 重复该操作？ (y/n)[n]：n
```

4. 管理用户账号的增加

增加系统操作用户时，需要配置操作用户属性，包括用户的账号、密码、用户模板、权限、可重复登录次数和操作用户的附加信息等，详见表 2.20。

表 2.20　操作用户属性

操作用户属性	说　明
账　号	操作用户名由 6～15 个可打印的字符组成，在整个系统中是唯一的，不能重复。账号中不能有空格，并且不区分字母大小写
密　码	由 6～15 个字符组成。密码中至少包含 1 个数字和 1 个字母，并且区分字母大小写
用 户 模 板	用户模板名由 1～15 个可打印的字符组成，一个用户模板中包括用户名的有效期、用户密码的有效期、开始登录时间和结束登录时间
权　限	可增加的操作用户分三个级别：普通用户级、操作员级和管理员级
可重复登录次数	一个操作用户是否可以从多个终端同时登录，由该操作用户的可重复登录次数决定，范围是 0～4，一般设置为 1
操作用户附加信息	是操作用户的一种补充性信息，由一串字符组成，可以为空，最多为 30 个字符，可以是操作用户的联系电话、地址等

1) 管理用户增加时的注意事项

(1) 超级用户和管理员级的操作用户拥有增加比自身级别低的用户的权限，超级用户可以增加管理员级、操作员级和普通用户级的操作用户。

(2) 管理员级用户只能增加操作员级和普通用户级的操作用户。

(3) 操作用户名不能和已有的操作用户名重复，且不能为 all 和 online。

(4) 可以连续增加多个操作用户，整个系统最多可以增加 127 个操作用户，包括 root 用户，总共 128 个用户。

(5) 系统最多可支持 10 个终端用户同时在线。

2) 增加操作用户示例

例 2-2 在管理员用户权限下增加一个系统操作用户：账号为 huawei，密码为 test01，用户模板为默认模板 root，权限为普通用户级，可重复登录次数为 3，操作用户附加信息为 user。

具体操作如下：

```
MA5680T(config)#terminal user name
 User Name(length<6，15>):huawei
 User Password(length<6，15>):test01              //维护终端上不显示//
 Confirm Password(length<6，15>):test01           //维护终端上不显示//
 User profile name(<=15 chars)[root]:root
 User's Level:
    1. Common User    2. Operator:1
 Permitted Reenter Number(0—4):3
 User's Appended Info(<=30 chars):user
 Adding user succeeds
 Repeat this operation? (y/n)[n]:n
```

5. 管理用户账号的维护

当系统操作用户属性不符合当前规划时，需要修改相关属性，包括密码、用户模板、权限、可重复登录次数和操作用户附加信息等。

用户级别和权限配置

(1) 修改用户账号 huawei 的相关属性。

① 修改用户账号 huawei 的密码为 test02：

```
MA5680T(config)#terminal user password
  User Name(<=15 chars):huawei
  New Password(length<6，15>):test02                 //控制台上不显示//
  Confirm Password(length<6，15>):test02             //控制台上不显示//
  Information takes effect
  Repeat this operation? (y/n)[n]:n
```

② 修改用户账号 huawei 的模板为 operator：

```
MA5680T (config)#terminal user user-profile
  User Name(<=15 chars):huawei
  Permitted user-profile[root]:operator
```

```
Confirm user-profile:operator
Configuration will take effect when the user logs on next time.
Repeat this operation? (y/n)[n]:n
```

③ 修改用户账号 huawei 的权限为操作员级：

```
MA5680T (config)#terminal user level
  User Name(<=15 chars): huawei
     1. Common User    2. Operator:
  User's Level:2
  Confirm Level:2
  Information will take effect when this user logs on next time
  Repeat this operation? (y/n)[n]:n
```

④ 修改用户账号 huawei 的登录次数为可重复登录 4 次：

```
MA5680T(config)#terminal user reenter
  User Name(<=15 chars):huawei
  Permitted Reenter Number(0—4):4
  Confirm Reenter Number(0—4):4
  Information will take effect when this user logs on next time
  Repeat this operation? (y/n)[n]:n
```

(2) 查询系统内所有操作用户。当需要查询系统中全部或指定用户的用户权限、在线状态信息、可重复登录次数和联系方式等信息时，当前用户只能查询登录系统的本级别用户以及低级别用户：

```
MA5680T(config)#display terminal user name henzh
  Name            Level     Status     Reenter   Profile          Append
                                         Num                          Info
-------------------------------------------------------------------------------
71henzh           User      Offline        3     root              user
-------------------------------------------------------------------------------
```

(3) 强制某个在线操作用户下线：

```
MA5680T (config)#display client
- ---------------------------------------------------------------------------
- ID 用户名      域名          IP 地址               登录时间
- ---------------------------------------------------------------------------
-1   huawei1234   --          10.11.117.55       2009-08-02 10:03:09
- ---------------------------------------------------------------------------
MA5680T (config)#client kickoff
- {clientID<U><1，10>}:1
- 是否确定踢除该用户?(y/n)[n]: y
```

(4) 删除操作用户账号：

```
MA5680T (config)#undo terminal user name
- 请输入用户名(<=15 位)：huawei1234
- 确定要删除该用户？(y/n)[n]:
```

使用删除命令可以一次连续删除多个操作用户，需要注意：

① 只有超级用户和管理员级用户才拥有删除比自身级别低的操作用户的权限。

② 不能删除自身。

③ 不能删除 root 用户。

④ 不能删除在线状态的用户，如需删除，应先断开相应用户的连接。

2.2.3 MA5680T 系统基本配置

MA5680T 系统基本配置主要包括一些常用配置、公共配置和业务配置中的预配置。基本配置之间没有明显的逻辑关系，可以根据实际需要进行配置。

MA5680T 基本配置

1. 系统基本配置

(1) 查询系统时间：

```
MA5680T(config)#display time
```

(2) 设置系统时间：

```
MA5680T(config)#time 11:15:59 2020-03-13
```

(3) 修改系统名字：

```
MA5680T(config)#sysname   MA5680T_shenzhen
```

(4) 查询主控板单板版本信息：

```
MA5680T(config)#display version 0/9
```

(5) 查询业务单板版本：

```
MA5680T(config)#display version 0/2
```

(6) 查询系统主程序版本语言信息：

```
MA5680T(config)#display language
```

2. 硬件基本配置

(1) 设置机框的描述信息：

```
MA5680T(config)#frame set
```

(2) 查询机框信息：

```
MA5680T(config)# display frame info 0
```

(3) 查询单板信息：

```
MA5680T(config)#display board 0        //查询整框单板//
```

(4) 查询指定单板信息：

```
MA5680T(config)#display board 0/7      //查询指定单板//
```

(5) 离线增加单板：

```
MA5680T(config)#board add
```

(6) 确认自动发现的单板：

```
MA5680T(config)#board confirm 0          //确认所有单板//
MA5680T(config)#board confirm 0/4        //确认某块单板//
```

(7) 删除单板：

```
MA5680T(config)# board delete
```

(8) 复位单板：

```
MA5680T(config)# board reset
```

(9) 禁用单板/解禁单板：

```
MA5680T(config)# board prohibit
MA5680T(config)# undo board prohibit
```

3. 管理环境配置

管理环境的配置包括带外管理通道的配置和带内管理通道的配置两种。带外管理通道使用 SCU 主控板 ETH 维护网口 IP，带内管理通道使用业务上行口 IP。

1) 带外管理通道配置

带外管理通道配置是通过 SCU 主控板上的 ETH 维护网口实现的，如图 2-61 所示。

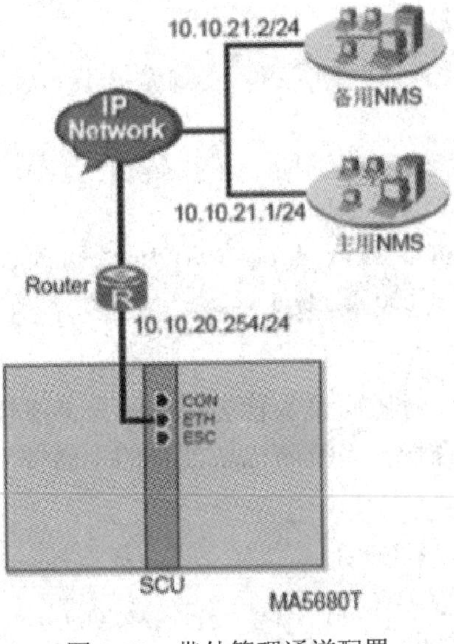

图 2-61　带外管理通道配置

带外管理通道配置的步骤如下：

(1) 设置维护网口 IP 地址：

```
MA5680T(config)#interface meth 0
MA5680T(config-if-meth0)#ip address 10.11.104.2 255.255.255.0
```

(2) 添加带外管理通道路由：

```
MA5680T(config-if-meth0)#quit
MA5680T(config)#ip route-static 10.10.21.0 24 10.10.20.254
        //只有当设备和管理终端处于不同网段时才需配置；如果在同一网段，则不需要配置路由//
```

2) 带内管理通道配置

带内管理通道配置是通过业务上行口实现的，如图 2-62 所示。

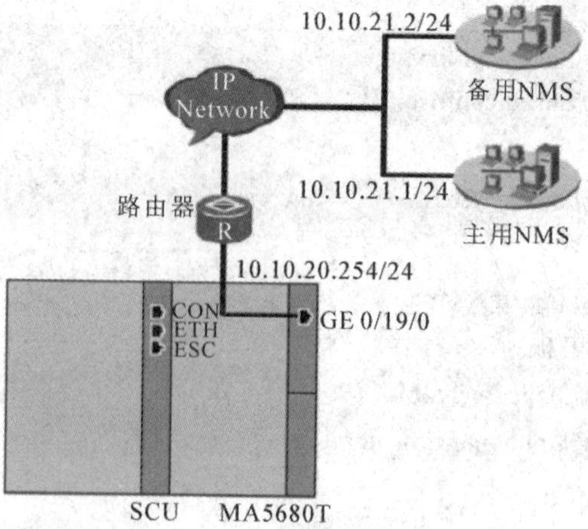

图 2-62　带内管理通道配置

带内管理通道配置的步骤如下：

(1) 创建网管 VLAN：

```
MA5680T(config)#vlan 4000 standard
```

(2) 添加上行端口：

```
MA5680T(config)#port vlan 4000 0/19 0
```

(3) 进入网管 VLAN 接口：

```
MA5680T(config)#interface vlanif 4000
```

(4) 设置网管 VLAN 接口 IP 地址：

```
MA5680T(config-if-vlanif4000)#ip address 10.10.20.1 255.255.255.0
MA5680T(config-if-vlanif4000)#quit
```

4. 配置系统防火墙

配置系统防火墙后，可以对访问设备管理接口的报文进行控制，防止未授权的操作用户通过带内或带外方式入侵系统。系统防火墙配置的步骤如下：

(1) 打开防火墙：

```
MA5680T(config)#firewall enable  //系统默认是关闭状态//
```

(2) 添加一条访问列表：

```
MA5680T(config)#acl 3000
MA5680T(config)#rule 5 permit ip source 10.10.21.0 0.0.0.255 destination 10.10.20.1 0  //允许网管服务器 10.10.21.0/24 网段访问设备//
MA5680T(config)# rule 10 deny ip destination 10.10.21.1 0  //禁止其他 IP 地址的数据访问设备//
```

(3) 在接口的入方向上使能该访问列表：

① 在带内接口上使能：

```
MA5680T(config)#interface vlanif4000
MA5680T(config)# firewall packet-filter 3000 inbound
```

② 在带外接口上使能：

```
MA5680T(config)#interface meth 0
MA5680T(config-if-meth0)#firewall packet-filter 3000 inbound
```

(4) 添加允许 telnet 的访问段：

```
MA5680T (config)#sysman ip-access telnet 10.10.21.1 10.10.21.2
MA5680T(config)#display sysman ip-access telnet
```

2.3　ONU 设备配置

在 EPON 系统中，最开始的也是至关重要的一步就是解决光网络单元 ONU(或 ONT)的注册问题。光终端类型分为 A 类、B 类和 C 类，MA5680T 管理 A 类 ONU 采用 OAM 模式，B 类和 C 类注册采用 SNMP 模式。

2.3.1　A 类 MA5675 设备注册配置

A 类光终端
注册流程

A 类光终端(以华为 A 类 MA5675 为例)采用 FTTH 组网方式，设备注册分为手动注册和自动注册两种方式；在注册 A 类光终端之前需要绑定 ONT 相关的 DBA 模板、线路模板和业务模板，A 类光终端通过光网络单元管理接口(Management and Control Interface，OMCI)注册到 ONT 设备，如图 2-63 所示。

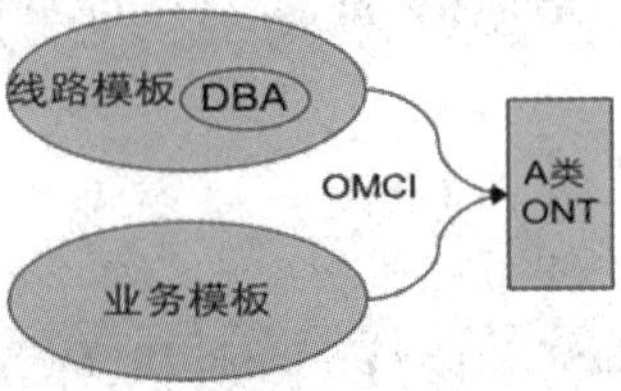

图 2-63　A 类光终端绑定模板类型

1. A 类 MA5675 光终端相关模板

1) DBA 模板

DBA 模板描述了 xPON 的上行流量参数，通过绑定 DBA 模板可进行上行流量控制。DBA 模板可以同时供 EPON 和 GPON 使用。

2) 线路模板

线路模板确定了 ONT 运行的底层线路参数，如 DBA 和加密方式等，在增加 ONT 时引用。各类光终端都需要绑定 EPON ONT 线路模板。

3) 业务模板

业务模板确定了 VLAN 切换、组播帧处理方式等，在增加管理模式为 OAM 的 ONT 时引用。MDU 不需要配置业务模板。

2. A 类 MA5675 光终端模板命令配置

1) DBA 模板

ONT 上只有绑定了 DBA 模板后，才能够承载业务。当系统缺省的 DBA 模板不能够满足业务需求时，使用命令新增一个 DBA 模板。

(1) 增加一个新的 DBA 模板：

MA5680T(config)#**dba-profile add profile-id 10 type1 fix 10240**　//增加一个 DBA 模板，ID 号为 10，模板类型为 type2，用户要求带宽为 10 Mb/s //

(2) 查询已存在的 DBA-profile：

MA5680T(config)#**display dba-profile all**

系统中默认提供 9 种模板，当然，用户可以根据自己的需求进行模板的配置。

2) 线路模板

(1) 线路模板配置步骤：

① 增加 ID 为 10 的 ONT 线路模板：

MA5680T(config)#**ont-lineprofile epon profile-id 10**　//增加 ONT 线路模板 ID_10 //

② 绑定 DBA 模板：

MA5680T(config-epon-lineprofile-10)# **dba-profile-id 10**　//进入线路模板模式，绑定 DBA 模板，ID 号为 10 //

③ 提交使能所设置的参数：

MA5680T(config-epon-lineprofile-10)#**commit**　//所有参数设置，必须提交(commit)后才生效//

MA5680T(config-epon-lineprofile-10)#**quit**

(2) 查询配置完成的线路模板：

MA5680T(config)#**display ont-lineprofile epon profile-id 10**

3) 业务模板

(1) 业务模板配置步骤：

① 增加一个 ID 为 10 的 ONT 线路模板：

MA5680T(config)#**ont-srvprofile epon profile-id 10**

② ONT 能力配置：

MA5680T(config-epon-srvprofile-10)#ont-port eth4 pots 2　//进入业务模板模式，描述 A 类 MA5675 终端能力，4 个以太网接口，2 个语音接口//

注：这个参数非常重要，如果配置描述的能力和现有网中光终端能力不符合，ONT 注册之后会显示不匹配。

③ ONT 端口 VLAN 设置：

MA5680T(config-epon-srvprofile-10)#**port vlan eth1 10** //在 ONT 的以太网 1 端口配置 VLAN10//

④ 提交参数：

MA5680T(config-epon-lineprofile-10)#**commit** //所有参数的设置必须在提交后才生效//

MA5680T(config-epon-lineprofile-100)#**quit**

(2) 查询 ONT 业务模板：

MA5680T(config)#**display ont-srvprofile**

3. A 类 MA5675 光终端注册配置方式

1) A 类光终端的两种注册方法

(1) 自动注册 ONT 流程：

① 使能 EPON 端口自动发现功能。

② ONT 接入光纤上电。

③ 确认 ONT。

④ ONT 正常注册。

(2) 手动注册 ONT 流程：

① OLT 上添加 ONT。

② ONT 接入光纤上电。

③ ONT 正常注册。

各类光终端注册配置流程如图 2-64 所示，A 类光终端注册配置需要绑定线路模板和业务模板；B/C 类光终端只需要绑定线路模板，无须绑定业务模板，但是需要给 B/C 类光终端配置 SNMP 管理通道。

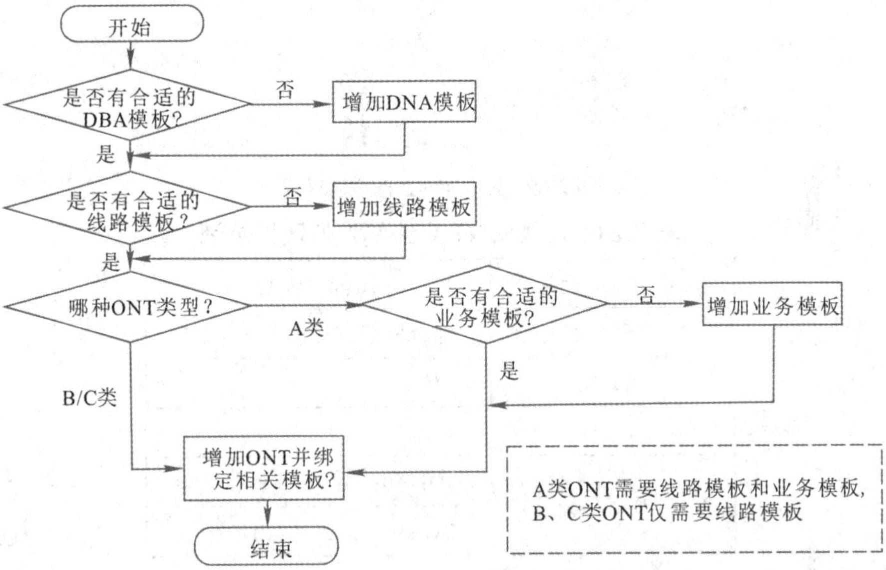

图 2-64　各类光终端注册配置流程

2) ONT 注册配置命令

(1) ONT 自动注册配置命令。

① 使能 EPON 端口自动发现功能：

```
MA5680T(config)# interface epon 0/3
MA5680T(config-if-epon-0/3)# port 0 ont-auto-find enable
```

② 查询已发现的 ONT：

```
MA5680T(config)# display ont autofind all
```

③ 确认自动发现的 ONT(绑定 ONT 线路模板和业务模板)：

```
MA5680T(config-if-epon-0/3)#ont confirm 0 ontid
```

(2) ONT 手动注册配置命令。

手动增加一个 ONT 终端：

```
MA5680T(config-if-epon-0/3)#ont add    //已知 ONT 光终端 MAC 地址，设备背面标注//
```

4. A 类 MA5675 光终端注册配置命令示例

A 类 ONT 光终端组网如图 2-65 所示，注册数据规划如表 2.21 所示。

A 类光终端
注册实验

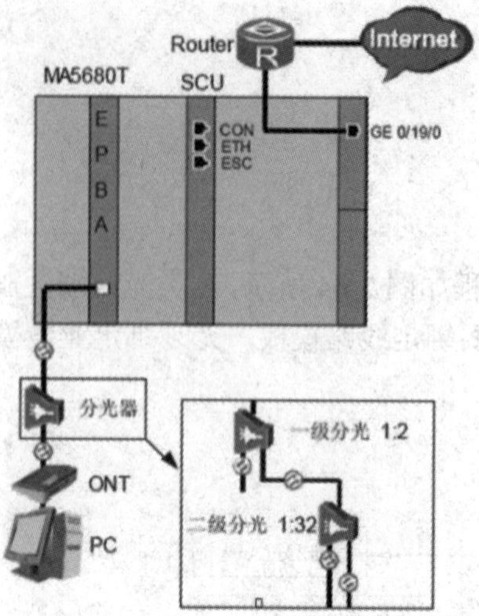

图 2-65　A 类 ONT 光终端组网

表 2.21　A 类 ONT 光终端注册数据规划

MA5680T 设备	参 数 信 息
管理参数	带外网管 IP：10.11.104.2/24
业务板	0/1/3
上行端口	0/18/1
DBA 模板	ID：10
	Type1；　fix：10240 kb/s
线路模板	ID：10
业务模板	ID：10
	4 个 ETH，4 个 POTS
ONT_ID	10
MAC	xx-xx-xx-xx-xx
ONT	ETH_1
	User vlan 10

1) A 类 ONT 光终端自动注册配置

(1) 增加 DBA 模板：

```
MA5680T(config)# dba-profile add profile-id 10 type1 fix 10240
```

(2) 增加 ONT 线路模板：

```
MA5680T(config)#ont-lineprofile epon profile-id 10
```

```
MA5680T(config-epon-lineprofile-10)#llid dba-profile-id 10
MA5680T(config-epon-lineprofile-10)#commit
MA5680T(config-epon-lineprofile-10)#quit
```

(3) 增加 ONT 业务模板：

```
MA5680T(config)#ont-srvprofile epon profile-id 10
MA5680T(config-epon-srvprofile-10)#ont-port eth 4 pots 4
MA5680T(config-epon-srvprofile-10)#port vlan eth 1 10
MA5680T(config-epon-srvprofile-10)#commit
MA5680T(config-epon-srvprofile-10)#quit
```

(4) 进入 EPBA 单板，打开自动发现开关：

```
MA5680T(config)#interface epon 0/1
MA5680T(config-if-epon-0/1)#port 3 ont-auto-find enable
```

(5) 查询自动发现 ONT 信息，获得 MAC 地址：

```
MA5680T(config-if-epon-0/1)#display ont autofind 3
```

(6) 确认添加 ONT：

```
MA5680T(config-if-epon-0/1)#ont confirm 3 ontid 10 mac-auth xxxx-xxxx-xxxx oam
ont-lineprofile-id 10 ont-srvprofile-id 10
```

2) A 类 ONT 光终端手动注册配置

(1) 增加 DBA 模板：

```
MA5680T(config)# dba-profile add profile-id 10 type1 fix 10240
```

(2) 增加 ONT 线路模板：

```
MA5680T(config)#ont-lineprofile epon profile-id 10
MA5680T(config-epon-lineprofile-10)#llid dba-profile-id 10
MA5680T(config-epon-lineprofile-10)#commit
MA5680T(config-epon-lineprofile-10)#quit
```

(3) 增加 ONT 业务模板：

```
MA5680T(config)#ont-srvprofile epon profile-id 10
MA5680T(config-epon-srvprofile-10)#ont-port eth 4 pots 4
MA5680T(config-epon-srvprofile-10)#port vlan eth 1 10
MA5680T(config-epon-srvprofile-10)#commit
MA5680T(config-epon-srvprofile-10)#quit
```

(4) 手动增加 ONT(MAC 地址在设备背面标注)：

```
MA5680T(config-if-epon-0/1)#ont add 3 ontid 10 mac-auth xxxx-xxxx-xxxx
oam ont-lineprofile-id 10 ont-srvprofile-id 10
```

2.3.2 B 类 MA5626 设备注册配置

B 类光终端
注册流程

B 类光终端(以华为 B 类典型 MA5626 为例)采用 FTTB 组网方式，B

类 MDU 设备注册也分为手动注册和自动注册两种方式。在注册 B 类光终端之前需要绑定 DBA 模板、线路模板和 SNMP 模板，无须绑定业务模板(如图 2-66 所示)。MA5680T 设备采用 SNMP 管理 MA5626(如 MDU)的配置业务，需要通过 MA5680T 设备远程登录到 MA5626 上进行配置。

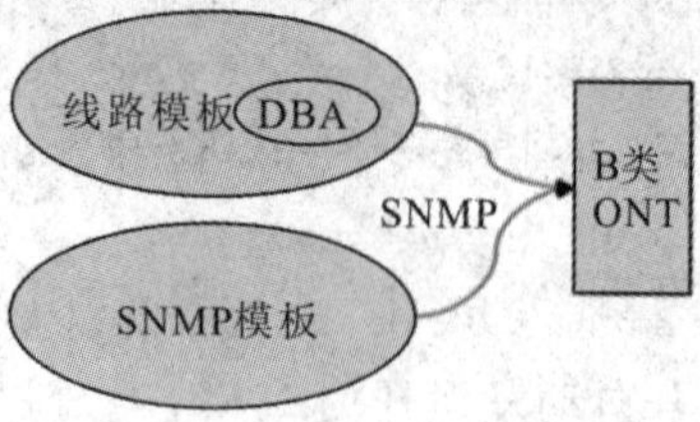

图 2-66　B 类光终端绑定模板类型

1. B 类 MA5626 光终端相关模板

1) DBA 模板

DBA 模板描述了 xPON 的上行流量参数，通过绑定 DBA 模板进行上行流量控制。DBA 模板可以同时供 EPON 和 GPON 使用。

2) 线路模板

线路模板确定了 ONT 运行的底层线路参数，如 DBA 和加密方式等，在增加 ONT 时引用。各类光终端都需要绑定 EPON ONT 线路模板。

3) SNMP 模板

当上层网络通过网管服务器管理设备时，需配置相关的 SNMP 协议参数，包括 SNMP 版本、团体名和目的 IP。

2. B 类 MA5626 光终端模板命令配置

1) DBA 模板

B 类 DBA 模板特性和 A 类一致，详见 2.3.1 节。

增加一个新的 DBA 模板：

```
MA5680T(config)#dba-profile add profile-id 10 type1 fix 10240
```

2) 线路模板

B 类线路模板特性和 A 类一致，详见 2.3.1 节。

线路模板配置步骤如下：

```
MA5680T(config)#ont-lineprofile epon profile-id 10
MA5680T(config-epon-lineprofile-10)# dba-profile-id 10
MA5680T(config-epon-lineprofile-10)#commit
MA5680T(config-epon-lineprofile-10)#quit
```

3) SNMP 模板

ONT 通过配置 SNMP 模板配置一条管理通道，通过管理业务流登录到 MDU 进行配置。SNMP 模板配置分为以下 3 个步骤：

(1) 配置带内管理 VLAN。

① 配置管理 VLAN：

```
MA5680T(config)#vlan 4001 smart            //创建 vlan 4001，设置 smart 类型//
```

② 配置带内管理上行口：

```
MA5680T(config)#port vlan 4001 0/18 1       // vlan 4001 绑定在上行口 0/18/1 //
```

③ 配置 OLT 到 ONT 的带内管理业务流：

```
MA5680T(config)# service-port vlan 4001 epon 0/1/3 ont 10 multi-service user-vlan 4001
// 配置业务虚端口，将业务 vlan 4001 和用户 vlan 4001 绑定在 ONT_10 终端 //
```

(2) 配置 OLT 侧带内管理地址：

```
MA5680T(config)#interface vlanif 4001
MA5680T(config-if-vlanif4001)#ip address 129.9.253.254 255.255.255.0 //在带内管理 vlan 4001 子接口配置管理 IP 地址//
```

(3) 配置 ONT 侧带内管理地址：

```
MA5680T(config-if-epon-0/1)#ont  ipconfig 3 10 ip-address 129.9.253.100  mask 255.255.255.0 gateway 129.9.253.1 manage-vlan 4001  //配置 MDU 的 IP 地址为 129.9.253.100，掩码为 24 位，网关地址为 129.9.253.1，使用管理 vlan 4001 与 OLT 连接//
```

注：如果 MA5680T 和 MA5626 不在同一网段，还需在 OLT 侧配置一条去向 MA5626 光终端的管理路由。

3. B 类 MA5626 光终端注册配置方式

1) B 类 MA5626 光终端注册配置流程

MA5680T 采用 SNMP 管理 B 类光终端，必须要配置带内管理通道；带内管理通道是 B 类光终端注册的重点。B 类光终端注册分为 8 个部分，如图 2-67 所示。

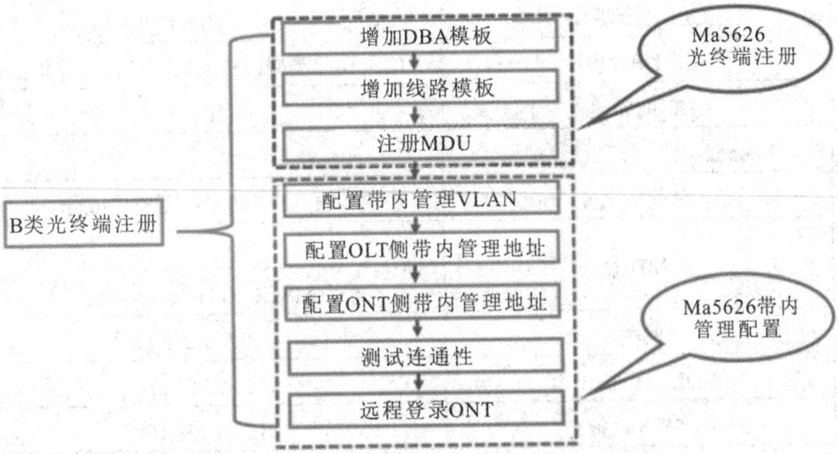

图 2-67　B 类 MA5626 光终端注册配置流程

2) B 类 MA5626 光终端注册方式

B 类光终端的两种注册方式分别是手动注册和自动注册。B 类和 A 类光终端注册方法一致(详见第 2.3.1 节)。

4. B 类 MA5626 光终端注册配置命令示例

B 类 MA5626 光终端组网如图 2-68 所示，注册数据规划如表 2.22 所示。

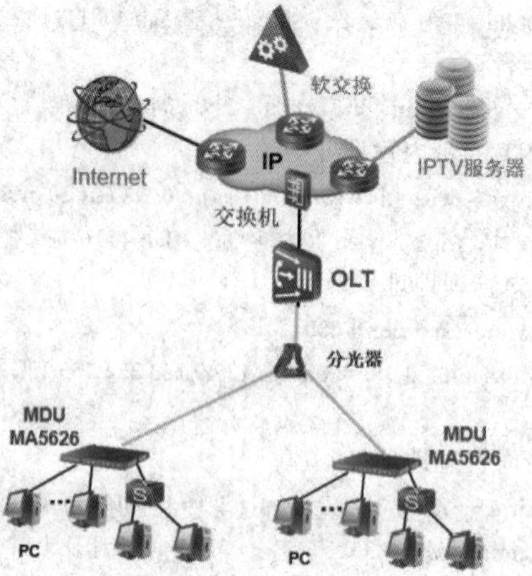

B 类光终端注册数据规划

图 2-68　B 类 MA5626 光终端组网

表 2.22　B 类 MA5626 光终端注册数据规划

MA5680T 设备数据规划	
配 置 项	参　数
OLT 管理参数	管理方式：带外网管；管理 IP：10.11.104.2/24
OLT 业务板	0/1/3
OLT 上行端口	0/18/1
OLT_DBA 模板	ID：10；类型：Type1；宽带：10240 kb/s
OLT_线路模板	ID:10
MA5626 带内管理参数规划	
管理 VLAN	VLAN：4001；类型：smart
MDU	ONU_ID：10
	MAC：xxxx-xxxx-xxxx
网关	129.9.253.1
OLT 管理 IP	129.9.253.254
MA5626 设备 IP	129.9.253.100

(1) 增加 DBA 模板：

```
MA5680T(config)#dba-profile add profile-id 10 type1 fix102400
```

(2) 增加线路模板：

```
MA5680T(config)#ont-lineprofile epon profile-id 10
MA5680T(config-epon-lineprofile-10)#llid dba-profile-id 10
MA5680T(config-epon-lineprofile-10)#commit
MA5680T(config-epon-lineprofile-10)#quit
```

B 类光终端注册配置实验

(3) 注册 MDU：

- 自动注册 MDU：

① 进入 EPBD 单板，打开自动发现开关：

```
MA5680T(config)#interface epon 0/1
MA5680T(config-if-epon-0/1)#port 3 ont-auto-find enable
```

② 查询自动发现 ONT 信息，获得 MAC 地址：

```
MA5680T(config-if-epon-0/1)#display ont autofind 3
```

③ 确认添加 ONT：

```
MA5680T(config-if-epon-0/1)#ont confirm 3 ontid 10 mac-auth xxxx-xxxx-xxxx snmp ont-lineprofile-id 10 //确认自动发现的 ONT，采用 SNMP 模式管理，绑定 ONT 线路模板 ID10//
```

- 手动注册 MDU(MAC 地址在设备背面标注)：

```
MA5680T(config-if-epon-0/1)#ont add 3 10 mac-auth xxxx-xxxx-xxxx snmp ont-lineprofile-id 10 //手动增加一个 ONT 终端，ID 为 10，采用 SNMP 模式管理，绑定 ONT 线路模板 ID10 //
```

(4) 配置带内管理 VLAN 参数：

① 配置 OLT 带内管理 VLAN：

```
MA5680T(config)#vlan 4001 smart
```

② 配置 OLT 带内管理上行口：

```
MA5680T(config)#port vlan 4001 0/18 1 //将 vlan 4001 绑定在 0 框 18 槽位 1 号端口上行接口板上//
```

③ 配置 OLT 到 ONT 的带内管理业务流：

```
MA5680T(config)# service-port vlan 4001 epon 0/1/3 ont 10 multi-service user-vlan 4001
```

(5) 配置 OLT 侧带内管理地址：

```
MA5680T(config)#interface vlanif 4001
MA5680T(config-if-vlanif4001)#ip address 129.9.253.254 255.255.255.0
```

(6) 配置 ONT 侧带内管理地址：

```
MA5680T(config-if-epon-0/1)#ont ipconfig 3 10 ip-address 129.9.253.100 mask 255.255.255.0 gateway 129.9.253.1 manage-vlan 4001 //配置 MDU 的 IP 地址为 129.9.253.100，掩码为 24 位，网关地址为 129.9.253.1，采用管理 vlan 4001 与 OLT 连接//
```

(7) 测试连通性：

```
MA5680T(config)#ping 129.9.253.100
    //在 MA5680T 侧使用 ping 命令检测到 MA5626 侧管理业务通道//
```

(8) 远程登录 ONU：

```
MA5680T(config)#telnet 129.9.253.100
//在 MA5680T 侧使用 telnet 命令登录到 MA5626 进行管理//
```

2.3.3　C 类 MA5616 设备注册配置

C 类光终端(以华为 C 类典型 MA5616 为例)采用 FTTC 组网方式，支持 EPON/GPON/双 GE 上行，支持 ADSL2$^+$、VDSL2 和 POTS 接入。C 类 MDU 设备注册也分为手动注册和自动注册两种方式。在注册 C 类光终端之前需要绑定 DBA 模板、线路模板和 SNMP 模板，无须绑定业务模板(如图 2-69 所示)。MA5680T 设备采用 SNMP 管理 MA5616(如 MDU)的配置业务，需要通过 MA5680T 设备远程登录到 MA5616 上进行配置。

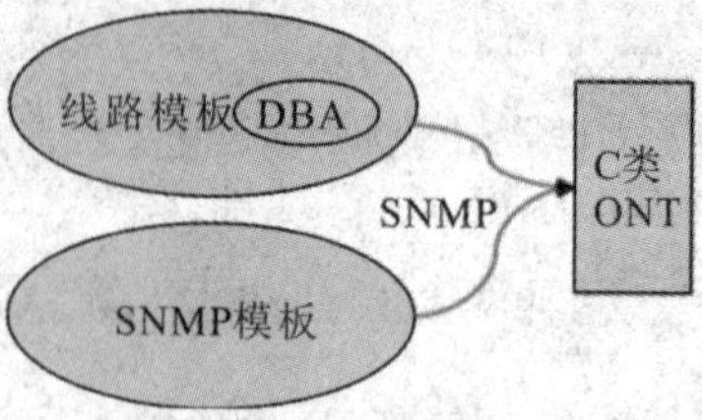

图 2-69　C 类光终端绑定模板类型

1. C 类 MA5616 光终端相关模板

1) DBA 模板

DBA 模板描述了 xPON 的上行流量参数，通过绑定 DBA 模板进行上行流量控制。DBA 模板可以同时供 EPON 和 GPON 使用。

2) 线路模板

线路模板确定了 ONT 运行的底层线路参数，如 DBA 和加密方式等，在增加 ONT 时引用。各类光终端都需要绑定 EPON ONT 线路模板。

3) SNMP 模板

当上层网络通过网管服务器管理设备时，需配置相关的 SNMP 协议参数，包括 SNMP 版本、团体名、目的 IP。

2. C 类 MA5616 光终端模板命令配置

1) DBA 模板

C 类 DBA 模板特性和 A 类一致，详见 2.3.1 节。

增加一个新的 DMA 模板：

```
MA5680T(config)#dba-profile add profile-id 10 type1 fix 10240
```

2) 线路模板

C 类线路模板特性和 A 类一致，详见 2.3.1 节。

线路模板配置步骤如下：

```
MA5680T(config)#ont-lineprofile epon profile-id 10
MA5680T(config-epon-lineprofile-10)# dba-profile-id 10
MA5680T(config-epon-lineprofile-10)#commit
MA5680T(config-epon-lineprofile-10)#quit
```

3) SNMP 模板

OLT 通过配置 SNMP 模板配置一条管理通道，通过管理业务流登录到 MDU 进行配置。SNMP 模板配置步骤如下：

(1) 配置带内管理 VLAN：

① 配置管理 VLAN：

```
MA5680T(config)#vlan 4001 smart    //创建 vlan4001，设置 smart 类型//
```

② 配置带内管理上行口：

MA5680T(config)#**port vlan 4001 0/18 1** //vlan 4001 绑定在上行口 0/18/1 //

③ 配置 OLT 到 ONT 的带内管理业务流：

MA5680T(config)# **service-port vlan 4001 epon 0/1/3 ont 10 multi-service user-vlan 4001** //配置业务虚端口，将业务 vlan 4001 和用户 vlan 4001 绑定在 ONT_10 终端//

(2) 配置 OLT 侧带内管理地址：

MA5680T(config)#**interface vlanif 4001**

MA5680T(config-if-vlanif4001)#**ip address 129.9.253.254 255.255.255.0** //在带内管理 vlan 4001 子接口配置管理 IP 地址//

(3) 配置 ONT 侧带内管理地址：

MA5680T(config-if-epon-0/1)#**ont ipconfig 3 10 ip-address 129.9.253.100 mask 255.255.255.0 gateway 129.9.253.1 manage-vlan 4001** //配置 MDU 的 IP 地址为 129.9.253.200，掩码为 24 位，网关地址为 129.9.253.1，使用管理 vlan 4001 与 OLT 连接//

注：如果 MA5680T 和 MA5616 不在同一网段，还需在 OLT 侧配置一条去向 MA5616 光终端的管理路由。如果 MA5680T 同时注册 B 类和 C 类光终端，则需要注册管理 IP。

3. C 类 MA5616 光终端注册配置方式

1) C 类 MA5616 光终端注册配置流程

MA5680T 采用 SNMP 管理 C 类光终端，必须配置带内管理通道，带内管理通道是 C 类光终端注册的重点。C 类光终端注册分为 8 个部分，如图 2-70 所示。

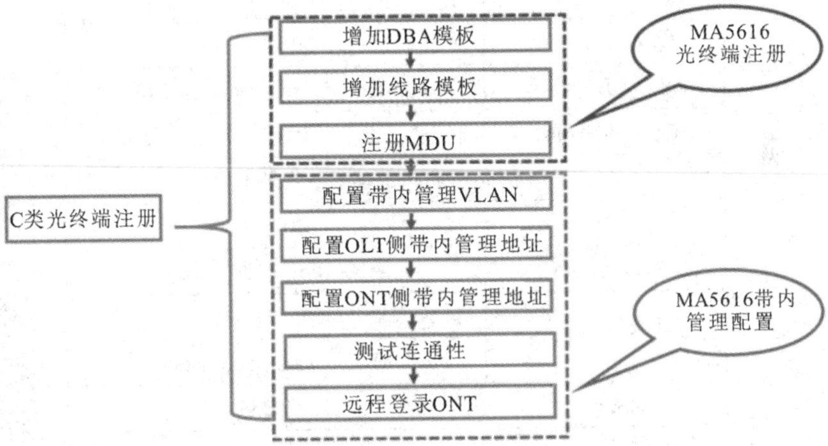

图 2-70　C 类 MA5616 光终端注册配置流程

2) C 类 MA5616 光终端注册方法

C 类光终端的两种注册方法分别是手动注册和自动注册。C 类和 A 类光终端的注册方法一致(详见第 2.3.1 节)。

4. C 类 MA5616 光终端注册配置命令示例

C 类 MA5616 光终端组网如图 2-71 所示，注册数据规划如表 2.23 所示。

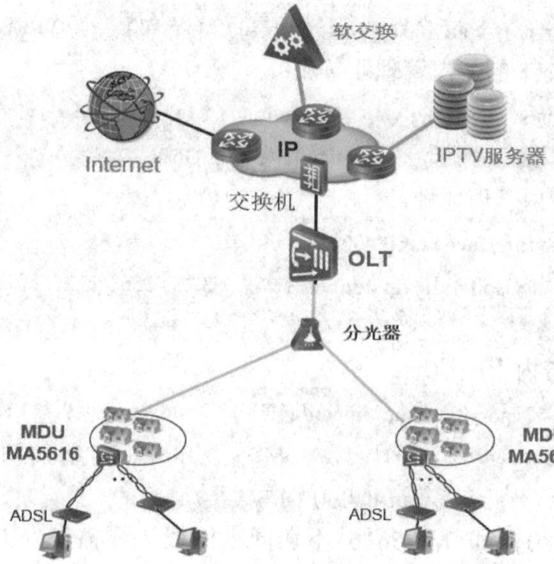

图 2-71　C 类 MA5616 光终端组网

表 2.23　C 类 MA5616 光终端注册数据规划

MA5680T 设备数据规划	
配 置 项	参 数
OLT 管理参数	管理方式：带外网管
OLT 业务板	0/1/3
OLT 上行端口	0/18/1
OLT_DBA 模板	ID：10；类型：Type1；带宽：102400 kb/s
OLT_线路模板	ID：10
MA5616 带内管理参数规划	
配 置 项	参 数
管理 VLAN	VLAN：4001；类型：smart
MDU	ONU_ID：10
	MAC：xxxx-xxxx-xxxx
网关	129.9.253.1
OLT 管理 IP	129.9.253.254
MA5616 设备 IP	129.9.253.200

C 类光终端注册数据规划

C 类光终端注册配置实验

(1) 增加 DBA 模板：

```
MA5680T(config)#dba-profile add profile-id 10 type1 fix 102400
```

(2) 增加线路模板：

```
MA5680T(config)#ont-lineprofile epon profile-id 10
MA5680T(config-epon-lineprofile-10)#llid dba-profile-id 10
```

```
MA5680T(config-epon-lineprofile-10)#commit
MA5680T(config-epon-lineprofile-10)#quit
```

(3) 注册 MDU：

- 自动注册 MDU：

① 进入 EPBD 单板，打开自动发现开关：

```
MA5680T(config)#interface epon 0/1
MA5680T(config-if-epon-0/1)#port 3 ont-auto-find enable
```

② 查询自动发现 ONT 信息，获得 MAC 地址：

```
MA5680T(config-if-epon-0/1)#display ont autofind 3
```

③ 确认添加 ONT：

```
MA5680T(config-if-epon-0/1)#ont confirm 3 ontid 10 mac-auth xxxx-xxxx-xxxx snmp ont-lineprofile-id 10 //确认自动发现的 ONT，采用 SNMP 模式管理，绑定 ONT 线路模板 ID10//
```

- 手动注册 MDU(MAC 地址在设备背面标注)：

```
MA5680T(config-if-epon-0/1)#ont add 3 10 mac-auth xxxx-xxxx-xxxx snmp ont-lineprofile-id 10 //手动增加一个 ONT 终端，ID 为 10，采用 SNMP 模式管理，绑定 ONT 线路模板 ID10 //
```

(4) 配置带内管理 VLAN 参数：

① 配置 OLT 带内管理 VLAN：

```
MA5680T(config)#vlan 4001 smart
```

② 配置 OLT 带内管理上行口：

```
MA5680T(config)#port vlan 4001 0/18 1
```

③ 配置 OLT 到 ONT 的带内管理业务流：

```
MA5680T(config)# service-port vlan 4001 epon 0/1/3 ont 10 multi-service user-vlan 4001
```

(5) 配置 OLT 侧带内管理地址：

```
MA5680T(config)#interface vlanif 4001
MA5680T(config-if-vlanif4001)#ip address 129.9.253.254 255.255.255.0
```

(6) 配置 ONT 侧带内管理地址：

```
MA5680T(config-if-epon-0/1)#ont ipconfig 3 10 ip-address 129.9.253.200 mask 255.255.255.0 gateway 129.9.253.1 manage-vlan 4001
```

(7) 测试连通性：

```
MA5680T(config)#ping 129.9.253.200
```

(8) 远程登录 ONT：

```
MA5680T(config)#telnet 129.9.253.200
```

A 类光终端维护命令

2.3.4 光终端维护命令

光终端注册成功之后，需要对各类光终端进行维护，下面介绍各类光终端维护命令。

1. A 类 MA5675 光终端维护命令

(1) 查询 EPON 端口 0/3/0 下的所有 ONT 信息：

```
MA5680T(config-if-epon-0/3)#display ont info 0 all
```

(2) 查询 EPON 端口 0/3/0 下的特定 ONT 信息：

```
MA5680T(config-if-epon-0/3)#display ont info 0 0
```

(3) 查询 ONT 距离和延迟时间：

```
MA5680T(config-if-epon-0/3)#display ont ont-rtt 0 13
```

(4) 查询 ONT 版本信息：

```
MA5680T(config-if-epon-0/3)#display ont version
```

(5) ONT 日常维护命令：

① 修改 ONT 属性：

```
MA5680T(config-if-epon-0/2)#ont modify 0 1 mac   //ONT 需要更换时//
```

② 激活 ONT：

```
MA5680T(config-if-epon-0/2)#ont deactivate
MA5680T(config-if-epon-0/2)#display ont info 0 all
```

③ 重新发现 ONT：

```
MA5680T(config-if-epon-0/2)#ont re-discovery
```

④ 重新注册 ONT：

```
MA5680T(config-if-epon-0/2)#ont re-register
```

⑤ 重启 ONT：

```
MA5680T(config-if-epon-0/2)#ont reset
```

⑥ ONT PING：

```
MA5680T(config-if-epon-0/2)#ont ping   //只针对 A 类 ONT//
```

B 类光终端管理维护命令

2. B 类 MA5626 光终端维护命令

1) B 类 MA5626 光终端查询命令

(1) 查询 EPON 端口 0/1/3 下的已注册所有 ONT 信息：

```
MA5680T(config-if-epon-0/1)#display ont info 3 all
```

(2) 具体查询 EPON 端口 0/1/3 下的 ONT 为 10 的信息：

```
MA5680T(config-if-epon-0/1)#display ont info 3 10
```

(3) 查询 MDU IP 配置信息：

```
MA5680T(config-if-epon-0/1)#display ont ipconfig
```

(4) 查询 ONT 版本信息：

```
MA5680T(config-if-epon-0/)#display ont version
```

(5) 查询 ONT 距离和延迟时间：

```
MA5680T(config-if-epon-0/1)#display ont ont-rtt 3 10
```

(6) 重新注册 ONT：

```
MA5680T(config-if-epon-0/1)#ont re-register
```

(7) 重启 ONT：

```
MA5680T(config-if-epon-0/1)#ont reset
```

2) B 类 MA5626 光终端删除配置命令

(1) 在没有配置业务时，可以直接删除 ONT。

(2) 在配置了业务的情况下，需按照业务配置的顺序逆向删除业务后才能删除 ONT。

B 类光终端删除配置实验

① 删除 ONT 带内管理地址：

```
MA5680T(config-if-epon-0/1)#undo ont   ipconfig 3 10 ip-address 129.9.253.100
mask 255.255.255.0 gateway 129.9.253.1 manage-vlan 4001
```

② 删除 OLT 侧带内管理地址：

```
MA5680T(config)#interface vlanif 4001
MA5680T(config-if-vlanif4001)#undo ip address 129.9.253.254 255.255.255.0
```

③ 删除带内管理 VLAN：

```
MA5680T(config)# undo service-port vlan 4001
MA5680T(config)#undo port vlan 4001 0/18 1
MA5680T(config)#undo vlan 4001
```

④ 删除已注册 ONT：

```
MA5680T(config-if-epon-0/1)#ont delete 3 10
```

⑤ 删除 ONT 模板：

```
MA5680T(config)#undo ont-lineprofile epon profile-id 10
```

⑥ 删除 DBA 模板：

```
MA5680T(config)# dba-profile delete profile-id 10
```

C 类光终端管理命令维护实验

3. C 类 MA5616 光终端维护命令

C 类光终端维护命令语句和删除命令语句与 B 类光终端的一致，需要注意的是 C 类光终端如要配置业务，同样也需要先删除业务语句，再删除注册终端，删除命令顺序不能颠倒。

【知识归纳】

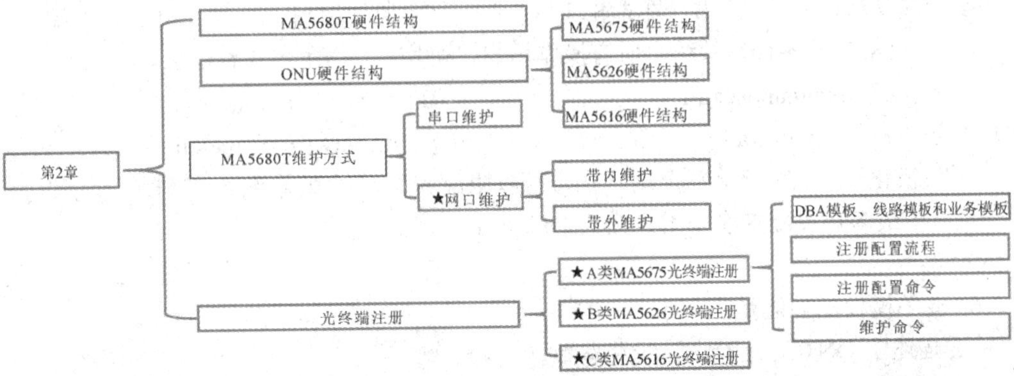

自我测试

一、填空题

1. 华为OLT按照接入用户的数量分为________、______和______三种类型。

2. EPBD面板提供______个可插拔光模块。

3. MDU产品分为B类______和C类______。

4. B类MDU系列光终端用于_______组网方式，C类MDU用于_______组网方式，A类ONU用于______组网方式。

5. ETHA/ETHB板是以太网业务级联板，用于GE光口级联，ETHA板支持______聚合，ETHB板支持______聚合。

6. MA5680T设备系统超级用户的用户名是______，密码是______。

7. MA5680T设备按端口类别可以分为______和______两大类。

8. MA5680T设备网口维护的方式分为______和______两大类。

9. 查询EPON端口0/1/3下的所有ONT信息，使用的命令是______。

10. MA5680T设备光终端注册分为______和______两种方式。

11. MA5675光终端在注册时需要绑定________、________、________和_______四大模板。

12. MA5626/MA5616光终端管理维护方式是______模式。

13. MA5626光终端初始用户名是______，密码是______。

二、选择题

1. 光线路终端通常简称为(　　)。

A. OLT　　B. ONT　　C. POS　　D. ODN

2. 我们所说的光网络单元通常简称为(　　)。

A. OLT　　B. ONU　　C. ODT　　D. ODN

3. 主控板可以提供多种接口，下面哪个不是主控板提供的接口？(　　)

A. 维护端口　　B. 调试串口　　C. 监视串口　　D. 告警端口

4. MA5680T设备查询系统内所有操作用户，可用(　　)命令看到信息。

A. display terminal user all　　B. display terminal user

C. display username all　　D. display username all

5. 模板化管理方式下，每个用户在进行权限配置的时候都需要绑定模板，便于统一管理，系统中最多可以配置多少用户模板？(　　)

A. 4　　B. 8　　C. 12　　D. 24

6. 业务模板的功能是(　　)。

A. 描述了ONT运行的底层线路参数

B. 描述了ONT端口的类型和数量，以及VLAN映射关系参数

C. 描述了SNMP协议参数

D. 描述了 xPON 的上行流量参数

三、判断题

1. 如果发现在线用户是非法用户，想要删除该用户，首先必须将该在线用户踢除下线。（　）

2. 超级用户系统权限最大，可以创建和删除任何账号。（　）

3. 带内网管维护方式比带外网管维护方式更好。（　）

4. A 类 MA5675 光终端注册只需要绑定 DBA 和线路模板。（　）

5. A 类 MA5675 光终端采用 OAM 方式管理。（　）

6. 系统默认提供 12 种 DBA 模板，供用户选择。（　）

7. B 类 MA5626 光终端注册时需要绑定业务模板。（　）

四、问答题

1. 带内网管维护方式和带外网管维护方式的优缺点有哪些？

2. MA5680T 设备系统提供哪四种用户级别？

3. 写出 A 类 MA5675 光终端注册流程。

第 3 章　宽带业务开通配置

【目标导航】

(1) 掌握 VLAN 类型和属性。
(2) 掌握 PPP 和 PPPoE 协议原理。
(3) 掌握各类光终端宽带业务配置流程。
(4) 熟练掌握宽带数据业务配置命令语句。
(5) 学会使用 Wireshark 软件抓取 PPPoE 协议报文。
(6) 能根据宽带业务数据规划表，完成宽带业务开通配置。

【教学建议】

模 块 内 容	学时分配	总课时	重点	难点
3.1 宽带业务原理	0.5	12	√	
3.2 宽带业务协议	2		√	
3.3 宽带业务组网图	0.5			
3.4 宽带业务数据规划	1		√	
3.5 A 类 MA5675 光终端宽带业务配置	2		√	√
3.6 B 类 MA5626 光终端宽带业务配置	2		√	√
3.7 C 类 MA5616 光终端宽带业务配置	2		√	√
3.8 宽带业务验证	1			
3.9 宽带业务维护	1		√	

【内容解读】

家庭光接入网业务主要有宽带、语音和视频三类，宽带业务是最基础的业务，用户能感知到的就是使用 PC 上网。本模块帮助用户了解宽带业务的实现过程。

本章主要包括 VLAN 的类型和属性、宽带业务开通使用的 PPPoE 拨号协议、宽带业务组网、各类光终端宽带业务配置流程；重点阐述各类光终端宽带业务配置命令；最后根据宽带业务数据规划表完成 MA5675 宽带业务开通配置、MA5626 宽带业务开通配置和 MA5616 宽带业务开通配置的示例分析。

3.1　宽带业务原理

用户一般通过光纤连接到 Internet 网络实现上网，组网方式常见的是 FTTH、FTTB 和 FTTC，本节主要介绍 MA5680T 设备通过各类光终端进行上网业务的配置。

3.1.1 VLAN 类型

VLAN 类型和属性

MA5680T 设备处在接入层，由于公网 IP 地址受限，所以 MA5680T 主要采用二层 VLAN 技术，MA5680T 设备支持多种 VLAN 类型。

VLAN(虚拟局域网)是一种通过将局域网内设备的逻辑地址而不是物理地址划分成一个个网段，从而实现虚拟工作组的技术。MA5680T 设备最多支持 4K 个 VLAN。MA5680T 设备支持 Standard VLAN、Smart VLAN、MUX VLAN 和 Super VLAN 等类型。

1. Standard VLAN

(1) Standard VLAN 定义。IEEE 于 1999 年颁布了用于标准化 VLAN 实现方案的 IEEE 802.1Q 协议标准。Standard VLAN 是一种通过将局域网内设备的逻辑地址而不是物理地址划分成一个个网段，从而实现虚拟工作组的技术。

(2) Standard VLAN 原理。IEEE 802.1Q 定义的标准 VLAN 具有以下特性：相同 VLAN 内的端口在二层互通，不同 VLAN 内的端口在二层相互隔离。VLAN 的划分方法很多，其中比较常见的 VLAN 划分方法有基于端口、基于 MAC 地址、基于协议类型、基于 IP 地址映射、基于组播和基于策略等。目前业界通用的划分方法是基于端口划分的 VLAN。

(3) Standard VLAN 帧格式。Standard VLAN 采用 IEEE 802.1Q 标准以太网帧，帧格式如图 3-1 所示。

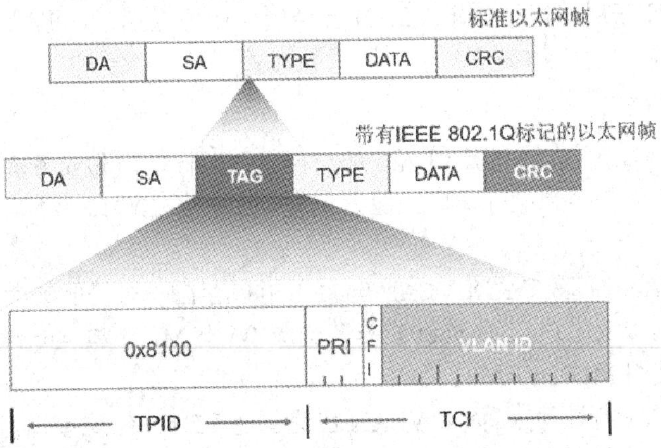

图 3-1　Standard VLAN 以太网帧格式

TAG 标签包含 4 个字段，其含义如表 3.1 所示。

表 3.1　VLAN 帧字段名

字段名	长度	取值	含义
TYPE	2 Byte	在取值为 0x8100 时，表示 802.1Q Tag 帧	表示帧类型，如果不支持 IEEE 802.1Q 的设备收到这样的帧，会将其丢弃
PRI	3 bit	取值范围：0～7	表示帧的优先级，用于 QoS
CFI	1 bit		表示 MAC 地址是否是经典格式，用于令牌环网和 FDDI
VID	12 bit		VLAN ID，表示该帧所属 VLAN，$2^{12} = 4096$

(4) Standard VLAN 应用场景。MA5680T 设备 Standard VLAN 只包括 SCU、ETHA、ETHB 和 GIU 槽位单板的标准以太网口，不能应用于业务端口。

2. Smart VLAN

(1) Smart VLAN 定义。Smart VLAN 是一种包含上行端口和业务虚端口的 VLAN。一个 Smart VLAN 可以包含多个上行端口和多个业务虚端口，业务虚端口相互隔离。

(2) Smart VLAN 功能。一个 Smart VLAN 可接入多个 xPON 用户，减少对系统 VLAN 数量的占用。MA5680T 最多支持 4K 个 Smart VLAN，每个 Smart VLAN 中上行口和业务虚端口的数目都没有限制。

(3) Smart VLAN 原理。Smart VLAN 是一种特殊的 VLAN，除了具备 Standard VLAN 所有的特点之外，还具有本身所独有的特点。Smart VLAN 中端口的地位不对等，可以分为上行端口和业务虚端口：

① 业务虚端口之间相互隔离，不能直接互通。

② 上行端口之间可以直接互通。

③ 业务虚端口与上行端口之间可以直接互通。

Smart VLAN 上行端口的广播域遍及 VLAN 的所有端口，业务虚端口的广播域却只包含上行端口。Standard VLAN 每个端口的广播域都包含该 VLAN 的所有端口。

(4) Smart VLAN 特性约束。如果 VLAN 已经创建 VLAN 三层接口，删除 VLAN 之前，必须先删除 VLAN 三层接口。如果 VLAN 已经创建业务虚端口，删除 VLAN 之前，必须先删除 VLAN 业务虚端口。

3. MUX VLAN

(1) MUX VLAN 定义。MUX VLAN 是一种包含上行端口和业务虚端口的 VLAN。一个 MUX VLAN 可包含多个上行端口，但只包含一个业务虚端口。不同 MUX VLAN 间的业务流相互隔离。

(2) MUX VLAN 原理。MUX VLAN 与接入用户存在一对一的映射关系，因此可根据 VLAN 区分不同的接入用户。MA5680T 最多支持 4K 个 MUX VLAN。当需要用 VLAN 区分用户时，可以使用 MUX VLAN。

(3) MUX VLAN 特性约束。如果 VLAN 已经创建 VLAN 三层接口，删除 VLAN 之前，应先删除 VLAN 三层接口。如果 VLAN 已经创建业务虚端口，删除 VLAN 之前，应先删除 VLAN 业务虚端口。

4. Super VLAN

(1) Super VLAN 定义。Super VLAN(VLAN Aggregation，或者 VLAN 聚合)技术涉及 Super VLAN 和 Sub VLAN 的概念。Super VLAN 和通常意义上的 VLAN 不同，它是一种只包含 Sub VLAN 而不包含物理端口和业务虚端口的 VLAN。Sub VLAN 只包含物理端口和业务虚端口，不能建立三层 VLAN 虚端口。Super VLAN 包含的所有 Sub VLAN 共用 Super VLAN 三层接口地址与上层通信。

(2) Super VLAN 功能。Super VLAN 可节省 IP 地址，提高 IP 地址的使用效率。

(3) Super VLAN 原理。Super VLAN 的实现原理如图 3-2 所示，具体参数如下：

① VLAN 1 包含 A 用户组：用户 A1 和用户 A2。

② VLAN 2 包含 B 用户组：用户 B1 和用户 B2。

③ VLAN 3 包含 C 用户组：用户 C1 和用户 C2。

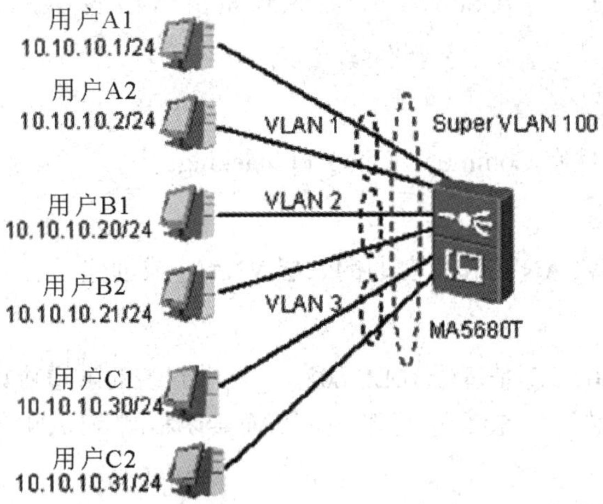

图 3-2　Super VLAN 实现原理

用户组 A、B、C 的主机地址在相同的网段 10.10.10.0 内。用户组 A、B、C 分布在不同的 VLAN 内，由于 VLAN 的广播隔离作用，用户组 A、B、C 之间不能互通，即用户组 A、B、C 之间有二层隔离。

为了使不同 VLAN 下的用户能够互通，可以使用 VLAN 三层接口技术来实现。然而，三层接口技术要求不同 VLAN 三层接口下 PC 地址属于不同的网段。如果需要节省 IP 地址，可假设用户组 A、B、C 属于同一个网段，此时，可以使用 Super VLAN 解决 VLAN 之间互通的需求。

为了使用户组 A、B、C 之间可以相互访问，创建一个 Super VLAN(假设为 VLAN 100)，并且将 VLAN 1、VLAN 2 和 VLAN 3 作为 Sub VLAN 加入 Super VLAN 100；同时在 Super VLAN 100 中创建三层接口，配置三层接口 IP，并启动 ARP Proxy。

用户 A1 访问用户 C1 的过程如下：

① 由于用户 C1 的主机地址与 A1 处在同一个网段内，A1 第一次访问 C1 时，将发送 ARP 报文，获取 C1 的 MAC 地址。

② 由于用户 A1 和用户 C1 是二层隔离，ARP 请求报文不会直接发送给用户 C1。ARP 请求报文将由 Super VLAN 的 ARP Proxy 功能捕获。

③ ARP Proxy 功能模块会获取用户 C1 的 MAC 地址，在获取成功后，将 Super VLAN 接口的 MAC 地址作为 C1 的 MAC 地址发送给用户 A1。

④ 用户 A1 发送给用户 C1 的报文都会先发送到 Super VLAN，Super VLAN 再通过三层转发功能将报文转发给用户 C1。

用户 C1 访问用户 A1 的过程与上述过程类似。从上面的报文交互过程可以看出：通过建立 Super VLAN 和 Sub VLAN 间的映射关系，可以用一个 Super VLAN 使所有 Sub VLAN 共享同一个三层接口；不同 Sub VLAN 内的用户可以共享同一个 Super VLAN 的网关，从而在实现 Standard VLAN 的功能的同时，达到节省 IP 地址的目的。

(4) Super VLAN 特性约束。Super VLAN 可以创建三层接口，并可以在三层接口下启动/关闭 ARP Proxy。MA5680T 最多支持 16 个 Super VLAN。如果 Sub VLAN 中的用户端口包含上行接口，则不允许该 Sub VLAN 加入到 Super VLAN 中。

3.1.2 VLAN 属性

VLAN 支持的属性有 Common、QinQ 和 Stacking。

1. Common 属性

Common 属性即 VLAN 可作为普通的二层 VLAN 或创建三层虚接口使用。

2. QinQ 属性

QinQ(802.1Q in 802.1Q)是基于 IEEE 802.1Q 标准封装的隧道协议，在用户私有 802.1Q 的报文基础上，再封装一层 802.1Q 标签头，从而实现私网 VLAN 在公网透传，达到二层 VPN 的应用效果。

QinQ 的核心思想是将用户私网 VLAN Tag 封装到公网 VLAN Tag 上，报文带着二层 802.1Q 格式的 VLAN Tag 穿越服务商的骨干网络，从而为用户提供一种较为简单的二层 VPN 专线业务，在一定程度上拓展了私网的地域广度。此处的专线业务是指私网业务直接透传到网络对端(例如企业内部网等)。

报文包含来自用户私网的内层 VLAN 以及 MA5680T 分配的外层 VLAN，可以通过外层 VLAN 在用户私网间形成二层 VPN 隧道，实现私网间业务的透传。QinQ VLAN 业务处理流程如图 3-3 所示。

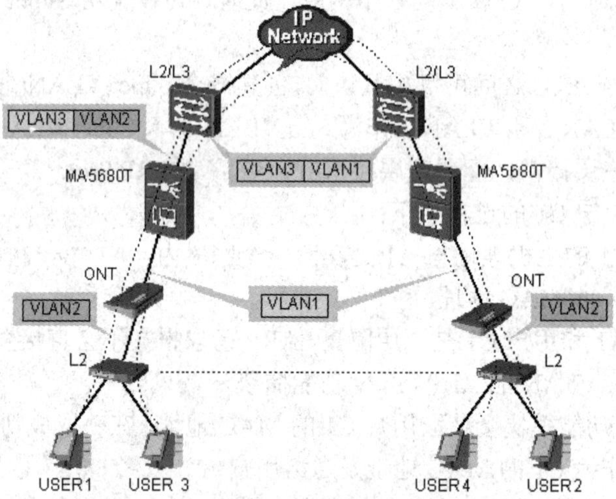

图 3-3　QinQ VLAN 业务处理流程

MA5680T 通过 QinQ VLAN，可以在不同地域间的同一私网(VLAN 1 或 VLAN 2)内实现用户之间的互通。用户业务报文的处理过程如下：

(1) PC 用户上行发送 Untagged 报文。

(2) 二层 LAN Switch 为该报文加上 PC 用户在私网中的 VLAN Tag(VLAN 1 或 VLAN 2)，并上行发送到 MA5680T。

(3) MA5680T 为报文统一加上公网 VLAN Tag(VLAN 3)，并继续传送到上层网络。

(4) 上层网络设备根据公网 VLAN Tag(VLAN 3)传送报文。

(5) 对端的 MA5680T 接收到这些报文后，剥离其公网 VLAN Tag(VLAN 3)，并将其传给同侧的 LAN Switch。

(6) LAN Switch 识别并剥离私网 VLAN Tag(VLAN 1 或 VLAN 2)，将 Untagged 报文转发给该私网 VLAN 中的用户。

如上所述，通过 QinQ VLAN 即可实现 VLAN 2 内用户 1 和用户 2 之间的互通，或者 VLAN 1 内用户 3 和用户 4 之间的互通。

MA5680T 最多支持 4K 个 QinQ VLAN。Super VLAN、Sub VLAN、已创建三层接口的 VLAN 和系统缺省 VLAN 都不能设其属性为 QinQ。网管应用也不使用 QinQ 属性。

3. Stacking 属性

VLAN Stacking 是对 802.1Q 标识的堆叠，为 Untagged 的用户报文添加两层 802.1Q 格式的 VLAN Tag，或将 Tagged 的用户报文切换成两层 802.1Q 格式的报文；报文带着两层 VLAN Tag 穿越服务商的骨干网络，到达 BRAS 使用双层 VLAN 进行认证，或者到达 BRAS 设备后剥离外层 VLAN，而根据内层标签来标识用户。

具有 Stacking 属性的 VLAN 报文包含有 MA5680T 分配的内、外两层 VLAN 标签。VLAN Stacking 可用于提高网络侧 VLAN(即外层 VLAN)重用度和批发业务。

如果 VLAN Stacking 应用于 VLAN 数的扩展或标识用户，则需要 BRAS 配合实现。如果 VLAN Stacking 用于提供专线批发业务，则要求上层网络工作于二层模式，直接根据 VLAN 和 MAC 转发。VLAN Stacking 的业务处理流程如图 3-4 所示。

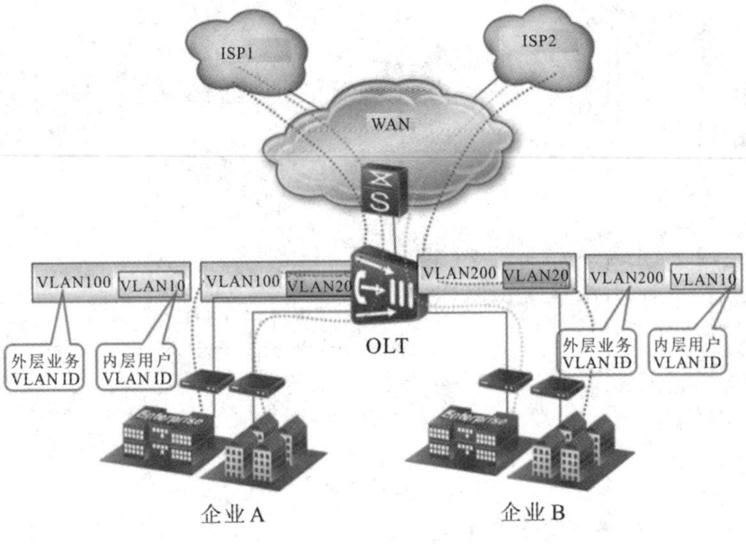

图 3-4　VLAN Stacking 业务处理流程

MA5680T 通过不同 VLAN Stacking 将企业 A 的用户接入 ISP1，企业 B 的用户接入 ISP2，业务的处理过程如下：

(1) 用户上行发送 Untagged 报文，经过 OLT 后到达 MA5680T。

(2) MA5680T 为用户报文(Untagged)封装两层 VLAN Tag。不同 ISP 的用户对应不同的外层 SP VLAN。企业 A 的用户报文外层统一封装 SP VLAN1，内层封装对应的 Customer VLAN；企业 B 的用户报文外层统一封装 SP VLAN2，内层封装对应的 Customer VLAN。

(3) 交换城域网设备根据 SP VLAN 转发报文到不同的 ISP。

(4) ISP1 和 ISP2 设备接收到报文后剥离 SP VLAN，根据内层标签区分企业内的不同用户。

MA5680T 最多支持 4K 个 VLAN Stacking。Super VLAN、Sub VLAN、已创建三层接口的 VLAN 和系统缺省 VLAN 都不能设其属性为 Stacking。

3.1.3　宽带业务流

宽带业务原理

通过 MA5680T 业务单板的 PON 口，宽带业务流连接到分光器的 IN 口，进行 1∶N 分光，通过 OUT 口连接到 A 类 MA5675 设备光口、B 类 MA5626 设备光口、C 类 MA5616 设备光口；根据用户不同的类型，形成 FTTH、FTTB 和 FTTC 三种接入。然后，通过 MA5680T 设备上行接口板连接到承载网中，通过承载网，将数据先连接到 BAS 服务器，进行拨号认证，再次连接到 AAA 服务器进行对账号、认证、授权和计费等，成功之后，将从 PC 过来的数据发送到 Internet 中，用户从而可以享受上网业务服务，如图 3-5 所示。

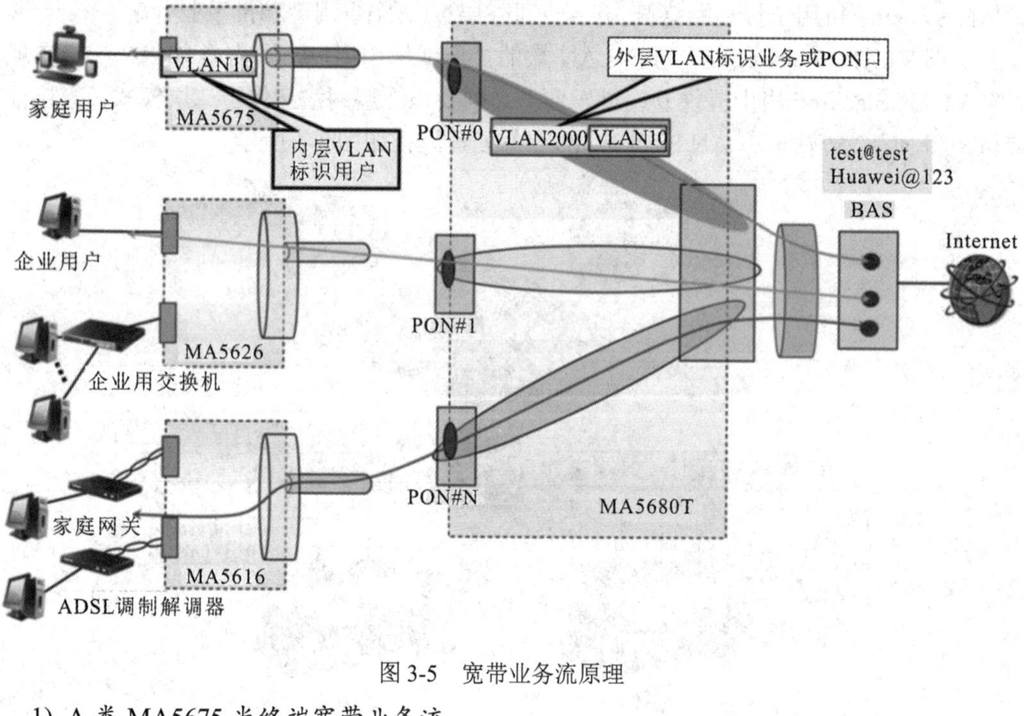

图 3-5　宽带业务流原理

1) A 类 MA5675 光终端宽带业务流

用户 PC 连接到 A 类 MA5675 设备，在 A 类光终端上打上用户 VLAN 10 标签，通过光纤将数据送到 MA5680T 设备的 PON 口；MA5680T 设备在业务虚端口和上行端口都配置了 Smart VLAN 2000，并且将其设置为 QinQ 属性。对外通信只能显示外层 VLAN 2000 数据，需将 VLAN 2000 数据通过 OLT 设备送到上行接口板；上行接口板将 VLAN 2000

数据送到 BAS，如果认证成功，则将数据送到 Internet 中，用户就可以上网了。

2) B 类 MA5626 和 C 类 MA5616 光终端宽带业务流

B 类和 C 类光终端宽带业务流的走向和 A 类的一致。如果条件受到限制，将 A 类、B 类和 C 类光终端都连接到 M5680T 设备的 PON0 口，用户 VLAN 也都是 VLAN 10，在 PON0 处打上外层标签 VLAN 2000；虽然在同一 PON0 口，3 个用户 VLAN 是一致的，但是用户之间也不能互通。实际工程中还是建议不同用户类型的 ONU 通过不同 PON 口接入到 OLT，以保证高价值客户业务的 QoS 和安全性，避免相互影响。

3.2 宽带业务协议

20 世纪 90 年代，互联网刚出现的时候，人们上网使用最为普遍的一种方式是拨号上网。只要用户拥有一台个人电脑、一个外置或内置的调制解调器(Modem)和一根电话线，再向本地 ISP 供应商申请自己的账号或购买上网卡，在拥有自己的用户名和密码后，拨打 ISP 的接入号，连接到 Internet 上即可。中国国内拨号上网的用户基本上都是基于 PPPoE 协议。PPPoE(Point to Point Protocol over Ethernet，以太网点对点协议)是将以太网和 PPP 协议结合后的协议。通过 PPPoE 技术就可以实现高速宽带网的个人身份验证访问，为每个用户创建虚拟拨号连接，从而可以高速连接到 Internet。

3.2.1 PPP 协议

PPP 协议

1. PPP 协议概述

PPP 协议是在 SLIP(Serial Line IP，串行线 IP 协议)的基础上发展起来的。由于 SLIP 协议只支持异步传输方式、无协商过程(尤其不能协商双方 IP 地址等网络层属性)等缺陷，在后来的发展过程中逐步被 PPP 协议所替代。

PPP(Point to Point Protocol，点到点协议)作为一种提供在点到点链路上传输和封装网络层数据包的数据链路层协议，处于 TCP/IP 协议栈的第二层(如图 3-6 所示)，主要被设计用来在支持全双工的同、异步链路上进行点到点之间的数据传输。PPP 主要由三类协议组成：链路控制协议(Link Control Protocol，LCP)、网络层控制协议(Network Control Protocol，NCP)和 PPP 扩展协议。同时 PPP 还提供了用于网络安全方面的密码认证协议(Password Authentication Protocol，PAP)和挑战握手认证协议(Challenge Handshake Authentication Protocol，CHAP)。

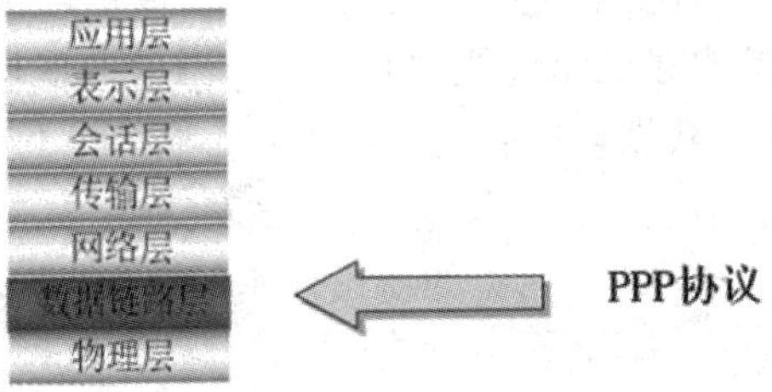

图 3-6 PPP 协议与协议栈对应关系

2. PPP 协议特点

PPP 协议与其他链路层协议不同，PPP 协议既支持同步链路，又支持异步链路，而如 X.25 和 frame relay 等数据链路层协议只对同步链路提供支持。PPP 协议的主要特点如下：

(1) 支持点到点的连接，不同于 X.25 和 frame relay 等数据链路层协议，PPP 协议具有 CHAP 和 PAP 验证协议，更好地保证了网络的安全性。

(2) PPP 的物理层既支持数据为 8 位和无奇偶校验的异步模式，还支持面向比特位的同步链接，如 frame relay 必须为同步电路。

(3) PPP 有针对不同网络层的网络控制协议，如大家熟知的 IPCP 和 IPXCP。同样，类似于 SLIP 协议，它也允许双方协商是否对报文首部进行压缩。

3. PPP 协议帧格式

PPP 协议帧格式主要指 Address(地址)、Control(控制)、Protocol(协议)和 Information(信息)四个域的内容，如图 3-7 所示。

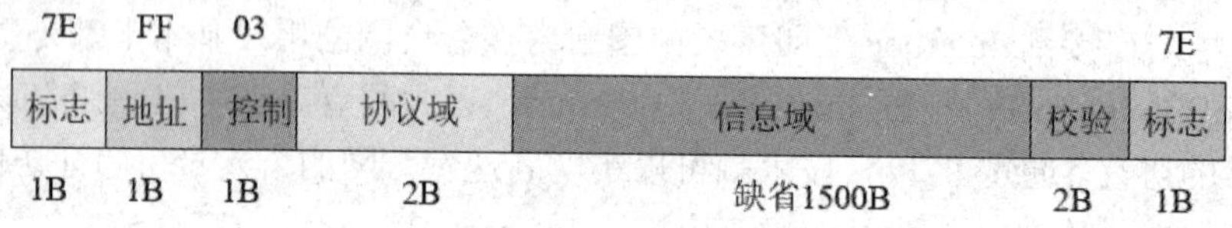

图 3-7　PPP 协议帧格式

1) Flag 域

Flag (标志)域标识了一个物理帧的起始和结束，该字节为 0x7E。

2) Address 域

PPP 协议被运用在点对点的链路上，它可以唯一标识对方。因此使用 PPP 协议互连的两个通信设备无须知道对方的数据链路层地址，此时 Address 域字节已无任何意义，按照协议的规定，将该字节填充为全 1 的广播地址。

3) Control 域

同 Address 域一样，Control 域也没有实际意义，按照协议的规定，通信双方将该字节的内容填充为 0x03。Address 域和 Control 域一起表示此报文为 PPP 报文，即 PPP 报文头为 FF03。

4) Protocol 域

Protocol 域可用来区分 PPP 数据帧中信息域所承载的数据报文的内容。Protocol 域的内容必须遵循 ISO 3309 的地址扩展机制所给出的规定。该机制规定协议域所填充的内容必须为奇数，也就是要求低字节的最低位为“1”，高字节的最低位为“0”。

如果发送端发送的 PPP 数据帧的 Protocol 域字段不符合上述规定，接收端则会认为此数据帧是不可识别的。接收端向发送端发送一个 Protocol-Reject 报文，在该报文尾部将填充被拒绝报文的协议号。Protocol 域常见的协议代码如表 3.2 所示。

5) Information 域

Information 域最大长度是 1500 B，其中包括填充域的内容。信息域的最大长度等于 PPP 协议中 MRU(Maximum Receive Unit，最大接收单元)的缺省值。在实际应用中可根据实际需要进行信息域最大封装长度选项的协商。

如果 Information 域长度不足 1500 B，可被填充，但不是必需的。如果填充，则需通信双方能辨认出有用与无用的信息，方可正常通信。

6) FCS 域

FCS(校验)域的功能是对 PPP 数据帧传输的正确性进行检测。在数据帧中引入一些传输的保证机制，会带来更多的开销，这样可能会致使应用层交互延迟。

表 3.2　Protocol 域常见的协议代码

协议代码	协 议 类 型
0021	Internet Protocol
002b	Novell IPX
002d	Van Jacobson Compressed TCP/IP
8021	Internet Protocol Control Protocol
802b	Novell IPX Control Protocol
8031	Bridging NC
C021	Link Control Protocol
C023	Password Authentication Protocol
C223	Challenge Handshake Authentication Protocol

4. LCP 报文封装的帧格式

信息域所承载的数据报文有 IP 协议、LCP 协议和 NCP 协议等。在链路建立阶段，PPP 协议通过 LCP 报文进行链路的建立和协商。此时 LCP 报文作为 PPP 的净载荷被封装在 PPP 数据帧的信息域中，PPP 数据帧的协议域的值固定填充为 0xC021。在链路建立阶段的整个过程中，信息域的内容是变化的，包括很多种类型的报文，所以这些报文也要通过相应的字段来区分，如图 3-8 所示。

Code 8bit	Identifier 8bit	Length 16bit	Data ...

图 3-8　LCP 报文封装格式

1) Code 域

Code(代码)域的长度为一个字节，主要是用来标识 LCP 数据报文的类型。在链路建立阶段，接收方接收 LCP 数据报文，当其 Code 域的值无效时，就会向对端发送一个 LCP 的代码拒绝报文(Code-Reject 报文)；如果是 IP 报文，则不存在此域，取而代之的是 IP 报文内容，如表 3.3 所示。

表 3.3　Code 域报文

Code 值	报文类型
0x01	Configure-Request
0x02	Configure-Ack
0x03	Configure-Nak
0x04	Configure-Reject

续表

Code 值	报文类型
0x05	Terminate -Request
0x06	Terminate-Ack
0x07	Code-Reject
0x08	Protocol-Reject
0x09	Echo-Request
0x0A	Echo-Reply
0x0B	Discard-Request
0x0C	Reserved

2) Identifier 域

Identifier(标识)域的值表示进行协商报文的匹配关系。Identifier 域的长度也是一个字节，其目的是匹配请求和响应报文。一般而言，在进入链路建立阶段后，通信双方任何一方都会连续发送几个配置请求报文(Configure-Request 报文)；这几个请求报文的数据域的值可能完全一样，但它们的标志域不同。

通常一个配置请求报文的 ID 是从 0x01 开始逐步加 1 的。当对端接收到该配置请求报文后，无论使用何种报文回应对方，其回应报文中的 ID 都必须与接收报文中的 ID 一致。当通信设备收到回应后，就将该回应与发送时的报文进行比较来决定下一步的操作。

3) Length 域

Length(长度)域的值表示此协商报文的长度。Length 域的值就是该 LCP 报文的总字节数据，它是 Code 域、Identifier 域、Length 域和 Data 域四个域长度的总和。Length 域所指示字节数之外的字节将被当作填充字节而忽略掉，而且该域的内容不能超过 MRU 的值。

4) Data 域

Data(数据)域所包含的是 Type、Length 和 Data 协商报文的内容。

5. PPP 运行过程

PPP 状态机

在点对点链路的配置、维护和终止过程中，PPP 需经历 Dead、Establish、Authenticate、Network、Terminate 几个阶段。图 3-9 是 PPP 协议整个链路过程需经历阶段的状态转移图。

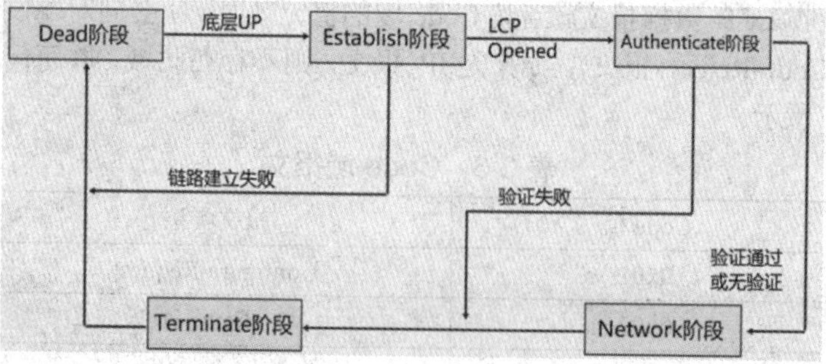

图 3-9　PPP 状态转移图

1) 链路不可用阶段(Dead)

链路不可用阶段有时也称为物理层不可用阶段。PPP 链路都需从这个阶段开始和结束。当通信双方的两端检测到物理线路激活(通常是检测到链路上有载波信号)时，就会从当前这个阶段跃迁至下一个阶段，即链路建立阶段。链路建立阶段主要是通过 LCP 协议进行链路参数的配置，LCP 在此阶段的状态机也会根据不同的事件发生变化。当处于链路不可用阶段时，LCP 的状态机处于初始化(Initial)状态或准备启动(Starting)状态；一旦检测到物理线路可用，LCP 的状态机就要发生改变。当然，链路被断开后也同样会返回链路不可用阶段。在实际中，这个阶段停留的时间是很短的，只需检测到对方设备的存在即可。

2) 链路建立阶段(Establish)

链路建立阶段是 PPP 协议中最关键和复杂的阶段。该阶段主要是发送一些配置报文来配置数据链路，这些配置参数不包括网络层协议所需的参数。当完成数据报文的交换后，会继续向下一个阶段跃迁。

LCP 协议主要是用来协商链路的配置参数选项的，报文可以分为三类：链路配置报文、链路终止报文和链路维护报文。

(1) 链路配置报文：用来建立和配置一条链路，主要包括 Configure-Request、Configure-Ack、Configure-Nak 和 Configure-Reject 报文。

(2) 链路终止报文：用来终止一条链路，主要包括 Terminate-Request 和 Terminate-Reply 报文。

(3) 链路维护报文：用来管理和调试链路，主要包括 Code-Reject、Protocol-Reject、Echo-Request、Echo-Reply 和 Discard-Request 报文。

链路建立阶段通过图 3-10 所示链路进行协商。

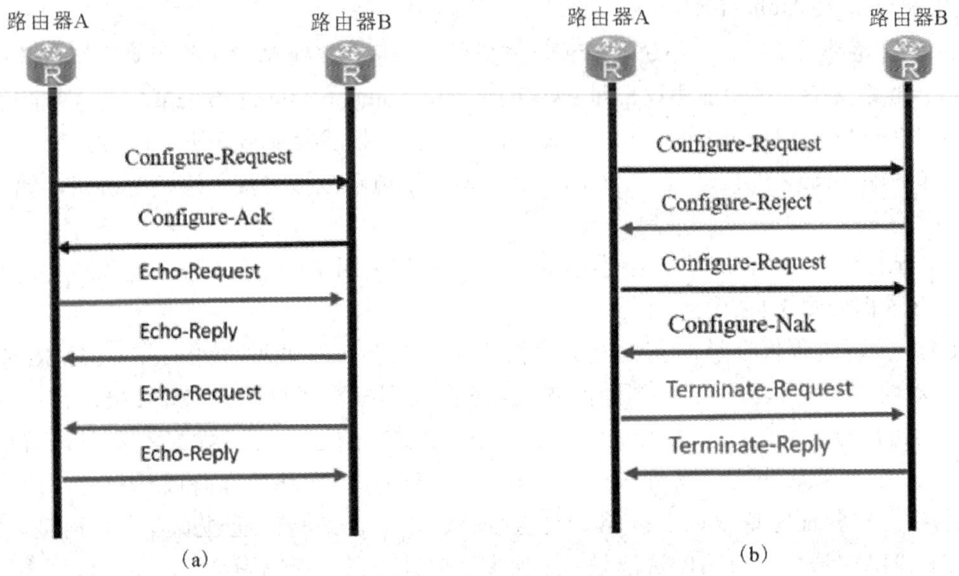

图 3-10　链路建立阶段协商图

如图 3-10(a)所示，LCP 协议报文链路协商成功过程如下：

(1) 路由器 A 向路由器 B 发送链路配置报文 Configure-Request，请求报文携带了双方必须携带的参数，如魔术字、认证方式和单链路/双链路 MRU。

(2) 路由器 B 收到报文之后，和自己的链路数据参数进行协商，协商通过之后，向路由器 A 发送 Configure-Ack 报文。

(3) 当路由器 A 收到路由器 B 的 Configure-Ack 回复信息后，说明链路参数协商成功，发送链路维护报文。

(4) 路由器 A 和路由器 B 互发 Echo-Request 报文和 Echo-Reply 报文进行链路保活。

如图 3-10(b)所示，LCP 协议报文链路协商不成功过程如下：

(1) 路由器 A 向路由器 B 发送 Configure-Request 报文，请求报文携带了双方必须携带的参数，如魔术字、认证方式和单链路/双链路 MRU。

(2) 路由器 B 收到报文，进行链路协商，发现数据合法但是无法识别；路由器 B 发送 Configure-Reject 报文。

(3) 路由器 A 收到拒绝报文之后，修改自己的协商参数，再次发送 Configure-Request 报文进行协商。

(4) 路由器 B 收到 Configure-Request 报文之后，再次进行协商；如果发现协商数据不合法，路由器 B 直接回复 Configure-Nak 报文。

(5) 路由器 A 收到 Configure-Nak 报文之后，发送 Terminate-Request 报文，进行链路拆除。

(6) 路由器 B 收到链路拆除请求报文之后，必须回应以 Terminate-Reply 报文；路由器 A 接收到 Terminate-Reply 报文后，才会做链路终止操作。

如图 3-10(b)所示 LCP 链路协商不成功，直接拆除链路退回到 Dead 阶段，而如图 3-10(a)所示 LCP 协商成功之后进入 Authenticate 阶段。

3) 验证阶段(Authenticate)

PPP 链路缺省情况下，不进行验证。如果要求验证，在链路建立阶段必须指定验证协议。PPP 链路支持两种验证协议，即 PAP(Password Authentication Protocol，密码认证协议)和 CHAP(Challenge-Handshake Authentication Protocol，挑战握手验证协议)。PPP 验证主要用于主机和路由器之间，通过 PPP 网络服务器交换电路或拨号接入连接的链路，偶尔也用于专用线路。

(1) PAP 认证。PAP 认证采用两次握手验证，密码为明文；验证过程中密码易被盗取，验证交互过程如图 3-11 所示。

PAP 验证过程仅在链路初始建立阶段进行，被验证方通过 Authentication-Request 报文把本地用户名和密码发送到验证方，验证方收到报文后打开查看，如果用户名和密码与自己的一致，就回复 Authentication-Ack 报文，通过认证；如果不一致，就回复 Authentication-Nak 报文，验证失败，直接拆除链路。当链路建立阶段结束后，用户名和密码将由被验证方重复地在链路上发送给验证方，直到验证通过或者中止连接。

(2) CHAP 认证。CHAP 认证采用三次握手验证协议，密码为密文，安全级别高，验证交互过程如图 3-12 所示。

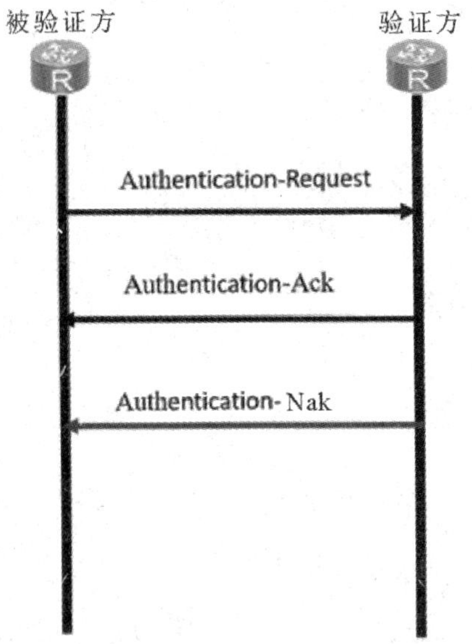

图 3-11　PAP 验证交互过程

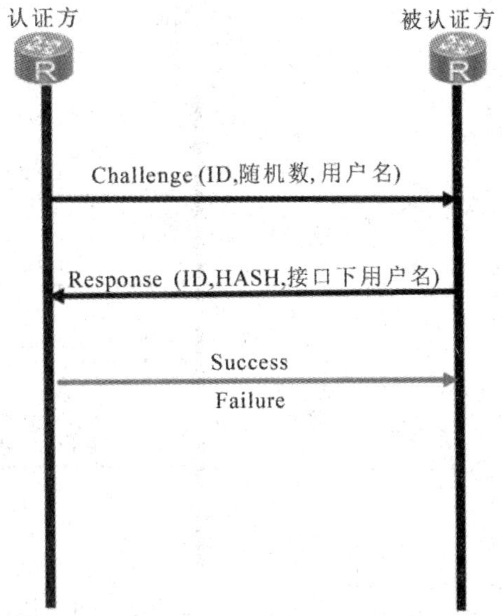

图 3-12　CHAP 验证交互过程

CHAP 协议报文验证过程如下：

① 认证方向被认证方发送 Challenge 报文，其中携带了 ID 号、随机数和用户名。

② 被认证方收到 Challenge 报文，使用报文里的用户名查询本地数据库中的用户名；得到对应的密码 password，将 password 标识为 password1；将 password1、随机数和 ID 号做哈希运算，得到一个哈希值 hash1。然后将 hash1 值和被认证方自己的主机名放到 Response(响应)报文包中，发送给认证方。

③ 认证方收到 Response 报文，使用用户名查询本地数据库中的用户名；得到对应密码 password2，将 password2 和之前自己生成的 Random(随机数)做哈希运算，得到 hash2。然后将 hash1 和 hash2 作比较，如果一致，就通过认证，发送 Success 报文；如果不一致，发送 Failure 报文。

双方做哈希运算，原始值中随机数使用的是同一个，所以如果密码不一致，认证肯定失败。实际上比对的还是密码，但在网络上传输用户名和密码为原始参数一部分的 hash 值，而并不传输用户密码，因此安全性要比 PAP 认证高。认证成功之后进入网络层协议阶段。

4) 网络层协议阶段(Network)

认证不通过则直接拆除链路，认证通过则进入下一个阶段(NCP)。NCP 协议的数据报文是在网络层协议阶段被交换的，这个阶段所需的一些配置参数选项协商完后，就可以进行网络层的通信，即在点对点的链路上开始传送网络层的数据报文。比如，上层若采用 IPv4，就是 IPCP 协商；上层若使用 mpls，就是 mplscp 协商。

网络中多采用 IPCP 协议。IPCP 协议分为静态协商和动态协商两种，共有 7 种报文：Configure-Request、Configure-Ack、Configure-Nak、Configure-Reject、Terminate-Request、Terminate-Ack 和 Code-Reject。

(1) IPCP 协议静态协商 IP 地址。IPCP 协议静态协商 IP 地址过程如图 3-13 所示。

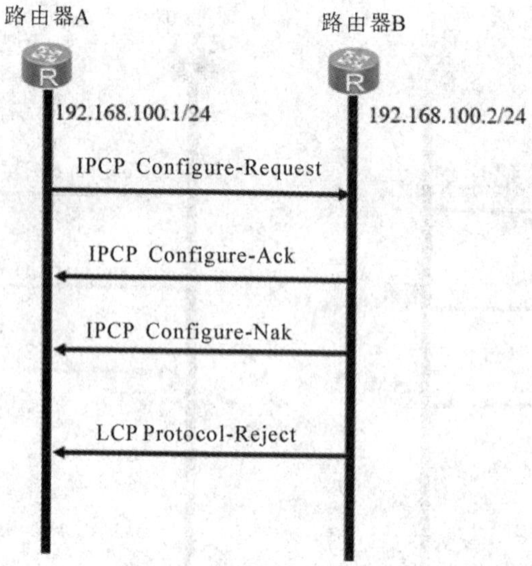

图 3-13　IPCP 协议静态协商 IP 地址过程

路由器 A 和路由器 B 配置了 IPv4 地址，网络层使用了 IP 协议。使用 IPCP 协议进行静态地址协商过程如下：

① 路由器 A 向路由器 B 发送 IPCP 的 Configure-Request 报文，报文携带了自己 IP 的地址(192.168.100.1/24)参数等信息。

② 路由器 B 收到 Configure-Request 报文之后，向路由器 A 回复一条 IPCP 的 Configure-Ack 报文，里面也携带了自己的 IP 地址(192.168.100.2/24)参数信息。对路由器而言，这会增加一条到对端接口的主机路由。

③ 如果路由器 B 配置了 IPv6 地址，路由器 B 会向路由器 A 回复 IPCP Configure-Nak 报文；路由器 A 收到报文后能够识别是 IPv6 地址，但是不合法，无法进行 IP 地址的分解。

④ 如果路由器 B 没有配置 IPv6 地址，路由器 B 会发送 LCP Protocol-Reject 报文，直接拒绝拆除链路。

(2) IPCP 协议动态协商 IP 地址。IPCP 协议动态协商 IP 地址过程如图 3-14 所示。

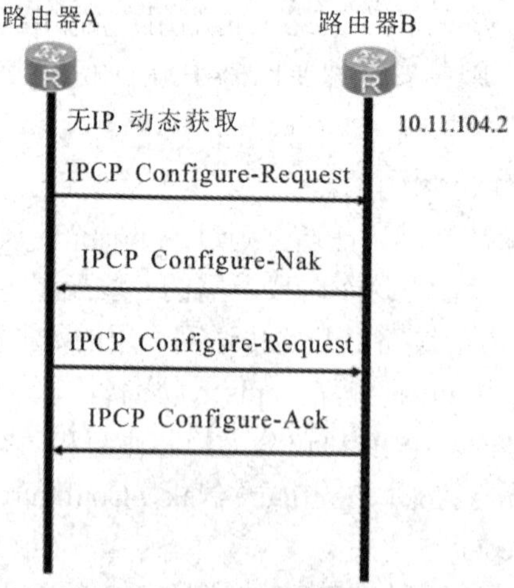

图 3-14　IPCP 动态协商 IP 地址过程

路由器 A 动态获取地址，路由器 B 配置了 IPv4 地址 10.11.104.2，网络层使用了 IP 协议。使用 IPCP 协议进行动态地址协商过程如下：

① 路由器 A 向路由器 B 发送 IPCP Configure-Request 报文，地址配置参数选项中的 IP 地址填充全 0(也即 0.0.0.0)。

② 路由器 B 收到 Configure-Request 报文后检测 IP 地址的内容，检测地址为全 0，则认为对端的这个 IP 地址不是所希望的值，路由器 B 就回应一个 Configure-Nak 报文，报文中携带了分配的地址 10.11.104.3。

③ 路由器 A 接收到 Configure-Nak 报文后，重新发送一个 Configure-Request 报文，报文中的 IP 地址配置选项为对方在 Configure-Nak 报文中所提供的 10.11.104.3。

④ 路由器 B 收到报文之后，就像静态协商一样回复 Configure-Ack 报文。

⑤ 路由器 A 收到报文之后，动态获取 IP 协商完成。

不管是静态还是动态协商参数，参数协商成功之后才能真正进行网络层的通信。

5) 网络终止阶段(Terminate)

PPP 能在任何时候终止链路。载波丢失、认证失败、链路质量检测失败或管理员人为关闭链路等情况，均会导致链路终止。

在链路建立阶段，可通过交换 LCP 的链路终止报文来关闭链路；当链路关闭时，链路层会通知网络层做相应的操作，而且也会通过物理层强制关断链路。对于 NCP 协议，不能也没有必要关闭 PPP 链路。

3.2.2　PPPoE 协议

PPPoE 协议

1. PPPoE 协议概述

当用户接入服务器，服务提供商为多个用户同时提供服务时，服务提供商希望通过同一个接入服务器连接到远程站点上的多个主机，同时要求服务器能提供与使用 PPP 拨号上网类似的访问控制功能和支付功能。用户希望接入成本低，不需要或者只需对配置做很少的改动即可接入成功。以太网无疑是最好的组网方式。PPP 应用虽然很广泛，但是不能应用于以太网，因此提出了 PPPoE 技术。PPPoE 是对 PPP 的扩展，它可以使 PPP 协议应用于以太网。PPPoE 提供通过简单桥接的接入服务器，把一个网络的多个主机连接到远程接入服务器的功能。

2. PPPoE 协议原理

在 PPPoE 通信过程中，每一个主机使用自己的 PPP 协议栈，但用户使用的还是熟悉的用户接口。PPPoE 支持的访问控制、计费支付以及服务类型(Type of Service)等功能都是基于每一个用户的。

PPPoE 协议分为两个阶段：

1) PPPoE 发现阶段

当主机希望开始一个 PPPoE 会话时，它首先要执行一个发现过程来识别对方的 MAC 地址，然后建立一个唯一的 PPPoE 会话 ID。PPPoE 使用一个发现协议来解决这个问题，该协议是基于客户/服务器模型的。由于以太网的广播特性，在这个过程中主机(客户)能发现所有的访问集中器(服务器)，并选择其中一个，根据所获信息在两者之间建立点对点的连接。当一个 PPP 会话被建立起来之后，就完成了 PPPoE 的整个发现阶段。

2) PPPoE 会话阶段

PPPoE 的会话阶段开始后，主机和访问集中器之间就依据 PPP 协议传送 PPP 数据，进行 PPP 的各项协商和数据传输。在这一阶段传输的数据包中必须包含在发现阶段确定的会话标识并保持不变。正常情况下，会话阶段的结束是由 PPP 协议控制完成的，但在 PPPoE 中定义了一个 PADT 包用来结束会话，主机或者访问集中器可以在 PPP 会话开始后的任何时候通过发送这个数据包来结束会话。

3. PPPoE 帧格式

RFC2516 定义了 PPPoE 的帧格式，如图 3-15 所示。

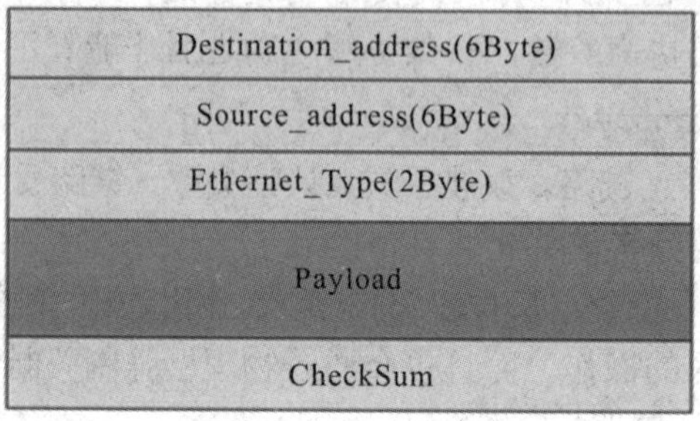

图 3-15　PPPoE 帧格式

1) Destination_address 域

Destination_address 域即以太网单播目的地址或者以太网广播地址(0xFFFFFFFF)。

(1) 在 Discovery 数据包中，该域的值是以太网广播地址。

(2) 在 PPPoE 会话流量中，该域必须是发现阶段已经确定的通信对方的单播地址。

2) Source_address 域

Source_address 域是源设备的以太网 MAC 地址，就是主机以太网地址。

3) Ethernet_Type 域

在 Ethernet_Type 域中：

(1) 当值为 0x8863 时，表示 PPPoE 发现阶段。

(2) 当值为 0x8864 时，表示 PPPoE 会话阶段。

4) Payload 域

Payload 域中净载荷必须小于等于 1500 Byte，Payload 报文格式如图 3-16 所示。

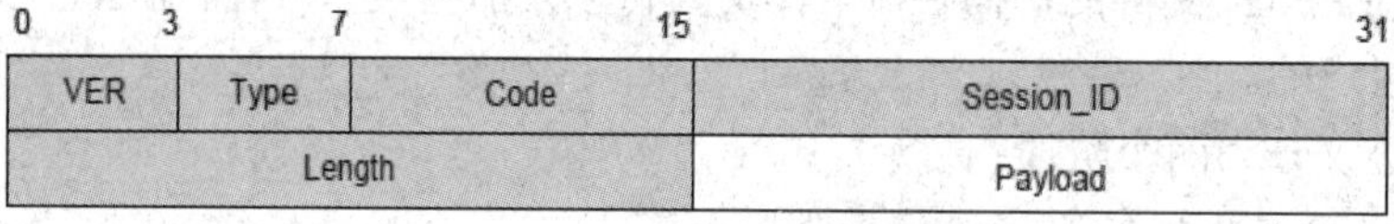

图 3-16　Payload 报文格式

PPPoE 协议的 Payload 报文中各域的含义如下：

(1) VER：长度是 4 bit，PPPoE 规范的版本必须设置为 0x01。

(2) Type：长度是 4 bit，PPPoE 规范的版本必须设置为 0x01。

(3) Code：长度是 8 bit，其定义在后面的发现和会话阶段分别指定。

(4) Session_ID：长度是 16 bit，是一个网络字节序的无符号值，其值在后面的发现数据包中定义。对于一个给定的 PPPoE 会话来说，该值是一个固定值，并且与以太网 Source_address 和 Destination_address 一起实际地定义了一个 PPPoE 会话。值 0xFFFF 为将来的使用保留，不允许使用。

(5) Length：长度是 16 bit。该值是 PPPoE 的 Payload 长度，它不包括以太网头部和 PPPoE 头部的长度。

(6) Payload：PPPoE 的 Payload 包含 0 个或多个 Tag，一个 Tag 是一个 TLV(Type-Length-Value)结构。

PPPoE 协议报文

4. PPPoE 协议发现阶段

当主机开始通过 PPPoE 接入服务器时，它必须先识别接入端的以太网 MAC 地址，建立 PPPoE 的 Session_ID。这就是发现阶段的目的，该阶段共有 PADI、PADO、PADR、PADS 和 PADT 五种报文。发现阶段由四个过程组成，完成之后通信双方都会知道 PPPoE 的 Session_ID 以及对方以太网地址，它们共同确定了唯一的 PPPoE 会话。

(1) 主机以广播形式发送 PADI 报文。主机在本以太网内广播一个 PADI(PPPoE Active Discovery Initial，PPPoE 发现初始)报文，在此报文中包含主机想要得到的服务器类型信息，如图 3-17 所示。

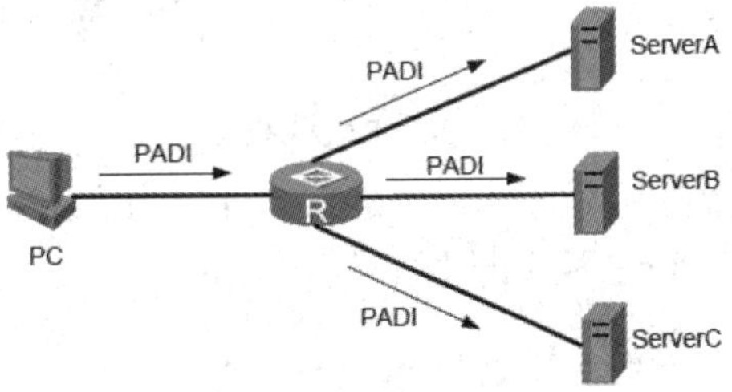

图 3-17　PADI 报文

(2) 服务器发回 PADO 报文。以太网内的所有服务器收到这个 PADI 报文后，将其中请求的服务与自己能提供的服务进行比较，可以提供此服务的服务器发回 PADO(PPPoE Active Discovery Offer，PPPoE 发现提供)报文，如图 3-18 所示。

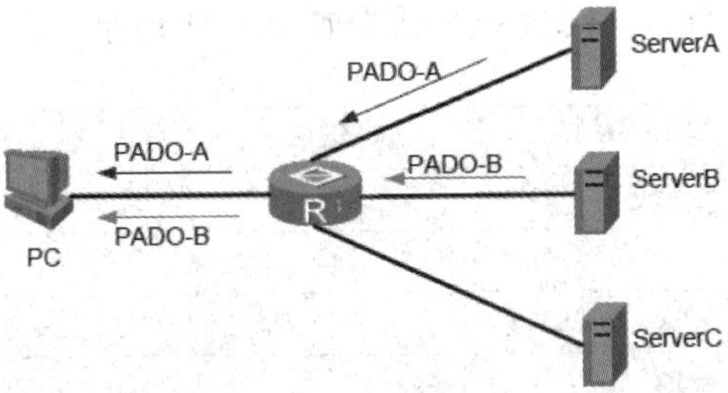

图 3-18　PADO 报文

(3) 主机选择一个服务器并发送 PADR 报文。主机可能收到多个服务器的 PADO 报文，主机将依据 PADO 的内容，从多个服务器中选择一个，并向它发回一个 PADR(PPPoE Active Discovery Request，PPPoE 发现请求)报文，如图 3-19 所示。

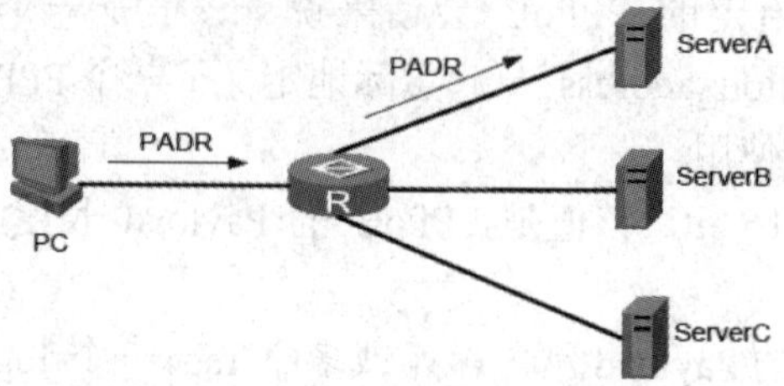

图 3-19　PADR 报文

(4) 服务器向主机发回 PADS 报文。服务器产生一个唯一的会话标识，标识和主机的这段 PPPoE 会话，并把此会话标识通过 PADS(PPPoE Active Discovery Session-confirmation，PPPoE 发现会话确认)报文发回给主机；如果没有错误，双方进入 PPPoE 会话阶段，如图 3-20 所示。

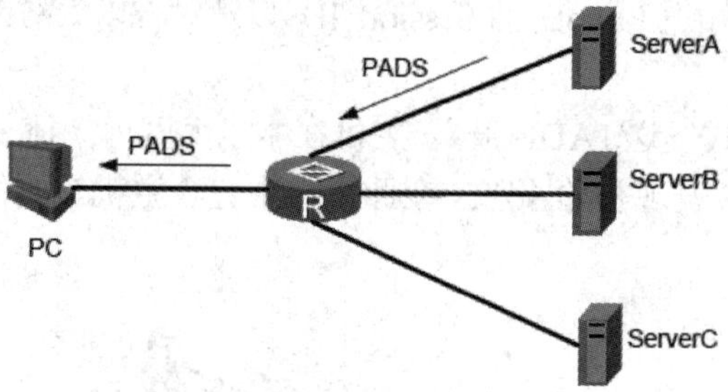

图 3-20　PADS 报文

接入服务器发送确认数据包后，就可以进入到 PPPoE 会话阶段。当主机接收到该确认数据包后，就可以进入 PPPoE 会话阶段。

5. PPPoE 协议发现阶段报文

1) PADI 报文

PADI 数据包必须包含且仅包含一个 Tag_Type 为 Service-Name 的 Tag(以表明主机请求的服务)，以及任意数目的其他类型的 Tag。整个 PADI 数据包，包括 PPPoE 头部，不允许超过 1484 个字节，以预留空间让中继代理向数据包中增加类型为 Relay-Session-Id 的 Tag。主机发送的 PADI 数据包中，Destination_address 域为广播地址，Code 域设置为 0x09，Session_ID 域设置为 0x0000。PADI 报文结构如图 3-21 所示。

0	15	19	23　31
0xFFFFFFFF			
0xFFFF	Host_MAC_address		
Host_MAC_address (Continue)			
Ethernet_Type (0x8863)	V = 1	T = 1	Code (0x09)
Session_ID (0x0000)	Length (0x0004)		
Tag_Type (0x0101)	Tag_Length (0x0000)		

图 3-21　PADI 报文结构

2) PADO 报文

PADO 数据包必须包含一个类型为 AC-Name 的 Tag，AC 是接入服务器的名字；还必须包含与 PADI 报文中相同的 Service-Name，以及任意数目的类型为 Service-Name 的 Tag，表明接入服务器提供的其他服务。

如果接入服务器能够为收到的 PADI 请求提供服务，它将通过发送一个 PADO 数据包来作出应答。Destination_address 是发送 PADI 报文的主机的单播地址，Code 域设置为 0x07，Session_ID 域设置为 0x0000。

如果接入服务器不能为 PADI 提供服务，则不允许用 PADO 作响应。PADO 报文结构如图 3-22 所示。

<table>
<tr><td colspan="2">0　　　　15</td><td>19</td><td>23</td><td>31</td></tr>
<tr><td colspan="5">Host_MAC_address</td></tr>
<tr><td colspan="2">Host_MAC_address (Continue)</td><td colspan="3">Access_Concentrator_MAC_address</td></tr>
<tr><td colspan="5">Access_Concentrator_MAC_address (Continue)</td></tr>
<tr><td colspan="2">Ethernet_Type (0x8863)</td><td>V = 1</td><td>T = 1</td><td>Code (0x07)</td></tr>
<tr><td colspan="2">Session_ID (0x0000)</td><td colspan="3">Length (0x0020)</td></tr>
<tr><td colspan="2">Tag_Type (0x0101)</td><td colspan="3">Tag_Length (0x0000)</td></tr>
<tr><td colspan="2">Tag_Type (0x0102)</td><td colspan="3">Tag_Length (0x0018)</td></tr>
<tr><td>0x47</td><td>0x6F</td><td colspan="2">0x20</td><td>0x52</td></tr>
<tr><td>0x65</td><td>0x64</td><td colspan="2">0x42</td><td>0x61</td></tr>
<tr><td>0x63</td><td>0x6B</td><td colspan="2">0x20</td><td>0x2D</td></tr>
<tr><td>0x20</td><td>0x65</td><td colspan="2">0x73</td><td>0x68</td></tr>
<tr><td>0x73</td><td>0x68</td><td colspan="2">0x65</td><td>0x73</td></tr>
<tr><td>0x68</td><td>0x6F</td><td colspan="2">0x6F</td><td>0x74</td></tr>
</table>

图 3-22　PADO 报文结构

3) PADR 报文

由于 PADI 是广播的，主机可能收到不只一个 PADO 回应报文，它将审查接收到的所有 PADO 报文，并根据其中的 AC-Name 或 PADO 所提供的服务来选择一个作为自己的服务器。

主机向选中的接入服务器发送一个 PADR 数据包。其中 Destination_address 域设置为发送PADO 的接入服务器的单播地址，Code 域设置为0x19，Session_ID域设置为0x0000。PADR 必须包含且仅包含一个 Tag_Type 为 Service-Name 的 Tag，表明主机请求的服务，以及任意数目的其他类型的 Tag。

4) PADS 报文

PADS 报文包含且仅包含一个 Tag_Type 为 Service-Name 的 Tag，表明接入服务器已经接受的该 PPPoE 会话的服务类型，以及任意数目的其他类型的 Tag。

当接入服务器收到一个 PADR 数据包时，即准备开始一个 PPPoE 会话。接入服务器为 PPPoE 会话创建一个唯一的 Session_ID 并用一个 PADS 数据包向主机响应。Destination_address 域是发送 PADR 数据包的主机的单播以太网地址，Code 域设置为 0x65，Session_ID 域设置为创建好的 PPPoE 会话标识符。

如果接入服务器不接受 PADR 报文中的 Service-Name，则接入服务器也回应给主机一个 PADS 报文，但该 PADS 报文中带有类型为 Service-Name-Error 的 Tag 以及任意数目的其他类型 Tag。这种情况下，Session_ID 域必须设置为 0x0000。

5) PADT 报文

PADT(PPPoE Active Discovery Terminate，PPPoE 发现终止)报文数据包可以在会话建立以后的任意时刻发送，表明 PPPoE 会话已经终止。Ethernet_Type 值为 0x8863，码值为 0xa7，Session_ID 域为要终止的会话的 Session_ID；不要求有 Tag。当收到 PADT 报文以后，就不允许再使用该会话发送 PPP 流量了。在发送或接收到 PADT 报文后，即使是常规的 PPP 结束数据包，也不允许发送。

6. PPPoE 协议会话阶段

PPPoE 会话一旦建立起来，主机与接入服务器之间就开始依据 PPP 协议传送 PPP 数据，所有的以太网帧都是单一地址的。此时，Ethernet_Type 值为 0x8864，码值为 0x00，Session_ID 在整个会话过程中保持不变。PPPoE 有效负载域里包含一个 PPP 数据包。PPPoE 协议数据包中承载 PPP 的 LCP 报文如图 3-23 所示。

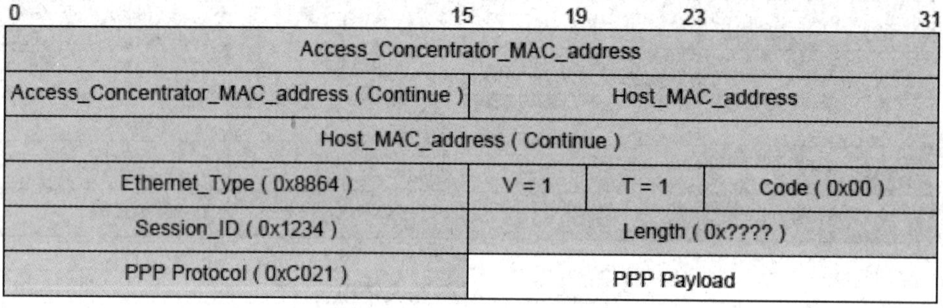

图 3-23　PPPoE 协议数据包中承载 PPP 的 LCP 报文

进入 PPPoE 会话阶段后，主机或服务器任何一方都可发送 PADT 报文通知对方结束 PPPoE 会话。

3.3　宽带业务组网图

EPON 系统根据接入用户的不同需求，采用 FTTH、FTTB 和 FTTC 三种接入方式。如图 3-24 所示，MA5680T 设备通过上行接口板连接到承载网中，将数据先连接到 BAS 服务器，进行拨号认证，再次连接到 AAA 服务器，对账号认证、授权和计费等成功之后，最后将从 PC 传送来的数据发送到 Internet 中，用户在家就可以享受上网业务。

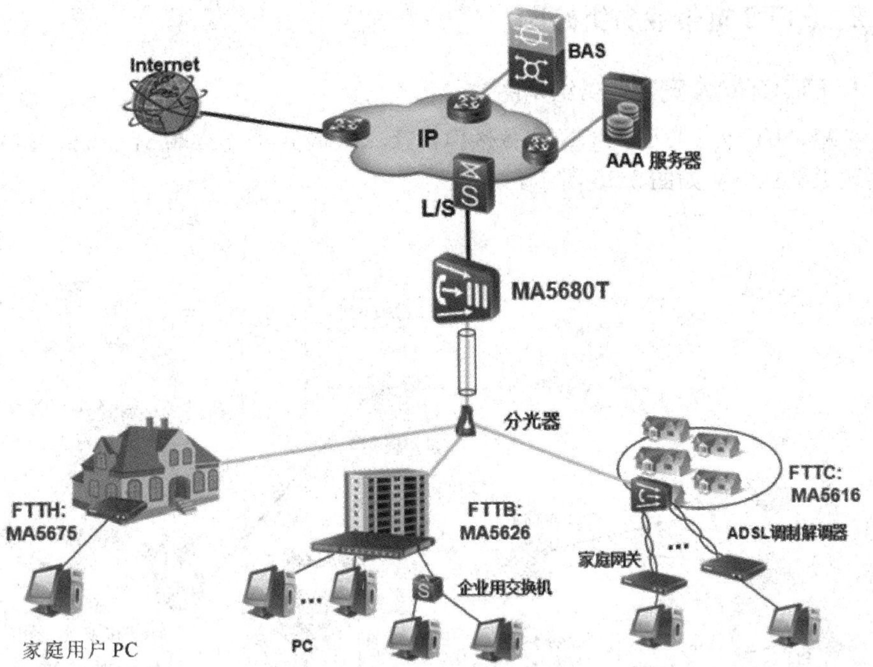

图 3-24　宽带业务组网图

3.3.1　FTTH 宽带业务组网图

在 FTTH 场景下，MA5680T 设备业务单板的 PON 口，通过分光器接入远端 MA5675 设备光口，为用户提供高速上网业务，如图 3-25 所示。

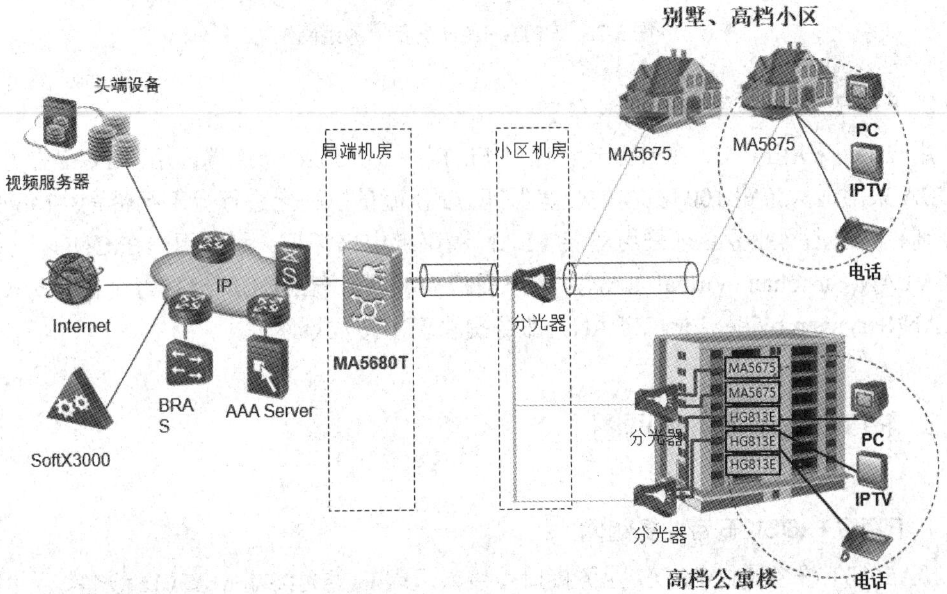

图 3-25　FTTH 宽带业务组网图

3.3.2　FTTB 宽带业务组网图

1. FTTB+LAN 宽带业务组网图

MA5680T 设备通过 EPON 业务接口，接入远端 B 类光终端 MA5626 设备，为用户提供高速上网业务，如图 3-26 所示。

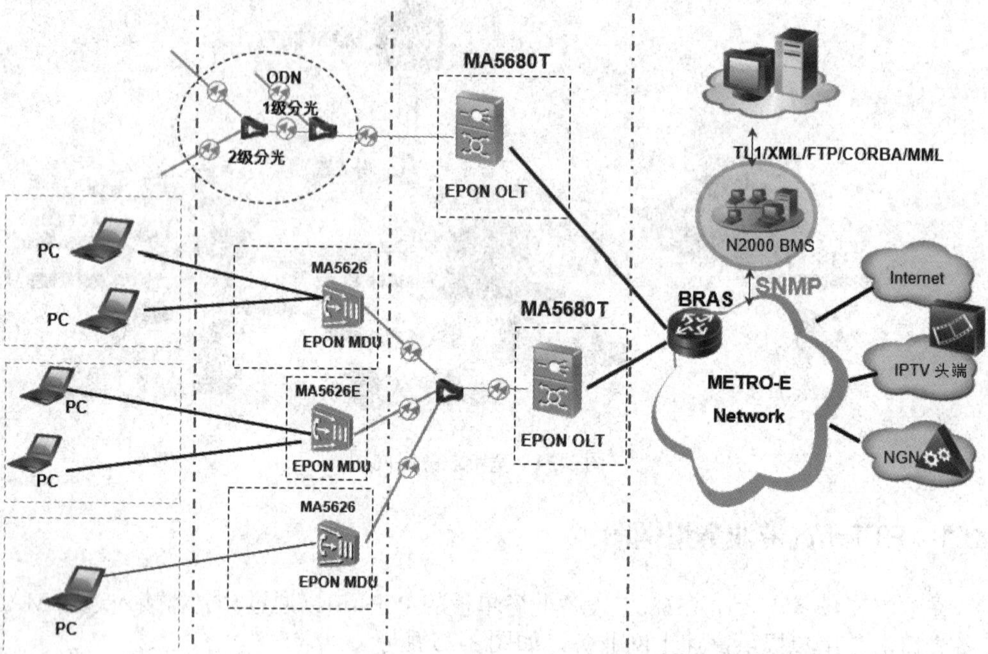

图 3-26　FTTB+LAN 宽带业务组网图

2. FTTB+LAN 宽带业务需求

用户 PC 采用 PPPoE 拨号方式，通过 FE 接入 MA5626 光终端；用户 PC 高速上网业务 DBA 采用最大带宽 100 Mb/s 的带宽保证方式，流量控制上进行上下行带宽 4 Mb/s 的限速控制。高速上网业务必须采用双层 VLAN 精确绑定来标识。每个用户在 ONU 上分配一个 CVLAN(Customer Virtual LAN，客户虚拟局域网)，在 OLT 上按每个槽位分配一个 SVLAN(Service provider Virtual LAN，服务提供商虚拟局域网)。

3.3.3　FTTC 宽带业务组网图

1. FTTC+xDSL 宽带业务组网

MA5680T 设备通过 EPON 业务接口，接入远端 C 类光终端 MA5616 设备，为用户提供高速上网业务，如图 3-27 所示。

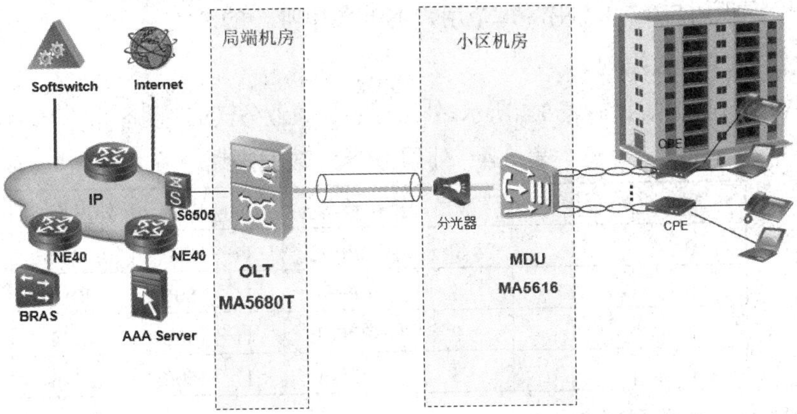

图 3-27　FTTC+xDSL 宽带业务组网图

2. FTTC+xDSL 宽带业务需求

xDSL 在我国采用 ADSL 和 VDSL 两种接入方式，用户 PC 采用 PPPoE 拨号方式，通过 ADSL 端口或者 VDSL 端口接入 MA5616 光终端；用户 PC 高速上网业务 DBA 采用最大带宽 100 Mb/s 的带宽保证方式，流量控制上进行上下行带宽 4 Mb/s 的限速控制。高速上网业务必须采用双层 VLAN 精确绑定来标识。每个用户在 ONU 上分配一个 CVLAN，在 OLT 上按每个槽位分配一个 SVLAN。

3.4　宽带业务数据规划

MA5680T 设备由于接入的终端种类很多，所以在业务开通之前，必须做好详细的数据业务规划，以便后期工程师更好地维护。

宽带业务数据规

3.4.1　宽带业务规划原则

宽带业务规划主要是针对 VLAN 的数据规划，3.1 节中详细介绍了 VLAN 类型和属性，EPON 系统里有 Standard VLAN、Smart VLAN、MUX VLAN 和 Super VLAN 等类型，支持的 VLAN 属性有 Common、QinQ 和 Stacking。

宽带业务 VLAN 规划时，要求宽带用户通过 QinQ 实现精确绑定，唯一标识，具有如下要求：

(1) 在 OLT 上实施灵活 QinQ。

(2) 针对业务打上不同的外层标签，即同一端口同一业务使用同一外层标签，例如 PON 口 0/1/3，PPPoE 使用的外层标签为 1000，VoIP 使用的外层标签为 2000，IPTV 使用的外层标签为 2012。

(3) 不同 PON 口的外层标签不能相同。

(4) 网管 VLAN 不打外层标签。

3.4.2　宽带业务内、外层数据规划

上网业务是通过 QinQ 实现精准绑定的，外层 VLAN 用于标识业务(SVLAN)，内层

VLAN 用于标识用户(CVLAN)，每个用户的业务用唯一的 S+C 表示。

1. 外层 VLAN 数据规划

外层 VLAN 数据规划如表 3.4 所示。外层标签代表业务，OLT 设备业务 VLAN 是一致的。

表 3.4　外层 VLAN 数据规划

框	槽	端口	业务	内层标签	外层标签
0	1	0	PPPoE	11～1500	2000
0	1	1	PPPoE	11～1500	2012
0	1	2	PPPoE	11～1500	2024
0	1	3	PPPoE	11～1500	2036

2. 内层 VLAN 数据规划

内层 VLAN 数据规划如表 3.5 所示。在 ONU 上为每个用户分配一个 CVLAN，同一 OLT 下的各 ONU VLAN 应统一规划，不能重复。

表 3.5　内层 VLAN 数据规划

预设 MDU 设备类型	ONT ID	PPPoE 业务		DBA 带宽模板
		起始 VLAN	终止 VLAN	
MA5626	0	11	74	保证 50 M
MA5626	1	75	138	保证 50 M
MA5626	2	523	546	保证 50 M
MA5616	3	547	570	保证 50 M
MA5616	4	571	594	保证 50 M
MA5675	5	1200		保证 10 M
MA5675	6	1201		保证 10 M
MA5675	7	1202		保证 10 M

3. VLAN 的应用及规划

根据不同的用户类型，VLAN 也有不同的应用及规划，如表 3.6 所示。

表 3.6　VLAN 的应用及规划

用户类型	应用场景	VLAN 规划
住宅用户或商业用户	N∶1 场景，即单层 VLAN 上行，多个用户的业务汇聚到同一个 VLAN	VLAN 类型：Smart VLAN 属性：Common VLAN 转发模式：VLAN+MAC
	1∶1 场景，即双层 VLAN 上行，外层 VLAN 用于标识业务，内层 VLAN 用于标识用户，每个用户的业务用唯一的 S+C 表示	VLAN 类型：Smart VLAN 属性：Stacking VLAN 转发模式：S+C
商业用户的透传业务	只适用于商业用户的透传业务	VLAN 类型：Smart VLAN 属性：QinQ VLAN 转发模式：可以为 VLAN+MAC，也可以为 S+C

3.5　A 类 MA5675 光终端宽带业务配置

3.5.1　A 类 MA5675 光终端宽带业务组网规划

A 类 MA5675 光终端采用 FTTH 接入方式，光纤到户一般只有 1 个用户，用户 PC 采用 PPPoE 拨号方式，通过 LAN 口接入 ONT，实现高速上网业务。上网业务采用双层 VLAN 精确绑定来标识。每个 ONT 分配一个 CVLAN，在 OLT 上按每个槽位分配一个 SVLAN。上网业务 DBA 采用固定 100 Mb/s 的带宽保证方式。A 类 MA5675 光终端宽带业务组网如图 3-28 所示，宽带业务数据规划如表 3.7 所示。

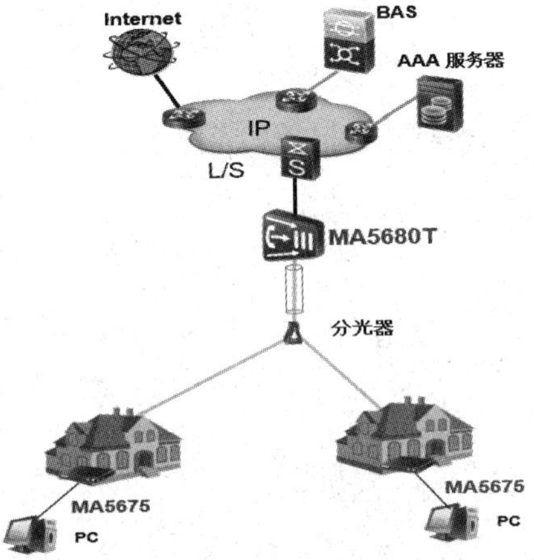

图 3-28　A 类 MA5675 光终端宽带业务组网

表 3.7　A 类 MA5675 光终端宽带业务数据规划

OLT 侧宽带业务数据规划	
MA5680T 设备	参数信息
管理参数	管理方式：带外网管 管理 IP：10.11.104.2/24 网关：10.11.104.254
业务板	0/1/3
上行端口	0/18/1
DBA 模板	ID：10
	Type1；fix：10240 kb/s
线路模板	ID：11
业务模板	ID：12
	4 个 ETH，4 个 POTS
业务端口	ID：88

续表

<table>
<tr><td colspan="3">ONU 侧宽带业务数据规划</td></tr>
<tr><td>MA5675 设备</td><td colspan="2">参 数 信 息</td></tr>
<tr><td>连接 OLT PON 口</td><td colspan="2">0/1/3</td></tr>
<tr><td>ONT_ID</td><td colspan="2">10</td></tr>
<tr><td>MAC 地址</td><td colspan="2">xx-xx-xx-xx</td></tr>
<tr><td rowspan="3">VLAN</td><td rowspan="2">外层 VLANID 2000</td><td>类型：Smart</td></tr>
<tr><td>属性：QinQ</td></tr>
<tr><td colspan="2">内层 VLAN ID 10</td></tr>
<tr><td rowspan="2">ONT_VlanID</td><td colspan="2">用户 FE 端口 1</td></tr>
<tr><td colspan="2">用户 VLAN 10</td></tr>
</table>

3.5.2 A 类 MA5675 光终端宽带业务配置流程

A 类 MA5675 光终端宽带业务配置分为 5 步，如图 3-29 所示。

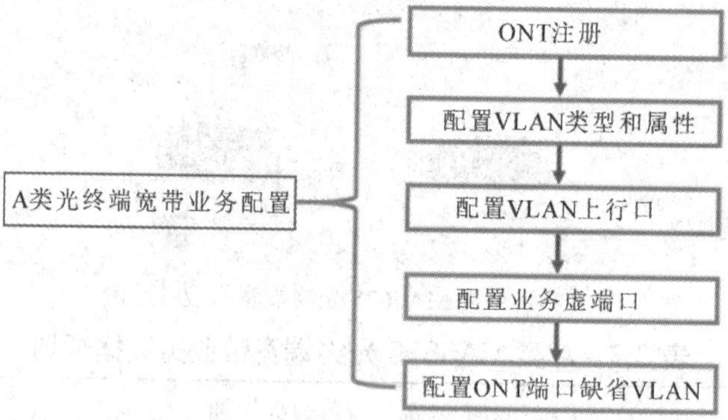

A 类光终端宽带业务配置流程

图 3-29　A 类 MA5675 光终端宽带业务配置流程

3.5.3 A 类 MA5675 光终端宽带业务配置命令

1. ONT 注册

在 A 类 MA5675 光终端宽带业务开通之前，必须先注册 ONT(ONT 注册是基础)。A 类 MA5675 光终端注册需要绑定 DBA 模板、线路模板和业务模板(详见 2.3.1 节)。

2. 配置 VLAN 类型和属性

根据宽带业务数据规划，VLAN 类型为 Smart，对应属性为 QinQ：

```
MA5680T(config)#vlan 2000 smart            //创建 Smart VLAN 2000 //
MA5680T(config)#vlan attrib 2000 qinq      //设置 VLAN 2000 属性为 QinQ //
```

3. 配置 VLAN 上行口

配置 VLAN 上行口：

```
MA5680T(config)#port vlan 2000 0/18 1   //在 EPON 设备上行 GICG 单板 18 号槽位的 1 号端口
```

```
创建 VLAN 2000，还可以设置双上行口，做链路聚合组//
```

4. 配置业务虚端口

业务虚端口用于接入用户设备，形成业务流，从而使用户接入各种业务流。正常用户家中 ONT 有三种业务流，分别为宽带业务流、语音业务流和视频业务流。业务承载于此虚端口上。

配置业务虚端口：

```
MA5680T(config)#service-port 10 vlan 2000 epon 0/1/3 ont 10 multi-service user-vlan 10  //创建业务虚端口 ID_10，将业务 VLAN 2000 和用户 VLAN 10 绑定在 EPON 设备的 0 框 1 槽位 3 端口下注册的 ONT_10 下//
```

5. 配置 ONT 端口缺省 VLAN

缺省 VLAN 又称 Native-VLAN。缺省情况下，ONT 的所有端口都属于 VLAN 1，Native VLAN 为 VLAN 1。若重复配置 Native-VLAN，则最后一次配置有效。配置 service-port 时，指定的用户侧 VLAN 发生变化时，如果从对应的 ONT 端口上传的为 untag 报文，则该端口的 Native -VLAN 应重新设定为与用户侧 VLAN 一致；如果从对应的 ONT 端口上传的为 Tag 报文，则该端口的 Native -VLAN 不需要重新设定。

配置 ONT 端口缺省 VLAN：

```
MA5680T(config-if-gpon-0/1)# ont port native-vlan 3 10 eth 1 vlan 10 //在 OLT 设备 0/1/3 端口下，指定编号为 10 的 ONT 的 1 号 ETH 端口的 Native -VLAN 为 VLAN 10//
```

注意：在这条配置命令语句中，VLAN ID 必须和业务模板配置的用户端口 VLAN ID 相同。如果配置不同，则无法剥离 VLAN 的 Tag 标签。

3.5.4 A 类 MA5675 光终端宽带业务开通配置示例

A 类光终端宽带业务配置实验

根据 A 类 MA5675 光终端宽带业务数据规划，进行如下完整配置：

(1) ONT 注册：

```
MA5680T(config)#dba-profile add profile-id 10 type1 fix 102400
MA5680T(config)# ont-lineprofile epon profile-id 11
MA5680T(config-epon-lineprofile-11)#llid dba-profile-id 10
MA5680T(config-epon-lineprofile-11)#commit
MA5680T(config-epon-lineprofile-11)#quit
MA5680T(config)#ont-srvprofile epon profile-id 12
MA5680T(config-epon-srvprofile-12)#ont-port eth 4 pots 4
MA5680T(config-epon-srvprofile-12)#port vlan eth 1 10
MA5680T(config-epon-srvprofile-12)#commit
MA5680T(config-epon-srvprofile-12)#quit
MA5680T(config)#interface epon 0/1
MA5680T(config-if-epon-0/1)#port 3 ont-auto-find enable
MA5680T(config-if-epon-0/1)#display ont autofind 3
```

```
MA5680T(config-if-epon-0/1)#ont add 3 10 mac-auth xx-xx-xx-xx oam ont-lineprofile-id 11 ont-srvprofile-id 12
```

(2) 配置 VLAN 类型和属性：

```
MA5680T(config)#vlan 2000 smart
MA5680T(config)#vlan attrib 2000 qinq
```

(3) 配置 VLAN 上行口：

```
MA5680T(config)#port vlan 2000 0/18 1
```

(4) 配置业务虚端口：

```
MA5680T(config)#service-port 10 vlan 2000 epon 0/1/3 ont 10 multi-service user-vlan 10
```

(5) 配置 ONT 端口缺省 VLAN：

```
MA5680T(config-if-epon-0/1)#ont port native-vlan 3 10 eth 1 vlan 10
```

3.6　B 类 MA5626 光终端宽带业务配置

3.6.1　B 类 MA5626 光终端宽带业务组网规划

B 类 MA5626 光终端宽带业务开通配置采用 FTTB+LAN 接入方式，MA5626 光终端满配时有 24 个以太网接口，可以同时接入 24 个用户，用户 PC 采用 PPPoE 拨号方式，上网业务采用双层 VLAN 精确绑定来标识；每个 ONT 分配一个 CVLAN，在 OLT 上按每个槽位分配一个 SVLAN；高速上网业务 DBA 采用 TYPE1 固定带宽 100 M 的带宽保证方式。B 类 MA5626 光终端宽带业务组网如图 3-30 所示，宽带业务数据规划如表 3.8 所示。

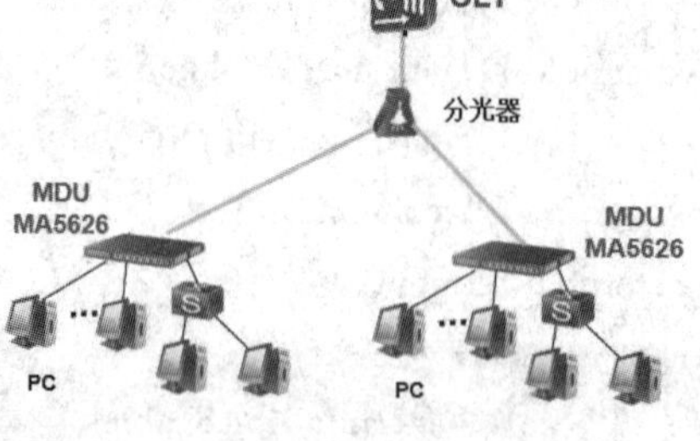

图 3-30　B 类 MA5626 光终端宽带业务组网

B 类光终端宽带业务数据规划

表 3.8　B 类 MA5626 光终端宽带业务数据规划

OLT 侧宽带业务数据规划	
MA5680T 设备	参数信息
管理参数	管理方式：带外网管 管理 IP：10.11.104.2/24 网关：10.11.104.254
业务板	0/1/3
上行端口	0/18/1
DBA 模板	ID：10
	Type1；fix：10240 kb/s
线路模板	ID：10
业务 VLAN	类型：Smart VLAN 2000
	属性：QinQ
业务虚端口	ID：10
ONU 侧宽带业务数据规划	
MA5626 设备	参数信息
管理通道参数	管理 IP：129.9.253.254/24
	网关：129.9.253.1/24
	MA5626 设备 IP：129.9.253.100/24
	管理 VLAN：4001
ONT_ID	10
业务虚端口	ID：200
MAC 地址	xx-xx-xx-xx
业务 VLAN(CVLAN)	100～123，每个用户分配一个 VLAN
上网用户	FE 端口：0/1/1～0/1/24
	上行速率：4 Mb/s
	下行速率：4 Mb/s

3.6.2　B 类 MA5626 光终端宽带业务配置流程

B 类光终端宽带业务配置流程分为 MA5680T 配置和 MA5626 配置两个部分，如图 3-31 所示。

B 类光终端宽带业务配置流程

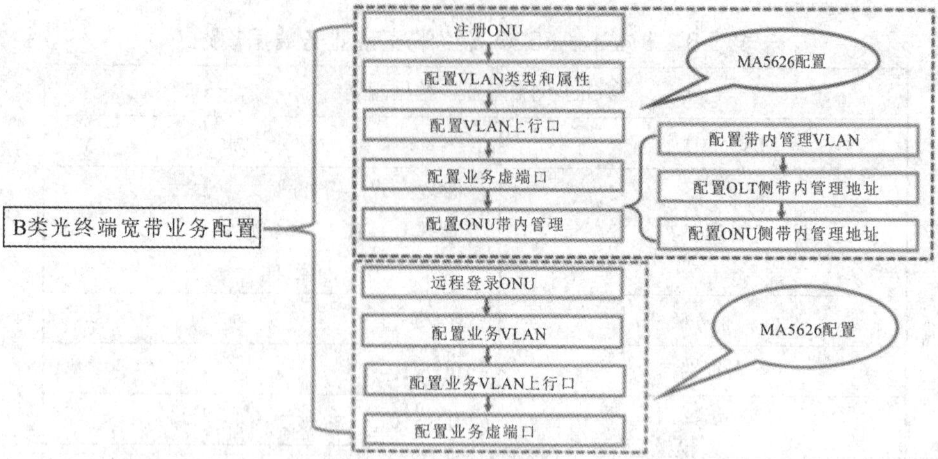

图 3-31　B 类 MA5626 光终端宽带业务配置流程

3.6.3　B 类 MA5626 光终端宽带业务配置命令

1. MA5680T 侧宽带业务配置命令语句

(1) 注册 ONU：根据宽带业务数据规划表，B 类 MDU 注册需要配置带内管理通道，绑定 DBA 模板和线路模板(详见 2.3.2 节)。

(2) 配置 VLAN 类型和属性：

```
MA5680T(config)#vlan 2000 smart              //创建 Smart VLAN 2000//
MA5680T(config)#vlan attrib 2000 qinq        //设置 VLAN 2000 属性为 QinQ//
```

(3) 配置 VLAN 上行口：

```
MA5680T(config)#port vlan 2000 0/18 1
```

(4) 配置业务虚端口：用户侧 VLAN 需要和 ONU 的上行 VLAN 保持一致，将上下行报文的流量限制在 ONU 上，在 OLT 上不作限速。

```
MA5680T(config)#service-port 10 vlan 2000 epon 0/1/3 ont 10 multi-service user-vlan 100
  //创建业务虚端口 ID_10，将业务 VLAN 2000 和用户 VLAN 100 绑定在 EPON 设备的 0 框 1
槽位 3 端口下注册的 ONT_10 下 //
```

选择命令 service-port 来逐一建立业务流，这里只以其中一条的建立为例；其余业务流的建立只需替换业务虚端口索引号和用户侧 VLAN 索引号即可。MA5626 设备满配 24 个 FE 端口，也可以选择使用命令 multi-service-port 批量建立 24 条业务流，24 个 FE 端口对应 100～123 VLAN。

(5) 配置 ONU 带内管理：

① 配置带内管理 VLAN：

```
MA5680T(config)#vlan 4001 smart
MA5680T(config)#port vlan 4001 0/18 1
MA5680T(config)# service-port 11 vlan 4001 epon 0/1/3 ont 10 multi-service user-vlan 4001
```

② 配置 OLT 侧带内管理地址：

```
MA5680T(config)#interface vlanif 4001
MA5680T(config-if-vlanif4001)# ip address 129.9.253.254 255.255.255.0
```

③ 配置 ONU 侧带内管理地址：

```
MA5680T(config-if-epon-0/1)#ont ipconfig 3 10 ip-address 129.9.253.100 mask 255.255.255.0 gateway 129.9.253.1 manage-vlan 4001
```

2. MA5626 侧宽带业务配置命令语句

(1) 远程登录 ONU：在 OLT 上 telnet ONU 的管理 IP 地址登录设备，用户名为 root，密码为 mduadmin。

```
MA5680T (config)#telnet 129.9.253.100
>>User name:root
>>User password:
```

(2) 配置业务 VLAN：MA5626 侧的业务 VLAN 需要和 OLT 上的用户侧 VLAN 对应。

```
MA5626 (config)# vlan 100 smart    //配置业务 Smart VLAN 100 //
```

还可以使用批量命令配置多个业务 VLAN：

```
MA5626 (config)# vlan 100-123 smart
```

(3) 配置业务 VLAN 上行口：

```
MA5626 (config)#port vlan 100 0/0 1 // VLAN 100 绑定在 MA5626 设备上行接口板 0 框 0 槽位 1 端口//
```

将创建的 100～123 共 24 个业务 VLAN，分别一一对应到以太网 1 端口到以太网 24 端口，实现用户 VLAN 精准绑定。还需要配置 23 条命令，这里不再重复操作。24 条命令配置完成后，可以进入单板进行绑定 VLAN 查询。

(4) 配置业务虚端口：宽带业务数据规划需要批量创建 24 条业务流，这里以创建其中一个为例，每一个端口对应一个用户，其余替换业务 VLAN 和对应的端口即可。

```
MA5626 (config)#service-port 200 vlan 100 eth 0/1/1 multi-service user-vlan untagged    //创建业务虚端口 1，绑定端口 0/1/1，用户侧 VLAN 配置为 untagged//
```

3.6.4 B 类 MA5626 光终端宽带业务开通配置示例

MA5680T 侧宽带业务配置实验

根据宽带业务数据规划，B 类 MA5626 光终端宽带业务开通配置分为 OLT 侧和 ONU 侧配置两部分。

1. OLT 侧宽带业务配置

(1) 注册 ONU：

```
MA5680T(config)#dba-profile add profile-id 10 type1 fix 102400
MA5680T(config)#ont-lineprofile epon profile-id 10
MA5680T(config-epon-lineprofile-10)#llid dba-profile-id 10
MA5680T(config-epon-lineprofile-10)#commit
MA5680T(config-epon-lineprofile-10)#quit
MA5680T(config-if-epon-0/1)#ont add 3 10 mac-auth xxxx-xxxx-xxxx snmp ont-lineprofile-id 10
```

(2) 配置 VLAN 类型和属性：

```
MA5680T(config)#vlan 2000 smart
MA5680T(config)#vlan attrib 2000 qinq
```

(3) 配置 VLAN 上行口：

```
MA5680T(config)#port vlan 2000 0/18 1
```

(4) 配置业务虚端口：

```
MA5680T(config)# multi-service-port vlan 2000 ont 0/1/3 10 user-vlan 100-123
```

(5) 配置 ONU 带内管理：

```
MA5680T(config)#vlan 4001 smart
MA5680T(config)#port vlan 4001 0/18 1
MA5680T(config)# service-port 11 vlan 4001 epon 0/1/3 ont 10 multi-service user-vlan 4001
MA5680T(config)#interface vlanif 4001
MA5680T(config-if-vlanif4001)#ip address 129.9.253.254 255.255.255.0
MA5680T(config-if-epon-0/1)#ont ipconfig 3 10 ip-address 129.9.253.100 mask 255.255.255.0 gateway 129.9.253.1 manage-vlan 4001
```

2. MA5626 侧宽带业务配置

MA5626 侧宽带业务配置实验

(1) 远程登录 ONU：

```
MA5680T(config)#telnet 129.9.253.100
>>User name:root
>>User password:
```

(2) 配置业务 VLAN：

```
MA5626 (config)# vlan 100-123 smart
```

(3) 配置业务 VLAN 上行口：

```
MA5626 (config)#port vlan 100 0/0 1
MA5626 (config)#port vlan 101 0/0 1
MA5626 (config)#port vlan 102 0/0 1
MA5626 (config)#port vlan 103 0/0 1
MA5626 (config)#port vlan 104 0/0 1
MA5626 (config)#port vlan 105 0/0 1
MA5626 (config)#port vlan 106 0/0 1
MA5626 (config)#port vlan 107 0/0 1
MA5626 (config)#port vlan 108 0/0 1
MA5626 (config)#port vlan 109 0/0 1
MA5626 (config)#port vlan 110 0/0 1
MA5626 (config)#port vlan 111 0/0 1
MA5626 (config)#port vlan 112 0/0 1
MA5626 (config)#port vlan 113 0/0 1
MA5626 (config)#port vlan 114 0/0 1
MA5626 (config)#port vlan 115 0/0 1
MA5626 (config)#port vlan 116 0/0 1
MA5626 (config)#port vlan 117 0/0 1
MA5626 (config)#port vlan 118 0/0 1
MA5626 (config)#port vlan 119 0/0 1
MA5626 (config)#port vlan 120 0/0 1
```

```
MA5626 (config)#port vlan 121 0/0 1
MA5626 (config)#port vlan 122 0/0 1
MA5626 (config)#port vlan 1230/0 1
```

(4) 配置业务虚端口：

```
MA5626 (config)# multi-service-port from-vlan 100 port 0/1 100-123 user-vlan untagged
```

3.7　C 类 MA5616 光终端宽带业务配置

3.7.1　C 类 MA5616 光终端宽带业务组网规划

C 类 MA5616 光终端宽带业务开通配置采用 FTTC+ADSL2$^+$接入方式，主要针对早期老旧小区接入，用户 PC 采用 PPPoE 拨号方式，通过 ADSL2$^+$端口接入 ONU，ONU 以 EPON 方式接入 OLT 至上层网络，实现高速上网业务；高速上网业务采用双层 VLAN 精确绑定来标识；每个用户在 ONU 上分配一个 CVLAN，在 OLT 上按每个槽位分配一个 SVLAN；高速上网业务 DBA 采用最大带宽 100 M 的带宽保证方式，流量控制上进行上下行带宽 4M 限速控制。C 类 MA5616 光终端宽带业务组网如图 3-32 所示，宽带业务数据规划如表 3.9 所示。

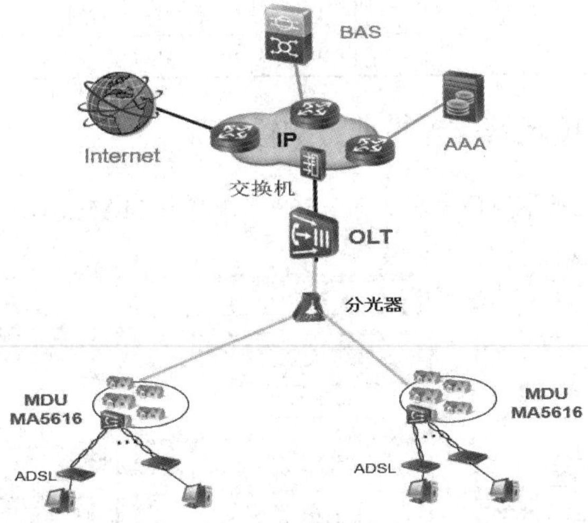

图 3-32　C 类 MA5616 光终端宽带业务组网

表 3.9　C 类 MA5616 光终端宽带业务数据规划

OLT 侧宽带业务数据规划	
MA5680T 设备	参数信息
管理参数	管理方式：带外网管 管理 IP：10.11.104.2/24 网关：10.11.104.254
业务板	0/1/3
上行端口	0/18/1

续表

OLT 侧宽带业务数据规划	
MA5680T 设备	参数信息
DBA 模板	ID：10
	Type3：assure 30720； max：10240 kb/s
线路模板	ID：10
业务 VLAN	类型：Smart VLAN 2000
	属性：QinQ
ONU 侧宽带业务数据规划	
MA5616 设备	参数信息
管理通道参数	管理 IP：129.9.253.254/24
	网关：129.9.253.1/24
	MA5616 设备 IP：129.9.253.200/24
	管理 VLAN：4001
ONT_ID	11
MAC 地址	xx-xx-xx-xx
内层 VLAN	Smart VLAN：1001～1024
ONU 用户	用户 ADSL 端口 0/1/1～0/1/24
	用户 PVC：VPI 8，VCI 35

3.7.2　C 类 MA5616 光终端宽带业务配置流程

C 类光终端宽带业务配置流程分为 MA5680T 配置和 MA5616 配置两个部分，如图 3-33 所示。

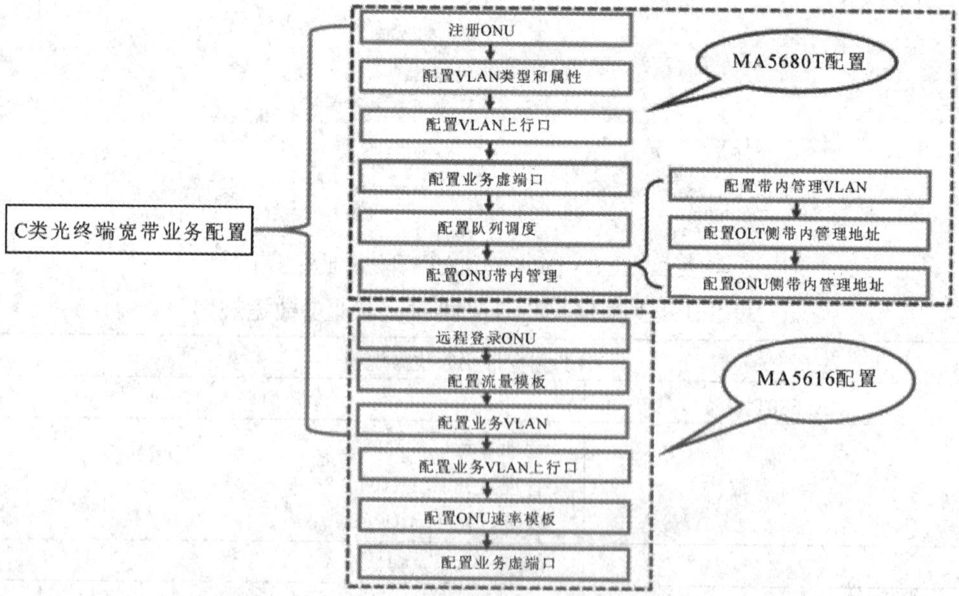

图 3-33　C 类 MA5616 光终端宽带业务配置流程

3.7.3　C 类 MA5616 光终端宽带业务配置命令

1. MA5680T 侧宽带业务配置命令语句

(1) 注册 ONU：根据宽带业务数据规划，C 类 MDU 注册需要配置带内管理通道、绑定 DBA 模板和线路模板(详见 2.3.3 节)。

(2) 配置 VLAN 类型和属性：

```
MA5680T(config)#vlan 2000 smart              //创建 Smart VLAN 2000//
MA5680T(config)#vlan attrib 2000 qinq        //设置 VLAN 2000 属性为 QinQ//
```

(3) 配置 VLAN 上行口：

```
MA5680T(config)#port vlan 2000 0/18 1
```

(4) 配置业务虚端口：用户侧 VLAN 需要和 ONU 的上行 VLAN 保持一致，将上下行报文的流量限制在 ONU 上，在 OLT 上不作限速。因此直接使用索引为 6 的缺省流量模板。

```
MA5680T(config)# service-port 10 vlan 2000 epon 0/1/3 ont 10 multi-service user-vlan 1001 inbound traffic-table index 6 outbound traffic-table index 6 //创建业务虚端口 ID_10，将业务 VLAN 2000 和用户 VLAN 1001 绑定在 EPON 设备的 0 框 1 槽位 3 端口下注册的 ONT_10 下//
```

选择命令 service-port 来逐一建立业务流，这里只以其中一条的建立为例，其余业务流的建立只需替换业务虚端口索引号和用户侧 VLAN 索引号即可。MA5616 设备满配端口，也可以选择使用命令 multi-service-port 批量建立 24 条业务流，24 个端口对应用户 1001～1024 VLAN。

(5) 配置队列调度：采用 3PQ+5WRR 队列调度方式。队列 0～4 采用 WRR 方式，权重分别为 10、10、20、20 和 40；队列 5～7 采用 PQ 方式。上网业务优先级为 1，采用 WRR 方式。配置队列与 802.1p 优先级的映射关系为，优先级 0～7 分别映射队列 0～7。

```
MA5680T(config)#queue-scheduler wrr 10 10 20 20 40 0 0 0
MA5680T (config)#cos-queue-map cos0 0 cos1 1 cos2 2 cos3 3 cos4 4 cos5 5 cos6 6 cos7 7
```

(6) 配置 ONU 带内管理：

① 配置带内管理 VLAN：

```
MA5680T(config)#vlan 4001 smart
MA5680T(config)#port vlan 4001 0/18 1
MA5680T(config)# service-port vlan 4001 epon 0/1/3 ont 10 multi-service user-vlan 4001 inbound traffic-table index 6 outbound traffic-table index 6
```

② 配置 OLT 侧带内管理地址：

```
MA5680T(config)#interface vlanif 4001
MA5680T(config-if-vlanif4001)# ip address 129.9.253.254 255.255.255.0
```

③ 配置 ONU 侧带内管理地址：

```
MA5680T(config-if-epon-0/1)#ont ipconfig 3 10 ip-address 129.9.253.200  mask 255.255.255.0 gateway 129.9.253.1 manage-vlan 4001
```

2. MA5616 侧宽带业务配置命令语句

(1) 远程登录 ONU：在 OLT 上 telnet ONU 的管理 IP 地址登录设备，用户名为 root，密码为 mduadmin。

```
MA5680T (config)#telnet 129.9.253.200
>>User name:root
>>User password:
```

(2) 配置流量模板：

```
MA5616(config)#traffic table ip index 8 cir 4096 priority 1 priority-policy tag-In-Packag //配置流量模板 8，保证信息速率为 4 Mb/s，优先级为 1，优先级策略为按照报文中的优先级进行调度//
```

可以使用 display traffic table ip 命令查询系统中已存在的流量模板。如果系统中现有的流量模板不能满足需求，则需要执行 traffic table ip 命令来添加。

(3) 配置业务 VLAN：MA5616 侧的业务 VLAN 需要和 OLT 上的用户侧 VLAN 对应。

```
MA5616 (config)# vlan 1001 smart   //配置业务 Smart VLAN 100 //
```

还可以使用批量命令配置多个业务 VLAN：

```
MA5626 (config)# vlan 1001-1024 smart
```

(4) 配置业务 VLAN 上行口：

```
MA5616 (config)#port vlan 1001 0/01 // VLAN 100 绑定在 MA5616 设备上行接口板 0 框 0 槽位 1 端口上//
```

将创建的 1001～1024 共 24 个业务 VLAN 分别一一对应到 24 个端口，实现用户 VLAN 精准绑定。还需要配置 23 条命令，这里不再重复操作。24 条命令配置完成后，可以进入单板绑定 VLAN 查询。

(5) 配置 ONU 速率模板：

① 配置 ADSL2+线路模板：

```
MA5616 (config)#adsl line-profile quickadd 4
 //配置索引号为 4 的 ADSL2+线路模板，各参数取值采用缺省值 //
```

可以使用 display adsl line-profile 命令查询当前系统中已配置的 ADSL2+线路模板。如果满足要求，则可以直接引用。如果系统中没有符合要求的 ADSL2+线路模板，需要配置新的 ADSL2+线路模板。可以使用 adsl line-profile quickadd 命令配置线路模板。

② 配置 ADSL2+信道模板：

```
MA5616 (config)#adsl channel-profile quickadd 4
 //配置索引号为 4 的 ADSL2+线路模板，各参数取值采用缺省值 //
```

ADSL2+信道模板中的数据应该根据信道的实际状况进行配置，根据宽带业务数据规划采用流量模板进行限速，因此配置 ADSL2+信道模板时，无须配置线路速率参数。

③ 配置 ADSL2+线路总模板：

```
MA5616 (config)#adsl line-template quickadd 3 line 4 channel1 4 100 100 //绑定步骤①中配置的 ADSL2+线路模板和步骤②中配置的 ADSL2+信道模板，ADSL2+线路总模板索引号为 3。下行自适应速率比率是 100 %，上行自适应速率比率是 100 %//
```

④ 激活 ADSL2$^+$端口并绑定线路总模板：

```
MA5616 (config)#interface adsl 0/1
MA5616 (config-if-adsl-0/1)#deactivate 1
MA5616 (config-if-adsl-0/1)#activate 1 template-index 3 //激活 ADSL2+端口 0/1/1，并绑定线路总模板 3 //
```

其余端口也采取上面的方式激活，如果批量激活单板上所有的端口，可以使用命令 activate all。

(6) 配置业务虚端口：

```
MA5616 (config)#service-port 11 vlan 1001 adsl 0/1/1 vpi 8 vci 35 multi-service user-vlan untagged rx-cttr 8 tx-cttr 8 //创建业务虚端口 11，绑定 ADSL 端口 0/1/1， SVLAN 为 1001，虚通路标识符 VPI 为 8、VCI 为 35，用户侧 VLAN 为 untagged，并绑定流量模板 8 //
```

其他业务流也按照上述方式添加，替换用户侧 VLAN 和 ADSL2$^+$端口号即可。

3.7.4 C 类 MA5616 光终端宽带业务开通配置示例

根据宽带业务数据规划，C 类 MA5616 光终端宽带业务开通配置分为 OLT 侧和 ONU 侧配置两部分。

1. OLT 侧宽带业务配置

(1) 注册 ONU：

```
MA5680T(config)# dba-profile add profile-id 10 type3 assure 30720 max 102400
MA5680T(config)#ont-lineprofile epon profile-id 10
MA5680T(config-epon-lineprofile-10)#llid dba-profile-id 10
MA5680T(config-epon-lineprofile-10)#commit
MA5680T(config-epon-lineprofile-10)#quit
MA5680T(config-if-epon-0/1)#ont add 3 11 mac-auth xxxx-xxxx-xxxx snmp ont-lineprofile-id 10
```

(2) 配置 VLAN 类型和属性：

```
MA5680T(config)#vlan 2000 smart
MA5680T(config)#vlan attrib 2000 qinq
```

(3) 配置 VLAN 上行口：

```
MA5680T(config)#port vlan 2000 0/18 1
```

(4) 配置业务虚端口：

```
MA5680T(config)# multi-service-port vlan 2000 ont 0/1/3 11 user-vlan 1001-1024
```

(5) 配置 ONU 带内管理：

```
MA5680T(config)#vlan 4001 smart
MA5680T(config)#port vlan 4001 0/18 1
MA5680T(config)# service-port vlan 4001 epon 0/1/3 ont 10 multi-service user-vlan 4001 inbound traffic-table index 6 outbound traffic-table index 6
MA5680T(config)#interface vlanif 4001
```

```
MA5680T(config-if-vlanif4001)#ip address 129.9.253.254 255.255.255.0
MA5680T(config-if-epon-0/1)#ont ipconfig 3 11 ip-address 129.9.253.200 mask 255.255.255.0 gateway 129.9.253.1 manage-vlan 4001
```

2. ONU 侧宽带业务配置

(1) 远程登录 ONU：

```
MA5680T (config)#telnet 129.9.253.200
>>User name:root
>>User password:
```

(2) 配置流量模板：

```
MA5616 (config)#traffic table ip index 8 cir 4096 priority 1 priority-policy tag-In-Packag
```

(3) 配置业务 VLAN：

```
MA5616 (config)# vlan 1001 smart
```

(4) 配置业务 VLAN 上行口：

```
MA5616 (config)#port vlan 1001 0/0 1
```

(5) 配置 ONU 速率模板：

```
MA5616 (config)#adsl line-profile quickadd 4
MA5616 (config)#adsl channel-profile quickadd 4
MA5616 (config)#adsl line-template quickadd 3 line 4 channel1 4 100 100
MA5616 (config)#interface adsl 0/1
MA5616 (config-if-adsl-0/1)#deactivate 1
MA5616 (config-if-adsl-0/1)#activate 1 template-index 3
```

(6) 配置业务虚端口：

```
MA5616 (config)#service-port 11 vlan 1001 adsl 0/1/1 vpi 8 vci 35 multi-service user-vlan untagged rx-cttr 8 tx-cttr 8
```

3.8 宽带业务验证

宽带业务数据配置好之后要进行验证，宽带业务验证采用 PPPoE 协议，验证成功才能证明数据配置正确。

A 类光终端宽带业务验证

3.8.1 PPPoE 拨号验证

将 ONT 与 PC 连接，在 PC 上使用 PPPoE 拨号软件进行拨号；拨号成功后，用户才能访问 Internet 网络。PPPoE 拨号软件配置步骤如下：

1. 打开网络和共享中心

右键单击“网络”，选择“属性”，弹出“网络和共享中心”界面，如图 3-34 所示。

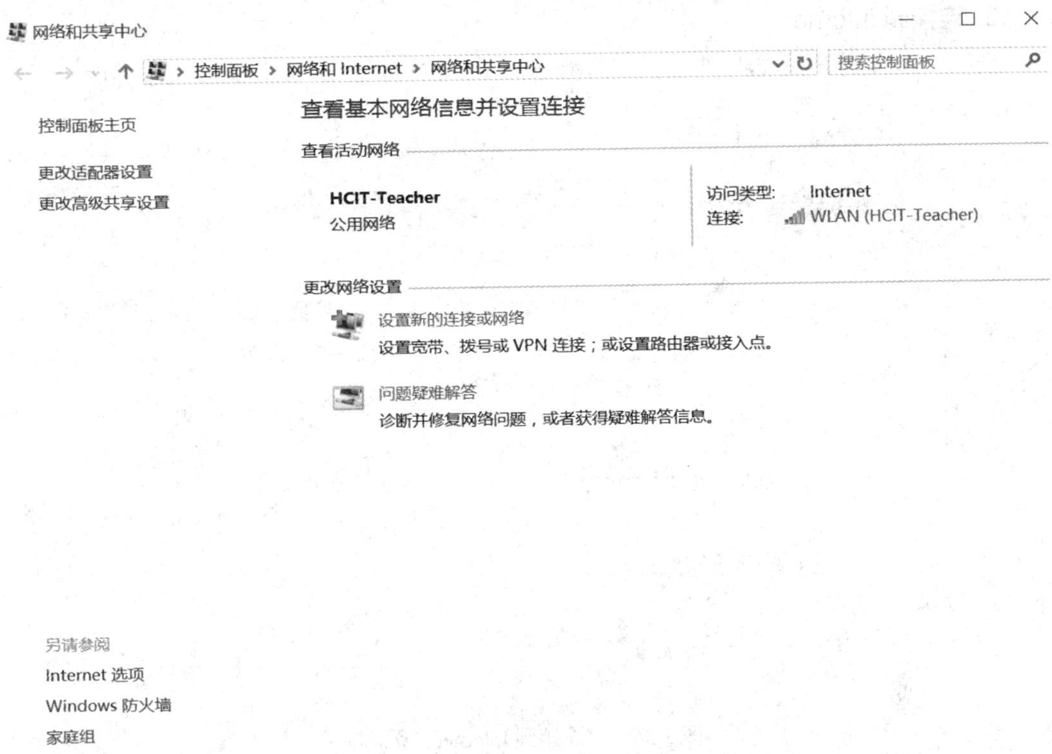

图 3-34　“网络和共享中心”界面

2. 设置新的连接或者网络

选择“更改网络设置”选项，点击“设置新的连接或网络”选项，弹出如图 3-35 所示选项卡。

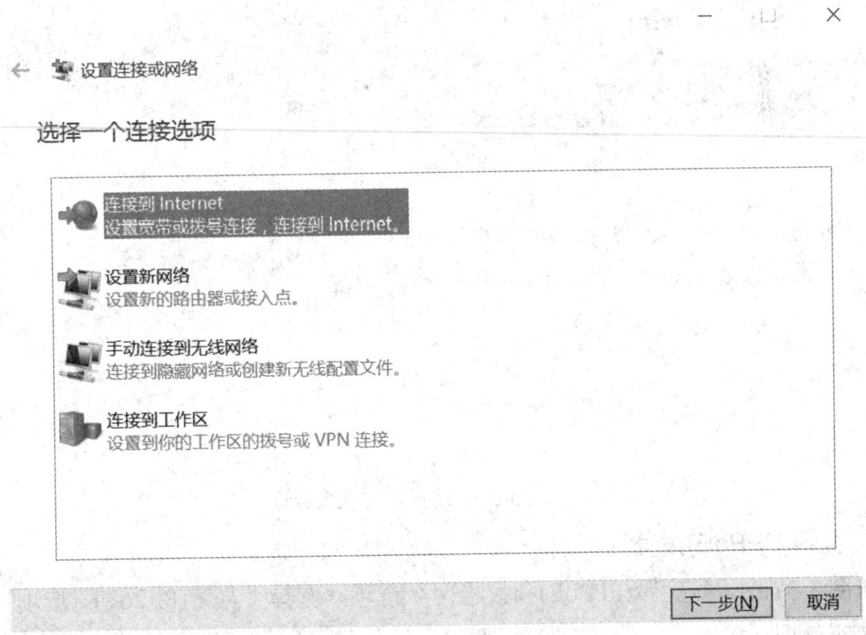

图 3-35　“设置连接或网络”界面

3. 连接到 Internet

选择“连接到 Internet”选项，点击“下一步”按钮，弹出如图 3-36 所示界面。

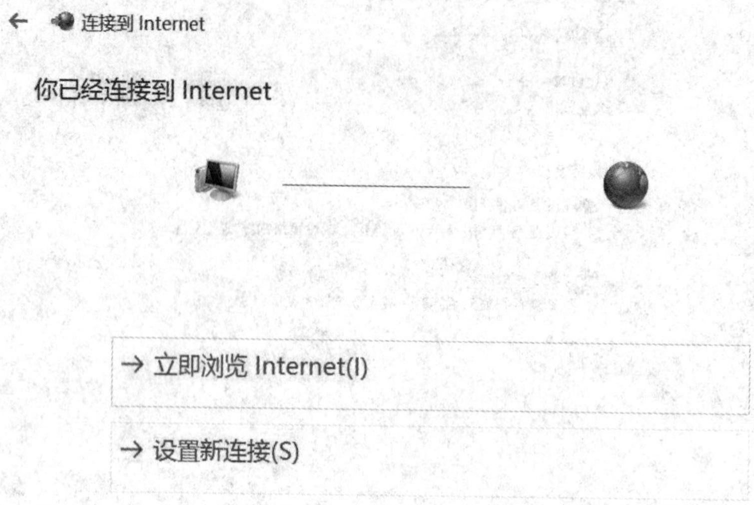

图 3-36　“连接到 Internet”界面

4. 设置新的连接

选择“设置新连接”选项，弹出如图 3-37 所示界面。

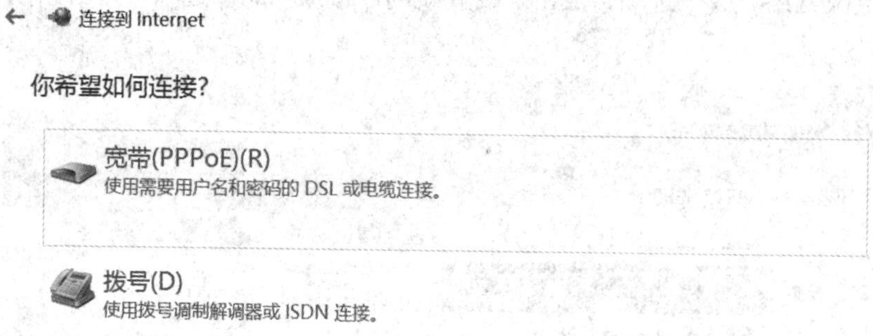

图 3-37　设置新的连接界面

5. 宽带(PPPoE)拨号

在图 3-37 中，有宽带(PPPoE)和拨号两个选项，选择“宽带(PPPoE)”选项，弹出如图 3-38 所示界面。

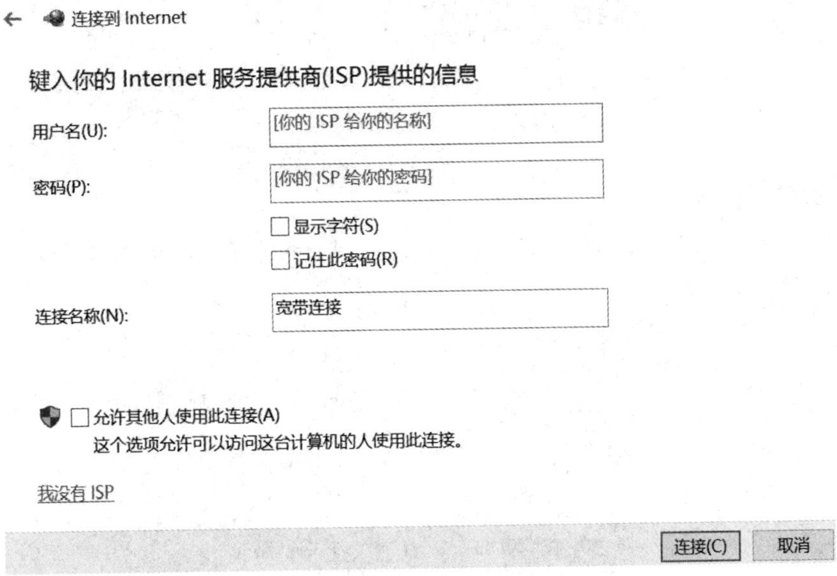

图 3-38　PPPoE 协议账号、密码输入界面

6. 输入“用户名”和“密码”

根据实验室 BAS 服务器数据规划，在界面中输入用户名“test@test”、密码“Huawei@123”、连接名称(写上运行商名称，例如：电信)，然后拨号进行认证，如图 3-39 所示。

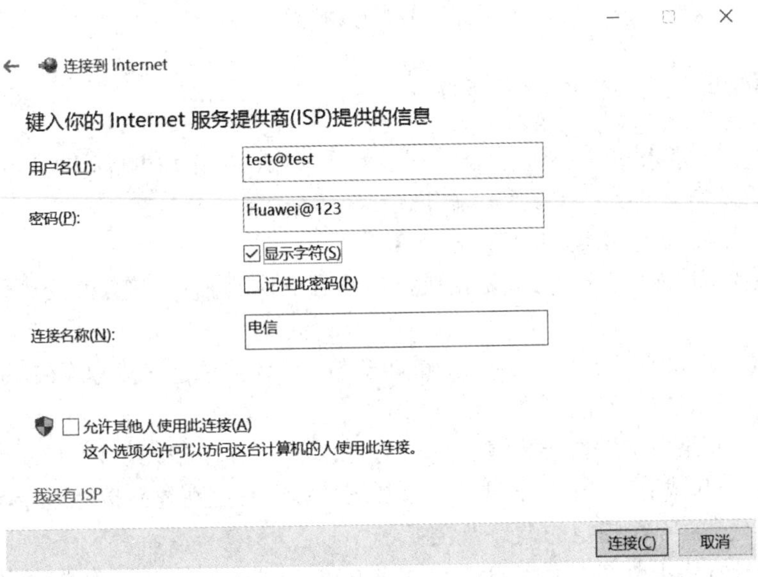

图 3-39　输入用户名和密码界面

7. 账号认证

BAS 服务器进行账号和密码认证，如图 3-40 所示。

图 3-40　账号和密码认证界面

8. 拨号认证成功

拨号成功后，用户能访问 Internet 网络，办理上网业务，如图 3-41 所示为登录的新浪网界面。

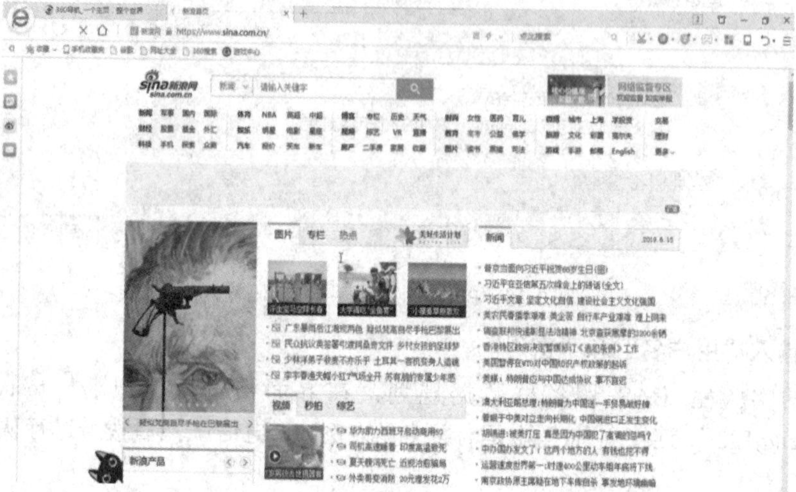

图 3-41　新浪网界面

3.8.2　PPPoE 拨号错误代码解析

客户端在进行 PPPoE 拨号时会出现很多错误代码，工程师可以根据 PPPoE 协议错误代码进行分析。常见的拨号错误代码如下：

(1) 错误代码：602(指定的端口已打开)。

原因：拨号网络由于设备安装错误或正在使用，不能进行连接；PPPoE 没有完全和正确安装。

解决方法：卸载所有 PPPoE 软件，重新安装；或者重新建立拨号连接，并检查网线。

(2) 错误代码：605(不能设置端口信息)。

原因：拨号网络由于设备安装错误而不能设定使用端口，PPPoE 没有完全和正确安装。

解决方法：卸载所有 PPPoE 软件，重新安装；或者重新建立拨号连接，检查网线。

(3) 错误代码：606(指定的端口未连接)。

原因：拨号网络不能连接所需的设备端口，PPPoE 没有完全和正确安装，连接线故障。

解决方法：卸载所有 PPPoE 软件，重新安装，并检查网线。

(4) 错误代码：608(指定的设备不存在)。

原因：拨号网络所连接的设备不存在，PPPoE 没有完全和正确安装。

解决方法：卸载所有 PPPoE 软件，重新安装；或者重新建立拨号连接，并检查网线。

(5) 错误代码：609(指定的设备类型不存在)。

原因：拨号网络连接的设备其种类不能确定，PPPoE 没有完全和正确安装。

解决方法：卸载所有 PPPoE 软件，重新安装；或者重新建立拨号连接，并检查网线。

(6) 错误代码：611(指定的路由不可用)。

原因：拨号网络连接路由不正确，PPPoE 没有完全和正确安装，ISP 服务器故障。

解决方法：卸载所有 PPPoE 软件，重新安装；或者重新建立拨号连接，并检查网线。

(7) 错误代码：617(调制解调器已经断开连接)。

原因：拨号网络连接的设备已经断开，拨号软件没有完全和正确安装，拨号服务器故障，连接线故障。

解决方法：卸载所有 PPPoE 软件，重新安装，并检查网线。

(8) 错误代码：621(系统无法打开电话簿)。

原因：Windows NT 或者 Windows 2000 Server 网络 RAS 网络组件故障。

解决方法：卸载所有 PPPoE 软件，重新安装 RAS 网络组件和 RasPPPoE，并重新建立连接。

(9) 错误代码：629(连接被远程计算机关闭)。

原因：远程计算机没有响应，断开连接。ISP 服务器故障，网卡故障，非正常关机造成网络协议出错。

解决方法：重新建立连接，并检查线路。

(10) 错误代码：645(发生内部身份验证错误)。

原因：网卡没有正确响应，网卡故障；或者网卡驱动程序故障。

解决方法：检查网卡，重新安装网卡驱动程序。

(11) 错误代码：650(远程访问服务器没有响应)。

原因：远程计算机没有响应，断开连接。ISP 服务器故障，网卡故障，非正常关机造成网络协议出错。

解决方法：检查网卡，删除所有网络组件，重新安装，并检查线路。

(12) 错误代码：691(因为用户名和/或密码在域上无效，所以访问被拒绝)。

原因：

① 可能是用户名和密码输入错误。

② 上次的拨号连接非正常断线，导致后台系统没有收到用户下线信息，而没有在用户在线表中将用户删除，造成 BRAS 认为你的账号重复拨号。

③ 该账号因为欠费、宽带到期，账号被锁。

④ BRAS 将此账号挂死。

解决方法：

① 确认用户名和密码是否输入错误，检查用户名和密码的拼写及大小写。

② 等待几分钟后再进行拨号。

③ 致电呼叫中心确认宽带是否欠费。

(13) 错误代码：718(等待远程计算机有效响应的连接超时)。

验证用户名时若远程计算机超时没有响应，则断开连接。

原因：局端宽带服务器故障(可能为局端的 radius、接入服务器故障引起)。

解决方法：等待一段时间后再拨号，如果仍不行，检查线路。

(14) 错误代码：720(由于您的计算机与远程计算机的 PPP 控制协议不一致，所以连接尝试失败)。

原因：拨号网络无法协调网络中服务器的协议设置。非正常关机造成网络协议出错。

解决方法：删除所有网络组件，重新安装网络。

(15) 错误代码：734(PPP 链接控制协议被终止)。

原因：PPP 链接控制协议中止。ISP 服务器故障，非正常关机造成网络协议出错。

解决方法：删除所有网络组件，重新安装网络。

(16) 错误代码：769(指定的目的地是不可访问的)。

原因：电脑的网络连接设备有问题。

解决方法：依次打开“我的电脑”→“控制面板”→“网络连接”，查看本地连接是否处在“禁用”状态，如果是，双击“本地连接”，将其启用；若是无法找到“本地连接”，重新安装网卡驱动程序。

(17) 错误代码：815(无法在计算机上建立宽带网络连接，因为远程服务器未响应)。

原因：网卡故障、防火墙或杀毒软件的配置错误、非正常关机，造成网络协议出错和 ISP 服务器故障。

解决方法：

① 检查 MODEM 是否与局端设备同步，网卡是否工作正常。

② 检查网络线路(网线)是否正常连接。

3.8.3　抓取 PPPoE 协议报文解析

抓取 PPPoE 协议报文

当宽带业务出现故障时，可以采用协议分析法进行故障排除。协议分析法是排除数据配置故障的重要手段。

1. 抓取 PPPoE 报文方法

1) 实验要求

结合实验室环境，将 0/18/1 端口的数据镜像到 0/18/0 端口。

2) 实验所需工具

(1) 网线；

(2) Wireshark 抓包软件。

3) 实验命令

用镜像命令将 0/18/1 端口数据镜像到 0/18/0 端口：

```
MA5680T(config-if-giu-0/18)#mirror port
{ src-port<U><0，7> }:1
{ dst-portid<U><0，7> }:0
{ mirror-direction<E><ingress，egress，all> }:ingress
  Command: mirror port 1 0 ingress
```

2. PPPoE 拨号过程抓取解析

端口镜像设置成功之后，可以打开 Wireshark 软件抓取 PPPoE 报文。PPPoE 建立过程分为 Discovery 阶段和 PPP 会话阶段。发现阶段是一个无状态的阶段，该阶段主要是选择接入服务器，确定所要建立的 PPP 会话标识符 Session ID，同时获得对方点到点的连接信息；PPP 会话阶段执行标准的 PPP 过程。

1) 发现阶段

(1) PADI 报文。这是发现阶段的第一步，用户主机以广播的方式发送 PADI 数据包，请求建立链路。Code 域设置为 0x09，会话 ID 域必须设置为 0x0000，如图 3-42 所示。

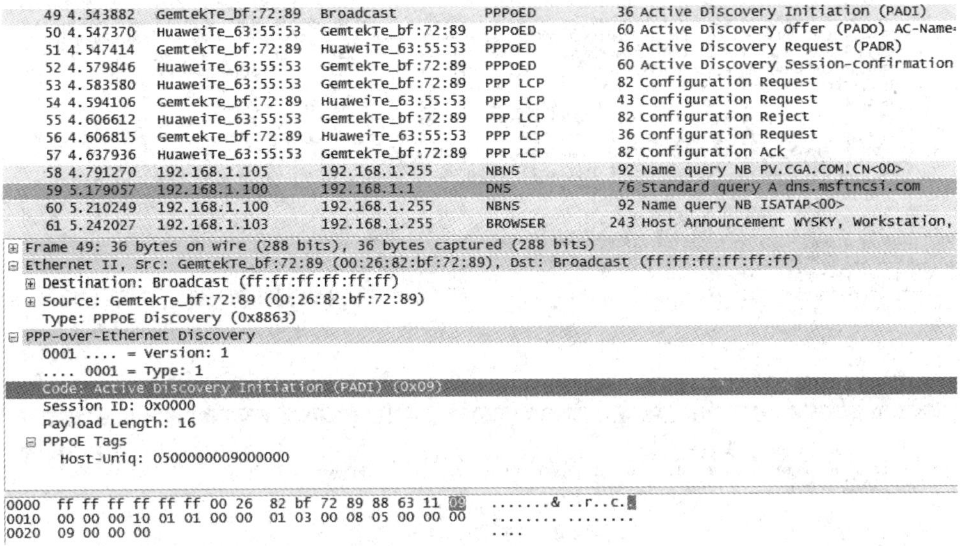

图 3-42　抓取 PADI 报文

(2) PADO 报文。这是发现阶段的第二步，访问集中器(AC)以单播的方式发送一个 PADO 数据包，对主机的请求做出应答；目的地址为主机的 MAC 地址，Code 域设置为 0x07，会话 ID 域必须设置为 0x0000。PADO 数据包必须包含一个类型为 AC-Name 的 Tag(包含了访问集中器的名字)，如图 3-43 所示。

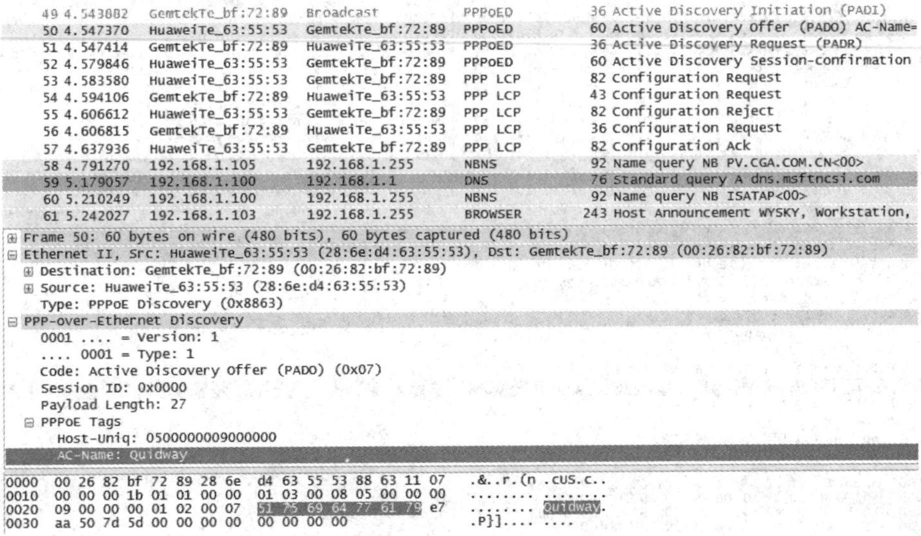

图 3-43　抓取 PADO 报文

(3) PADR 报文。这是发现阶段的第三步，因为 PADI 数据包是广播的，所以主机可能收到不止一个 PADO 报文。主机在收到报文后，会根据 AC-Name 或者 PADO 所提供的服务来选择一个 AC，然后主机向选中的 AC 单播一个 PADR 数据包，目的地址域为 AC 的 MAC 地址，Code 域设置为 0x19，会话 ID 域必须设置为 0x0000。PADR 报文必须且只能包含一个 Tag_Type 为 Service-Name 的 Tag，表明主机请求的服务，如图 3-44 所示。

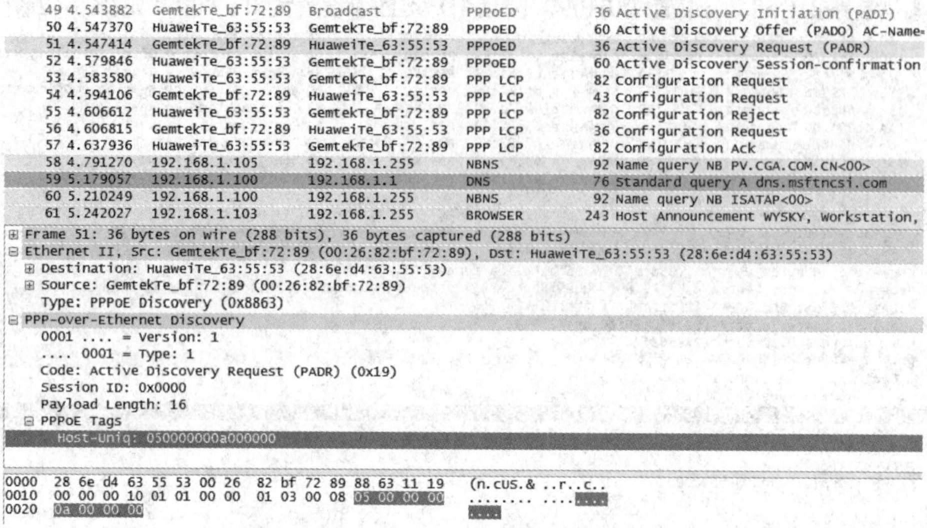

图 3-44　抓取 PADR 报文

(4) PADS 报文。这是发现阶段最后一步，当 AC 收到 PADR 报文时，就准备开始一个 PPP 会话。PADS 为 PPP 会话创建一个唯一的会话 ID，并用单播一个 PADS 数据包来对主机做出响应；目的地址域为主机的 MAC 地址，Code 域设置为 0x65，会话 ID 必须设置为所创建好的会话 ID，如图 3-45 所示。

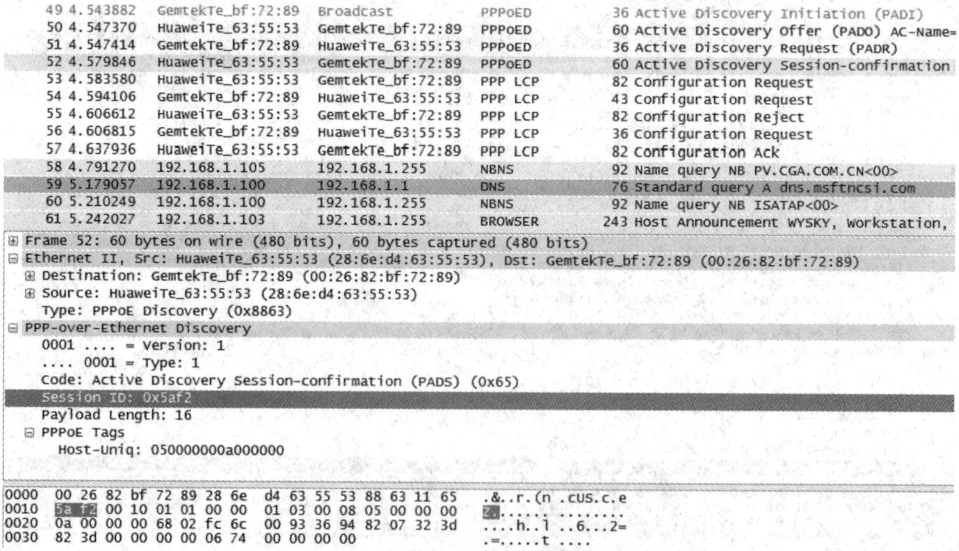

图 3-45　抓取 PADS 报文

2) PPP 会话阶段

PPP 会话的建立，需要两端的设备都发送 LCP(Link Control Protocol，链路控制协议)数据包来配置和测试数据通信链路。

(1) 协商阶段。LCP 的 Request 主机和 AC 都要给对方发送报文，LCP 协商阶段完成传输单元是否进行认证和采用何种认证方式的协商，如图 3-46 所示。

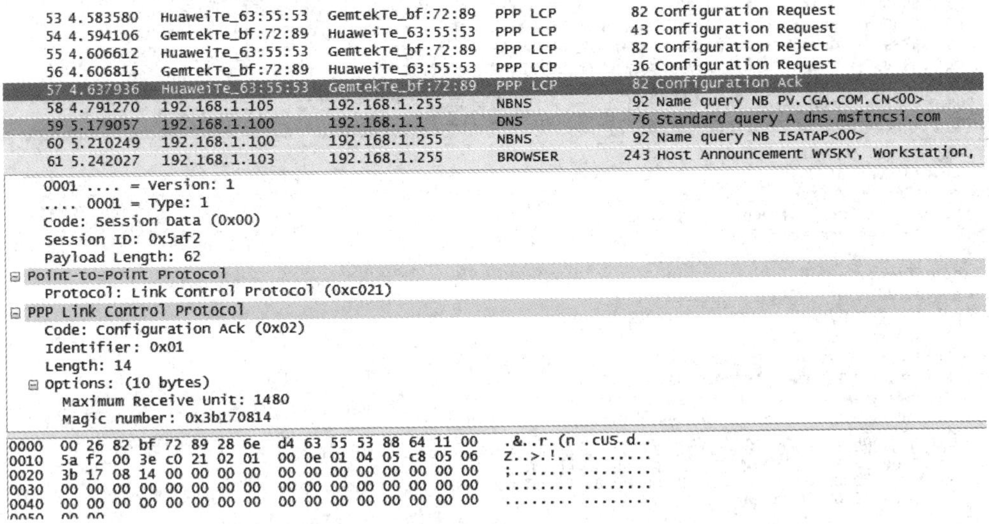

图 3-46　抓取 LCP 协商报文

(2) 认证阶段。会话双方通过 LCP 协商好的认证方法进行认证，如果认证通过了，则进行下面的网络层的协商。认证过程在链路协商结束后进行，如图 3-47 所示。

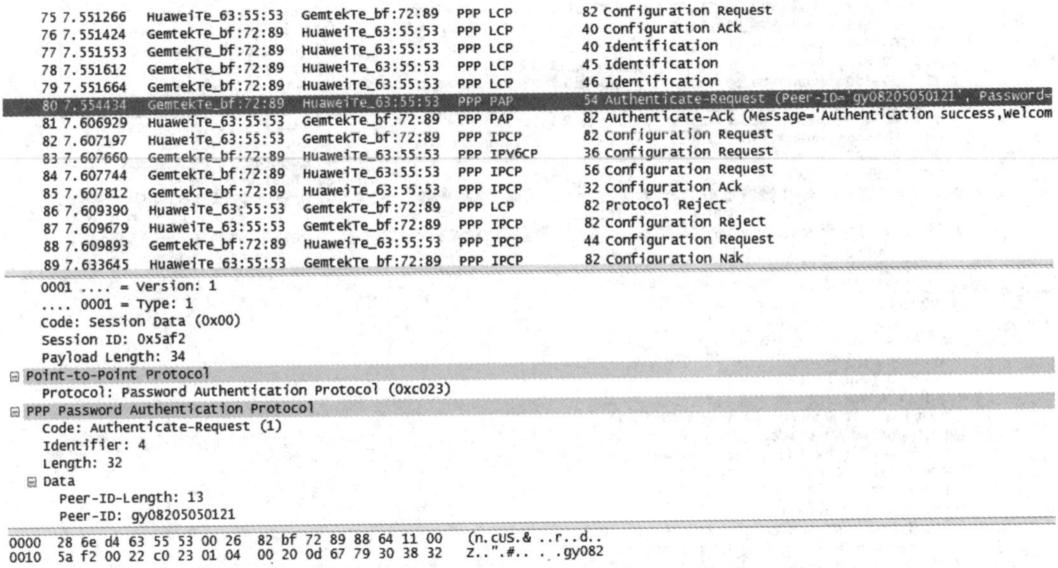

图 3-47　抓取 PAP 认证报文

(3) IPCP 协商阶段。用户和接入设备对 IP 服务阶段的一些要求进行多次协商，以决定双方都能够接受的约定，如 IP 业务阶段使用的 IP 压缩协议等。双方的协议是通过报文中包含的 Option 项进行协商的，每一个 Option 都是一个需要协商的问题。最后，双方都需要对方答复 Configuration Ack 的同意报文，如图 3-48 所示。

```
82 7.607197  HuaweiTe_63:55:53  GemtekTe_bf:72:89  PPP IPCP    82 Configuration Request
83 7.607660  GemtekTe_bf:72:89  HuaweiTe_63:55:53  PPP IPV6CP  36 Configuration Request
84 7.607744  GemtekTe_bf:72:89  HuaweiTe_63:55:53  PPP IPCP    56 Configuration Request
85 7.607812  GemtekTe_bf:72:89  HuaweiTe_63:55:53  PPP IPCP    32 Configuration Ack
86 7.609390  HuaweiTe_63:55:53  GemtekTe_bf:72:89  PPP LCP     82 Protocol Reject
87 7.609679  HuaweiTe_63:55:53  GemtekTe_bf:72:89  PPP IPCP    82 Configuration Reject
88 7.609893  GemtekTe_bf:72:89  HuaweiTe_63:55:53  PPP IPCP    44 Configuration Request
89 7.633645  HuaweiTe_63:55:53  GemtekTe_bf:72:89  PPP IPCP    82 Configuration Nak
90 7.633927  GemtekTe_bf:72:89  HuaweiTe_63:55:53  PPP IPCP    44 Configuration Request
91 7.635830  HuaweiTe_63:55:53  GemtekTe_bf:72:89  PPP IPCP    82 Configuration Ack
92 7.673625  fe80::598d:f626:2f7ff02::16           ICMPv6      90 Multicast Listener Report Message
93 7.673725  192.168.1.100      224.0.0.2          IGMP        46 V2 Leave Group 224.0.0.252
94 7.706614  fe80::598d:f626:2f7ff02::16           ICMPv6      90 Multicast Listener Report Message

  Session ID: 0x5af2
  Payload Length: 36
⊟ Point-to-Point Protocol
  Protocol: IP Control Protocol (0x8021)
⊟ PPP IP Control Protocol
  Code: Configuration Request (0x01)
  Identifier: 0x06
  Length: 34
 ⊟ Options: (30 bytes)
    IP address: 0.0.0.0
    Primary DNS server IP address: 0.0.0.0
    Primary WINS server IP address: 0.0.0.0
    Secondary DNS server IP address: 0.0.0.0
    Secondary WINS server IP address: 0.0.0.0

0000  28 6e d4 63 55 53 00 26  82 bf 72 89 88 64 11 00   (n.cUS.& ..r..d..
0010  5a f2 00 24 80 21 01 06  00 22 03 06 00 00 00 00   Z..$.!.. .".....
0020  81 06 00 00 00 00 82 06  00 00 00 00 83 06 00 00   ........ ........
0030  00 00 84 06 00 00 00 00                            ........
```

图 3-48　抓取 IPCP 协商 Configuration Request 请求报文

可以看到，用户申请 IPv6 地址、IPv4 地址、DNS 和 WINS server IP。如图 3-49 所示，接入设备不提供 IPv6 协议支持，不提供 WINS server IP。

```
82 7.607197  HuaweiTe_63:55:53  GemtekTe_bf:72:89  PPP IPCP    82 Configuration Request
83 7.607660  GemtekTe_bf:72:89  HuaweiTe_63:55:53  PPP IPV6CP  36 Configuration Request
84 7.607744  GemtekTe_bf:72:89  HuaweiTe_63:55:53  PPP IPCP    56 Configuration Request
85 7.607812  GemtekTe_bf:72:89  HuaweiTe_63:55:53  PPP IPCP    32 Configuration Ack
86 7.609390  HuaweiTe_63:55:53  GemtekTe_bf:72:89  PPP LCP     82 Protocol Reject
87 7.609679  HuaweiTe_63:55:53  GemtekTe_bf:72:89  PPP IPCP    82 Configuration Reject
88 7.609893  GemtekTe_bf:72:89  HuaweiTe_63:55:53  PPP IPCP    44 Configuration Request
89 7.633645  HuaweiTe_63:55:53  GemtekTe_bf:72:89  PPP IPCP    82 Configuration Nak
90 7.633927  GemtekTe_bf:72:89  HuaweiTe_63:55:53  PPP IPCP    44 Configuration Request
91 7.635830  HuaweiTe_63:55:53  GemtekTe_bf:72:89  PPP IPCP    82 Configuration Ack
92 7.673625  fe80::598d:f626:2f7ff02::16           ICMPv6      90 Multicast Listener Report Me
93 7.673725  192.168.1.100      224.0.0.2          IGMP        46 V2 Leave Group 224.0.0.252
94 7.706614  fe80::598d:f626:2f7ff02::16           ICMPv6      90 Multicast Listener Report Me
95 7.706869  10.4.12.100        224.0.0.22         IGMP        62 V3 Membership Report / Join
96 7.707029  192.168.1.100      224.0.0.252        IGMP        46 V2 Membership Report / Join

  0001 .... = Version: 1
  .... 0001 = Type: 1
  Code: Session Data (0x00)
  Session ID: 0x5af2
  Payload Length: 62
⊟ Point-to-Point Protocol
  Protocol: IP Control Protocol (0x8021)
⊟ PPP IP Control Protocol
  Code: Configuration Reject (0x04)
  Identifier: 0x06
  Length: 16
 ⊟ Options: (12 bytes)
    Primary WINS server IP address: 0.0.0.0
    Secondary WINS server IP address: 0.0.0.0

0000  00 26 82 bf 72 89 28 6e  d4 63 55 53 88 64 11 00   .&..r.(n .cUS.d..
0010  5a f2 00 3e 80 21 04 06  00 10 82 06 00 00 00 00   Z..>.!.. ........
0020  84 06 00 00 00 00 82 06  00 00 00 00 83 06 3d 84   ........ ......=.
0030  a3 44 84 06 00 00 00 00  00 00 00 00 00 00 00 00   .D...... ........
0040  00 00 00 00 00 00 00 00  00 00 00 00 00 00 00 00   ........ ........
```

图 3-49　抓取 IPCP 协商 Configuration Reject 拒绝报文

用户重新申请，如图 3-50 所示，用户获得 IP: 10.4.12.100，以及 DNS server IP：202.102.192.68 和 61.132.163.68；用户确认收到，PPPoE 拨号成功。

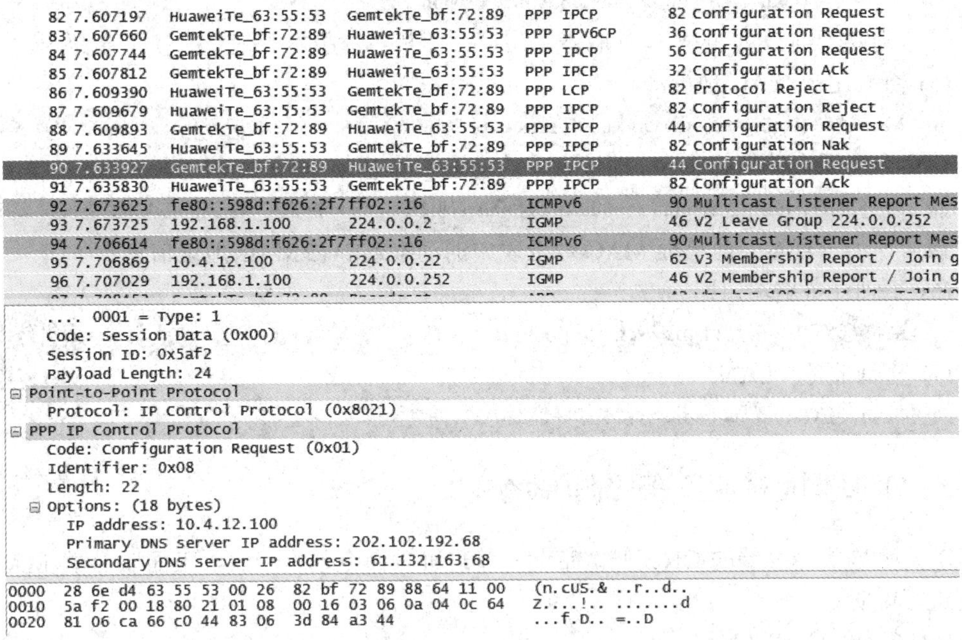

图 3-50　抓取 IPCP 协商 Configuration Request 报文

以上两步就是 PPPoE 协议报文抓取的全部过程，对 PPPoE 协议中 PPPoE 发现阶段报文和 PPP 会话阶段报文进行分析。PPPoE 协议报文分析是宽带业务数据配置的重要手段。

3.9　宽带业务维护

EPON 设备在长期运行过程中出现宽带业务故障时，需要工程师使用宽带业务维护命令排除故障。宽带业务维护命令非常重要，它可以准确快速地对宽带业务故障进行定位与排除。

3.9.1　OLT 侧宽带业务管理维护命令

A 类光终端宽带业务维护命

OLT 侧宽带业务管理维护命令如下：

(1) 查询 EPON 端口 0/1/3 下的所有已注册 ONT 信息：

```
MA5680T(config-if-epon-0/1)#display ont info 3 all
```

(2) 具体查询 EPON 端口 0/1/3 下的 ONT 为 10 的信息：

```
MA5680T(config-if-epon-0/1)#display ont info 3 10
```

(3) 查询 MDU IP 配置信息：

```
MA5680T(config-if-epon-0/1)#display ont ipconfig
```

ONT 的 IP 地址配置有两种模式，DHCP 动态获取和静态 IP 地址。当 ONT 为静态 IP

地址时，查询信息包括 IP 地址、掩码、网关、管理 VLAN 和管理优先级。

(4) 查询 ONT 版本信息：

```
MA5680T(config-if-epon-0/1)#display ont version
```

注：需要查询 ONT 的软硬件版本、生产厂商和芯片版本等信息时使用该命令。

(5) 查询用户 MAC 地址：

```
MA5680T(config)#display mac-address vlan 2000
```

该命令用于查看当前 MAC 地址表中的动态或静态 MAC 地址信息。

```
MA5680T(config)#display mac-address board 0/18
```

该命令用于查看当前单板 MAC 地址表中的动态或静态 MAC 地址信息。

(6) 查询业务虚端口：

```
MA5680T(config)#display service-port all
```

(7) 查询业务 VLAN：

```
MA5680T(config)#display vlan 2000
```

B 类光终端宽带业务维护命令

3.9.2 ONU 侧宽带业务管理维护命令

B 类和 C 类光终端的 ONU 侧宽带业务管理维护命令基本一致，下面以 B 类 MA5626 为例进行说明。

(1) 查询业务 VLAN：

```
MA5626 (config)# display vlan 100
```

(2) 查询 B 类光终端以太网端口流量：

```
MA5626(config-if-eth-0/1)#display port traffic 1
```

只有单板在线且光口正常时，才允许查询 EPON 端口的实时流量。该命令显示 EPON 端口的接收和发送实时流量信息。

(3) 查看上行接口板工作状态：

```
MA5626(config-if-eponnni-0/0/1)#display port state
```

(4) 查询用户 MAC：

```
MA5626 (config)#display mac-address port 0/1/1
```

(5) 查询业务虚端口：

```
MA5626 (config)#display service-port all
```

(6) 查询 MA5626 设备机框：

```
MA5626(config)#display board 0
```

(7) 具体查询 0 框 0 槽位信息：

```
MA5626(config)#display board 0/0
```

(8) 具体查询 0 框 1 槽位信息：

```
MA5626(config)#display board 0/1
```

3.9.3 删除宽带业务

设备在长期运行过程中，出现业务故障且无法排除时，必须由工程师手动进行删除。

1. 删除 A 类 MA5675 光终端宽带业务

1) 删除 A 类 MA5675 光终端宽带业务流程

A 类 MA5675 光终端宽带业务删除分为 5 个步骤，如图 3-51 所示。

A 类光终端宽带业务删除配置实验

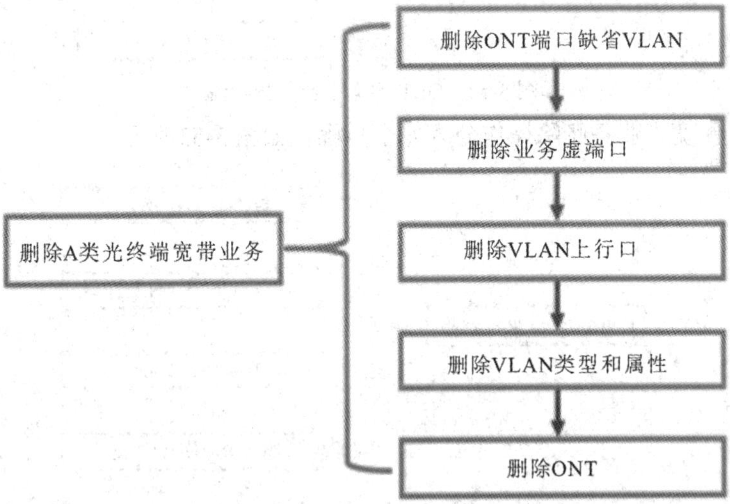

图 3-51　A 类 MA5675 光终端宽带业务删除流程

2) 删除 A 类 MA5675 光终端宽带业务命令

下面根据表 3.7 的宽带业务数据规划进行宽带业务删除。

(1) 删除 ONT 端口缺省 VLAN：

```
MA5680T(config-if-epon-0/1)# undo ont port native-vlan 3 10 eth 1
```

(2) 删除业务虚端口：

```
MA5680T(config)#undo service-port 88
```

(3) 删除 VLAN 上行口：

```
MA5680T(config)#undo port vlan 2000 0/18 1
```

(4) 删除 VLAN 类型和属性：

```
MA5680T(config)#undo vlan 2000
```

(5) 删除 ONT：

```
MA5680T(config-if-epon-0/1)#ont delete 3 10
```

OLT 侧宽带业务删除配置实验

2. 删除 B 类 MA5626 光终端宽带业务

1) 删除 B 类 MA5626 光终端宽带业务流程

B 类和 C 类光终端宽带业务删除操作基本一致，下面以 B 类 MA5626 为例，B 类光终端宽带业务删除分为 OLT 侧和 ONU 侧两个部分。

(1) OLT 侧宽带业务删除操作分为 5 个步骤，如图 3-52 所示。

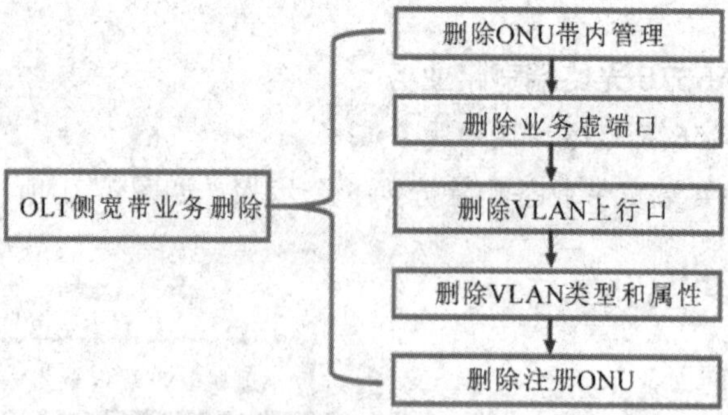

图 3-52　OLT 侧宽带业务删除流程

(2) ONU 侧宽带业务删除操作分为 4 个步骤，如图 3-53 所示。

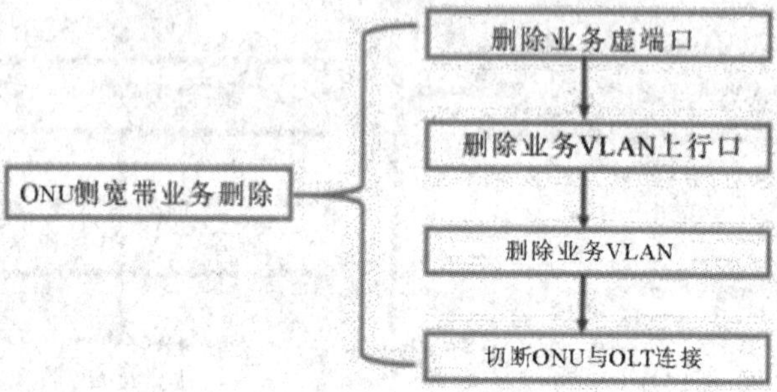

图 3-53　ONU 侧宽带业务删除流程

OLT 侧宽带业务删除配置实验

2) 删除 B 类 MA5626 终端宽带业务命令

下面根据表 3.8 的宽带业务数据规划进行宽带业务删除。

(1) OLT 侧宽带业务删除命令。

① 删除 ONU 带内管理，分为以下三项：

删除 ONU 侧带内管理地址：

```
MA5680T(config-if-epon-0/1)#undoont ipconfig 3 10 ip-address 129.9.253.100 mask 255.255.255.0 gateway 129.9.253.1 manage-vlan 4001
```

删除 OLT 侧带内管理地址：

```
MA5680T(config)#interface vlanif 4001
MA5680T(config-if-vlanif4001)#undo ip address 129.9.253.254 255.255.255.0
```

删除带内管理 VLAN：

```
MA5680T(config)# undo service-port 11
MA5680T(config)#undo port vlan 4001 0/18 1
MA5680T(config)#undo vlan 4001
```

② 删除业务虚端口：

```
MA5680T(config)#undo service-port 10
```

③ 删除 VLAN 上行口：

```
MA5680T(config)#undo port vlan 2000 0/18 1
```

④ 删除 VLAN 类型和属性：

```
MA5680T(config)#undo vlan 2000
```

⑤ 删除注册 ONU：

```
MA5680T(config-if-epon-0/1)#ont delete 3 10
```

(2) ONU 侧宽带业务删除命令。根据表 3.8 的宽带业务数据规划进行宽带业务删除。B 类光终端采用 SNMP 管理通道，首先要远程登录 MA5626 光终端。

ONU 侧宽带业务删除配置实验

① 删除业务虚端口：

```
MA5626 (config)#undo service-port 200
```

② 删除业务 VLAN 上行接口：

```
MA5626 (config)#undo port vlan 100 0/0 1
```

③ 删除业务 VLAN：

```
MA5626 (config)# undo vlan 100
```

④ 切换 ONU 与 OLT 连接：

```
MA5626 (config)#exit
MA5626 #exit
```

宽带业务删除时顺序必须和配置时的顺序相反，否则业务被索引，无法进行删除。

【知识归纳】

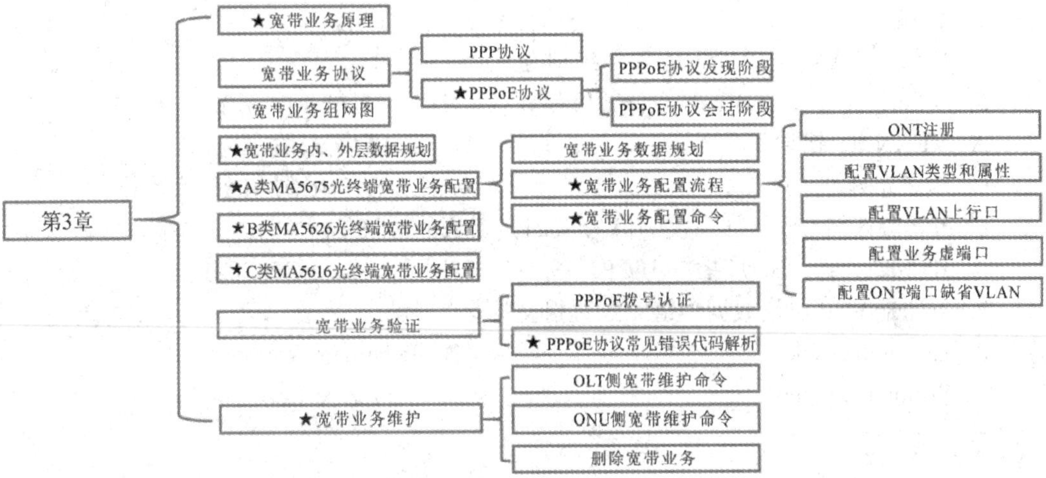

自我测试

一、填空题

1. MA5680T 设备支持常见的________、________和________三种 VLAN 类型。
2. VLAN ID 的个数有________个。
3. MA5680T 设备支持________、________和________三种 VLAN 属性。
4. Standard VLAN 特性为__________________________。
5. Smart VLAN 具有________、________和________三种特性。
6. PPP 协议中有________和________两大组件。

7. PPP 协议支持认证的方式有________和________两种。
8. PPPoE 协议共分为________和________两个阶段。
9. EPON 系统中配置 ONT 端口 Native VLAN 命令，VLAN ID 必须和________配置一致。
10. EPON 系统中业务虚端口查询命令是________。

二、选择题

1. 划分 VLAN 的主要作用是(　　)。
A. 隔离广播风暴，减少广播域　　B. 绑定端口
C. 用于三层组网　　D. 用于数据转发
2. 一个 VLAN 可以看做一个(　　)。
A. 冲突域　　B. 广播域　　C. 管理域　　D. 自治域
3. MA5680T 在进行 FTTH 业务和数据规划时，下列哪个参数在同一个 PON 口下是不能重复的？(　　)。
A. TCONT-ID　　B. CVLAN ID　　C. SVLAN ID　　D. ONT ID
4. 关于 QinQ VLAN，下列说法正确的是(　　)。
A. 满足私网 VLAN 用户点到多点的专线跨城域网的需求
B. QinQ VLAN 对应一个路由接口
C. 在城域网传输过程中，上层设备只需要识别外层 VLAN Tag，内层 VLAN Tag 透明传输
D. QinQ VLAN 主要目的是节省 IP 地址
5. PPPoE 拨号上网 BRAS 返回 678 错误代码的原因可能是(　　)。
A. VLAN ID 错误　　B. 端口数据未做
C. 通道未建立　　D. 用户端口限制 MAC 地址数
6. PPP 协议的 Protocol 字段的值为 8021，代表的协议是(　　)。
A. IP(0021)　　B. 广播域(IPCP)　　C. IPX　　D. LCP(C021)
7. 下列是 LCP 协议数据中链路配置报文的是(　　)。
A. Configure-Ack　　B. Terminate-Reply
C. Protocol-Request　　D. Configure-Reply

三、判断题

1. Smart VLAN 端口的地位不对等，一个端口对应多个上行端口和业务虚端口。(　　)
2. 业务虚端口是物理端口。(　　)
3. PPP 协议中魔术字的作用是防止环路。(　　)
4. PPPoE 的中文名称是基于以太网的点对点通信协议。(　　)
5. 网管可以使用 QinQ VLAN 进行标识。(　　)

四、简答题

1. PPP 协议中在 LCP 阶段必须协商的参数有哪些？
2. 简述 EPON 系统中内、外层 VLAN 规划的原则。
3. 简述 A 类 MA5675 光终端宽带业务配置流程。
4. 简述 C 类 MA5616 光终端宽带业务配置流程。

第 4 章　语音业务开通配置

【目标导航】

(1) 掌握 NGN 体系结构。
(2) 掌握 H.248 协议和 SIP 协议。
(3) 掌握语音业务数据规划原则。
(4) 掌握各类光终端语音业务配置流程。
(5) 熟练掌握语音业务配置命令语句。
(6) 会使用 Wireshark 软件抓取 SIP 协议报文和 H.248 协议报文。
(7) 能根据语音业务数据规划表，完成语音业务开通配置。

【教学建议】

模 块 内 容	学 时 分 配	总课时	重点	难点
4.1 语音业务原理	0.5	12	√	
4.2 语音业务协议	2		√	
4.3 语音业务组网图	0.5			
4.4 语音业务数据规划	1		√	
4.5 A 类 MA5675 光终端语音业务配置	2		√	√
4.6 B 类 MA5626 光终端语音业务配置	2		√	√
4.7 C 类 MA5616 光终端语音业务配置	2		√	√
4.8 语音业务验证	1			
4.9 语音业务维护	1		√	

【内容解读】

本章主要包括 NGN 系统、VoIP 系统、SIP 协议、H.248 协议、语音业务组网图、语音业务数据规划和语音业务配置等内容，主要介绍语音业务协议和各类光终端语音业务配置命令；最后根据语音业务数据规划表进行 MA5675 语音业务开通配置、MA5626 语音业务开通配置和 MA5616 语音业务开通配置的示例分析。

4.1　语音业务原理

用户将电话通过 POTS 端口接入 ONU，连接到软交换服务器，即可享受到 VoIP 服务。

FTTH、FTTB 和 FTTC 是常见的组网方式。本节主要介绍 MA5680T 设备通过 EPON 进行语音业务的配置。

NGN 系统

4.1.1　NGN 系统

1. NGN 定义

NGN(Next Generation Network，下一代网络)是一种业务驱动型网络，通过业务和呼叫完全分离、呼叫控制和承载完全分离，从而实现相对独立的业务体系，使业务独立于网络。NGN 是集语音、数据、传真和视频业务于一体的全新的网络。

2. NGN 结构

NGN 是基于分组的网络，也是一种开放式综合业务架构，NGN 结构如图 4-1 所示。目前分离的网络存在业务单一、互通困难和维护管理复杂等问题，下一代网络能解决以上问题。分组网综合统一承载业务流，配合软交换和网关模式实现现有网络的综合接入，有技术上的优势，但在演进过程中需要考虑技术成熟度、用户需求以及现有网络经济寿命等因素。

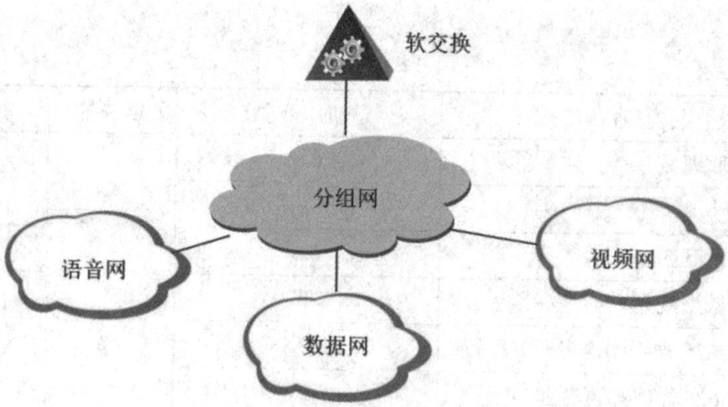

图 4-1　NGN 结构

3. NGN 体系结构

软交换 SoftSwitch 的概念起源于美国企业网的应用。在企业网络环境下，用户可采用基于以太网的电话，再通过一套基于 PC 服务器的呼叫控制软件(Call Manager、Call Server)实现 PBX 功能(IP PBX)。

受到 IP PBX 的启发，传统交换设备被部件化，分为呼叫控制和媒体处理，两者之间采用标准协议。呼叫控制实际上是运行于通用硬件平台上的纯软件，媒体处理器将 TDM 转换为基于 IP 的媒体流。软交换技术应运而生，成为了 NGN 的核心技术。如图 4-2 所示，NGN 体系结构包括以下 4 层：

(1) 边缘接入层：通过各种接入手段将各类用户连接至网络，并将信息格式转换成能够在网络上传递的信息格式。

(2) 核心交换层：采用分组技术，提供一个高可靠性的、QoS 保证和大容量的统一的综合传送平台。

(3) 网络控制层：实现呼叫控制，其核心技术就是软交换技术，完成基本的实时呼叫控制和连接控制功能。

(4) 业务管理层：在呼叫建立的基础上提供额外的增值服务，并支撑运营。

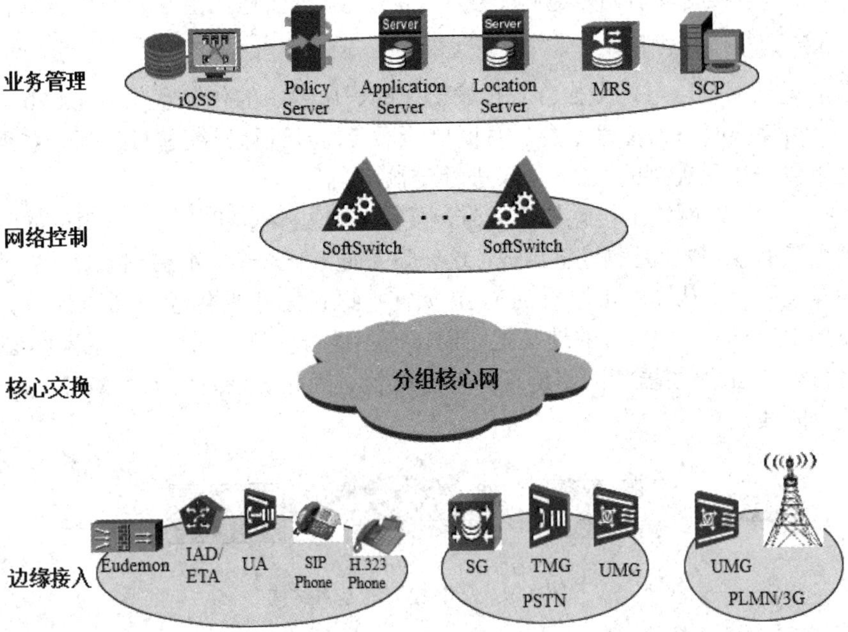

图 4-2　NGN 体系结构

4. NGN 协议

按照协议的功能，NGN 协议大致分为以下三类：

(1) 承载控制协议：用于媒体网关控制器(MGC)控制媒体网关(MG)(如接入媒体网关(AMG)、中继媒体网关(TMG)等)，如 MGCP 协议和 H.248 协议。

(2) 呼叫控制协议：用于控制呼叫过程建立、接续和中止的协议，如 SIP、H323 协议。

(3) 信令传输协议：为软交换提供信令传输业务，如 SIGTRAN 协议。

4.1.2　VoIP 系统

NGN 系统的主要思想是在一个统一的网络平台上以统一管理的方式提供多媒体业务，整合现有的市内固定电话和移动电话的基础上，增加多媒体数据服务及其他增值型服务。其中语音的交换将采用软交换技术，而平台的主要实现方式为 IP 技术，逐步实现统一通信。其中 VoIP 将是下一代网络中的一个重点。

1. VoIP 定义

VoIP(Voice over Internet Protocol，基于 IP 的语音传输)是一种语音通话技术，经由网际协议(IP)来达成语音通话与多媒体会议，也就是经由互联网来进行通信；其他非正式的名称有 IP 电话、互联网电话、宽带电话以及宽带电话服务。常用的语音协议有 H.323、H.248、SIP 和 MGCP。

2. VoIP 技术原理

VoIP 的基本原理是通过语音的压缩算法对语音数据编码进行压缩处理，然后把这些语音数据按 TCP/IP 标准进行打包，经过 IP 网络把数据包送至接收地，再把这些语音数据包串起来，经过解压处理后，恢复成原来的语音信号，从而达到由互联网传送语音的目的。

3. VoIP 语音传输过程

传统的电话网是以电路交换方式传输语音的，所要求的传输宽带为 64 kb/s。而 VoIP 是以 IP 分组交换网络为传输平台，对模拟的语音信号进行压缩和打包等一系列的特殊处理，使之可以采用无连接的 UDP 协议进行传输。

为了在一个 IP 网络上传输语音信号，要具备一些要素和功能。最简单的网络通常由两个或多个具有 VoIP 功能的设备组成，这一设备通过一个 IP 网络连接。VoIP 模型的基本结构如图 4-3 所示。从图中可以看到 VoIP 如何把语音信号转换为 IP 数据流，并把这些数据流转发到 IP 目的地，IP 目的地又把它们转换回语音信号。两者之间的网络必须支持 IP 传输，且可以是 IP 路由器和网络链路的任意组合。因此可以简单地将 VoIP 的传输过程分为下列几个阶段。

图 4-3　VoIP 模型的基本结构

1) 语音到数据的转换

语音信号是模拟信号，通过 IP 方式来传输语音，不管是实时应用业务还是非实时应用业务，首先要对语音信号进行模/数转换，然后送入缓冲器中；缓冲器的大小可以根据延迟和编码的要求选择。许多低比特率的编码器以帧为单位进行编码，典型帧长为 10～30 ms。考虑到传输过程中的代价，语音包通常由 60 ms、120 ms 或 240 ms 的语音数据组成。数字化可以使用各种语音编码方案来实现，目前采用的语音编码标准主要是 ITU-T G.711。源和目的地的语音编码器必须实现相同的算法，这样目的地的语音设备就可以还原模拟语音信号了。

2) 原数据到 IP 的转换

语音信号进行数字编码，语音包以特定的帧长进行压缩编码。大部分的编码器都有特定的帧长，若一个编码器使用 15 ms 的帧，则将 60 ms 的语音包分成 4 个帧，并按顺序进行编码。每个帧 120 个语音样点(抽样率为 8 kHz)。编码后，将 4 个压缩的帧合成为一个压缩的语音包，送入网络处理器。网络处理器为语音添加包头、时标和其他信息后，通过网络传送到另一端点。语音网络简单地建立起一条通信端点之间的物理连接线路，并在端点之间传输编码的信号。IP 网络不像电路交换网络，它不形成连接，而是要求把数据放在可变长的数据报或分组中，然后给每个数据报附带寻址和控制信息，并通过网络一站一站地转发到目的地。

3) 传送

在这个 IP 传输通道中，整个网络被看成从输入端接收语音包，然后在一定时间(t)内将其传送到网络输出端。t 可以全范围变化，反映了网络传输中的抖动(抖动指的是数据顺序传递的相邻两个帧的转发时延之差的绝对值)。网络中的同间节点检查每个 IP 数据附带的寻址信息，并利用这个信息把该数据报转发到目的地(路径上的下一站)。网络链路可以是支持 IP 数据流的任何拓扑结构或访问方法。

4) IP 包数据的转换

网络提供一个可变长度的缓冲器，用来调节网络产生的抖动。该缓冲器可容纳许多语音包，用户可以选择缓冲器的大小。小的缓冲器产生的延迟较小，但不能调节大的抖动。解码器将编码的语音包解压缩后产生新的语音包，这个模块也可以按帧进行操作，完全和解码器的长度相同。若帧长度为 15 ms，则 60 ms 的语音包被分成 4 帧，它们被解码还原成 60 ms 的语音数据流送入解码缓冲器。在数据报的处理过程中，去掉寻址和控制信息，保留原始的数据，然后把这个原始数据提供给解码器。

5) 数字语音转换为模拟语音

播放驱动器将缓冲器中的语音样点(480 个)取出后送入声卡，通过扬声器按预定的频率(例如 8 kHz)播出。

简而言之，语音信号在 IP 网络上的传送要经过从模拟信号到数字信号的转换、数字信号封装成 IP 分组、IP 分组通过网络传送、IP 分组的解包和数字信号还原到模拟信号等过程。

4.1.3 VoIP 语音业务流

1. VoIP 语音业务原理

VoIP 语音业务原理如图 4-4 所示。首先，语音业务流通过 MA5680T 业务单板的 PON 口连接到分光器的 IN 口，分光器通过 1∶N 分光，再通过 OUT 口，连接到 A 类 MA5675 设备光口 / 连接到 B 类 MA5626 设备光口 / 连接到 C 类 MA5616 设备光口，然后根据不同的用户类型，形成 FTTH、FTTB 和 FTTC 三种经典接入。其次，通过 MA5680T 设备上行接口板连接到承载网中，通过承载网将数据连接到软交换服务器，电话机拨号后，软交换服务器进行认证。因此，用户在家中就可以打电话。

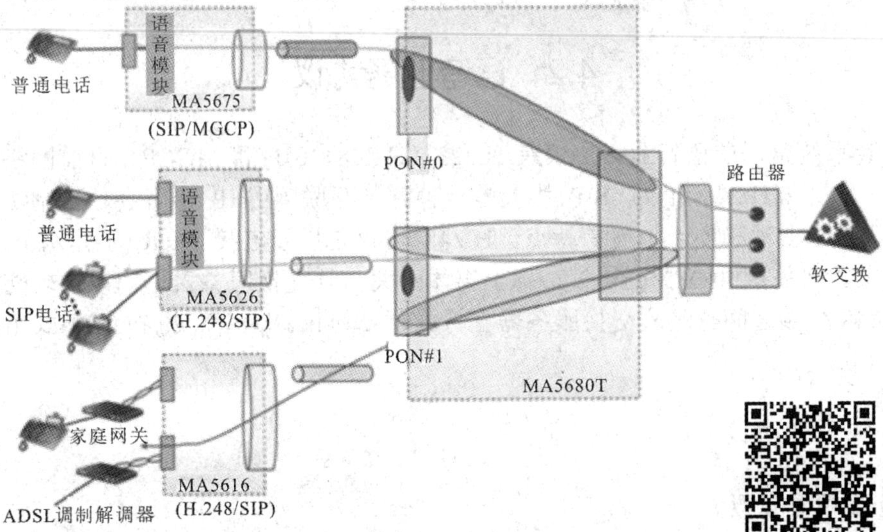

图 4-4　VoIP 语音业务原理

语音业务原理

2. 语音业务流程

1) A 类 MA5675 光终端语音业务流

FTTH 模式下，MA5675 光终端内部的语音处理转换芯片可以将用户端的模拟语音信号转换成数字信号，并同时完成 NGN 协议的打包。MA5675 支持 SIP 协议以及 MGCP 协议，但同一个设备一次只能应用一种协议；如果需要切换协议，需要更换终端相应的软件版本。

FTTH 模式下，MA5675 也可以通过以太网口与用户的 SIP 电话对接。这时 SIP 电话通过 SIP 协议完成用户数据协议的打包，并将数据通过 ONT 和 OLT 的转发，透传到上层的软交换服务器进行处理。

2) B 类 MA5626 光终端语音业务流

FTTB 模式下，MA5626 光终端可以通过自身提供的 POTS 口连接普通电话，通过内部的数/模转换器，将用户模拟信号转换成数字信号，同时完成协议的打包。MA5626 支持 H.248 协议和 SIP 协议，但同一个设备一次只能应用一种协议；如果需要切换协议，需要更换终端相应的软件版本。

FTTB 模式下，MA5626 也可以通过以太网口与用户的 SIP 电话对接。这时 SIP 电话通过 SIP 协议完成用户数据协议的打包，并将数据通过 ONT 和 OLT 的转发，透传到上层的软交换服务器进行处理。

3) C 类 MA5616 光终端语音业务流

FTTC 模式下，家庭网关将用户的 POTS 业务通过自身提供的 SIP/MGCP 协议进行打包，并融合上网或者 IPTV 业务，统一上传到 MA5616 上。MA5616 和 MA5680T 透传来自家庭网关的所有业务。电话业务通过家庭网关的协议打包和 EPON 系统的透传，被送到软交换服务器上进行处理，实现 VoIP 功能。其中，MA5616 和 MA5680T 通过双层 VLAN 来识别和透传业务。

FTTC 模式下，MA5616 也可以直接和用户 POTS 电话对接，MA5616 本身实现 H.248 协议或者 SIP 协议打包，并通过 MA5680T 透传给软交换服务器，实现 VoIP 业务。

4.2 语音业务协议

VoIP 系统常用的语音业务协议有 H.323、H.248、SIP 和 MGCP。目前网络中常用的是 SIP 协议和 H.248 协议。SIP 协议是一种源于互联网的 IP 语音会话控制协议，具有灵活、易于实现和便于扩展等特点。H.248 协议是用于连接 MGC(媒体网关控制器)与 MG(媒体网关)的网关控制协议，用于媒体网关与软交换服务器之间以及软交换服务器与 H.248 终端之间，是软交换服务器支持的重要协议。运营商的 PON 方式组网一般用 H.248 协议。

4.2.1 H.248 协议

1. H.248 协议概念

H.248 协议(也叫 MeGaCo 协议)是媒体网关控制器(MGC)与媒体网关(MG)之间的一种

控制协议。这个协议是 ITU-T 与 IETF 合作结果的新标准。目前，ITU-T、IETF 和软交换服务器论坛等标准化组织正在加紧对 H.248 协议进行完善，各大电信设备制造商也在 H.248 协议的研发和应用上加大了投入。与 MGCP 协议相比，H.248 协议支持更多类型的接入技术，并支持移动终端。除此之外，H.248 协议最显著之处在于能够支持更大规模的网络应用，而且更便于对协议进行扩充，因而灵活性更强，现已逐渐取代 MGCP 而发展成为媒体网关控制协议的标准。

2. H.248 协议相关术语

1) 终端

终端(Termination)是 MG 的一个逻辑实体，可以发送(接收)媒体流和(或)控制流。终端可用特性来进行描述，它封装了媒体流参数、MODEM 和承载能力参数，这些特性可以组成一系列描述符而包含在命令中。终端有唯一的标志 Termination ID，它由 MG 在创建终端时分配。

2) 终端类型

终端类型有半永久性终端和临时性终端两类。半永久性终端表现为物理实体，例如一个 TDM 信道，此时，只要 MG 存在这个信道，这个终端就存在。临时性终端表现为临时性的信息流，例如 RTP 流，此时，只有当 MG 使用这些信息流时，这个终端才存在。

临时性终端可由 Add 命令来创建，由 Subtract 命令来删除。半永久性终端则不同，当使用 Add 命令向一个关联添加物理终端时，这个物理终端来自空关联；当使用 Subtract 命令从一个关联中删除物理终端时，这个物理终端将转移到空关联中。

3) 终端功能

终端可支持信号，这些信号可以是 MG 产生的媒体流(如信号音和录音通知)，也可以是信路信号(如 Hook Flash)。通过编程，可以设置终端对事件进行检测，一旦检测到这些事件，MG 就向 MGC 发送 Notify 消息进行报告或由 MG 采取相应的操作。终端可以对数据进行统计，当 MGC 发出 AuditValue 命令进行统计请求，或者当终端从它所在的关联被删除时，终端就将这些统计数据报告给 MGC。

4) 终端 ID

终端可用 Termination ID 进行标识，Termination ID 由 MG 分配。Termination ID 可以使用通配值“ALL”和“CHOOSE”。通配值“ALL”用来规定多个终端。当命令中的 Termination ID 是通配值“ALL”时，则对每一个匹配的终端重复该命令；“CHOOSE”用来指示 MG 必须选择符合条件的终端，例如 MGC 可以指示 MG 选择一个中继群中的一条中继电路。

例如：在协议的文本格式编码中，有 R13/3/1、R13/3/2 和 R13/3/3 三个终端，则 R13/3/* 将匹配这三个终端。一些特殊场合必须引用所有终端，这时“ * ”(即“ALL”)就可满足要求。当需要引用一个 Termination ID，而且不能确定该终端是否存在时，可以选用“CHOOSE”，即“ $”，如 R13/3/$将匹配三个终端中的其中一个。

5) 描述符

描述符(Descriptor)是协议中的一种语法元素，用来描述一组相互联系的特性。例如：

通过在一个命令中包含适当的描述符控制器，能够设置 MG 中的媒体流特性。

6) 终端特性

终端可用特性进行描述，每个特性由一个 Property ID 标识，这些特性可以组成一系列描述符。终端具有一些公共特性以及与特定媒体流相关的非公共特性。公共特性与特定媒体流无关，也称为终端状态(Termination State)。与特定媒体流相关的特性包括本地(Local)特性和接收/发送流特性。终端的非公共特性由包进行定义，这些特性可由包名(Package Name)和特性标识符(Property ID)来标识。特性具有只读(Read Only)和可读/写(Read/Write)两种属性，对于可读/写的特性，MGC 可以设置它们的值。

当使用 Add 命令将一个终端添加到一个关联时，可以通过加入适当的描述符作为命令输入参数来设置可读/写的特性值，Add 命令中未设置的特性值将保持它们以前的值。类似的，使用 Modify 命令可以改变一个关联中终端的特性值，Modify 命令中未设置的特性值将保持它们以前的值。使用 Move 命令将一个终端从一个关联转移到另一个关联时，也可以改变终端的特性值。

7) 根终端

根终端(Root)是特殊的终端，代表整个 MG。当 Root 作为命令的输入参数时，命令可以作用于整个网关，而不是一个终端。

8) 关联

关联(Context)为一组终端之间的联系。如果一个关联中超过两个终端，那么关联就对终端之间的拓扑结构、媒体混合和(或)交换参数进行描述。空关联是一种特殊的关联，它包含所有那些与其他终端没有联系的终端，例如，在一个中继网关中，所有的空闲线路被作为终端包括在“空”关联当中。图 4-5 给出了终端和关联的例子，但不包括所有类型。

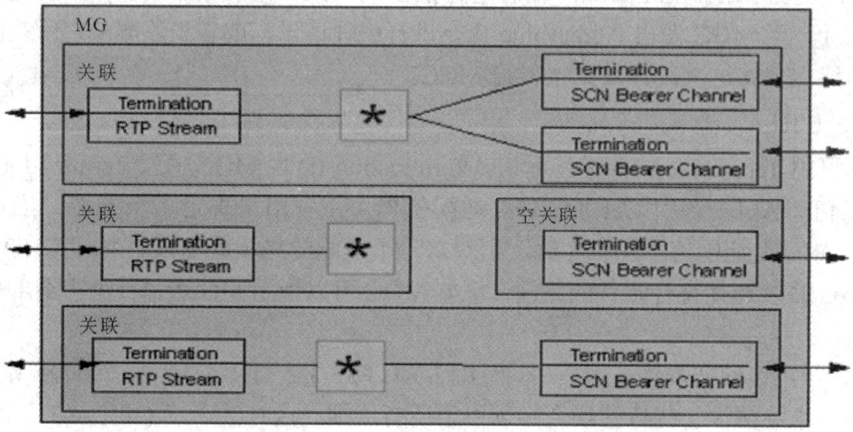

图 4-5　关联模型

关联中的最大终端数是媒体网关的一个特性。仅支持点到点连接的媒体网关在每个关联中仅允许两个终端存在。支持会议呼叫的媒体网关允许三个或更多的终端同时存在于一个关联中。

9) 关联特性

关联具有以下特性：

(1) Context ID：关联标识，一个由媒体网关(MG)选择的 32 位整数，在 MG 范围内是独一无二的。特殊关联编码对照如表 4.1 所示。

表 4.1　特殊关联编码对照

关　联	二进制编码	文 本 编 码	含　义
空关联	0	–	表示在网关中所有与其他任何终端都没有关联的终端
CHOOSE 关联	0xFFFFFFFE	$	表示请求 MG 创建一个新的关联
ALL 关联	0xFFFFFFFF	*	表示 MG 的所有关联

(2) Topology：拓扑结构，关联的拓扑结构描述关联终端之间媒体的流向。终端的 Send/Receive 方式指示媒体在媒体网关的流入或流出方向，有三种连接值，即单向、双向和隔离。单向是指两个终端之间的单向媒体流；双向是指两个终端之间的双向媒体流；隔离是指两个终端之间没有媒体流。拓扑结构只用于描述关联，它可在“Add”或“Modify”命令中使用。

(3) 优先权：表示 MG 处理关联的先后次序。“0”为最低优先级，“15”为最高优先级。

(4) 紧急呼叫的标识符：用于关联向 MG 提供紧急呼叫关联的信息。MG 优先处理使用紧急呼叫标识符的呼叫。

10) 包

不同类型的网关支持不同类型的终端，H.248 协议通过允许终端具有可选的特性、事件、信号和统计来实现不同类型的终端。为了实现 MG 和 MGC 之间的互操作，H.248 协议将这些可选项组合成包(Package)，MGC 可以通过审计命令 Audit 来确定终端实现了哪一种类型的包。终端具有可选的特性、事件、信号和统计信息，这些项组合成包；这些项以及包含的参数分别由标识符 ID 进行标识。

包(Package)由特性、事件、信号、统计和程序五个部分组成。表 4.2 列出了几类常用的包。

表 4.2　常 用 包

包　名	中文名	包 ID	说　明
Generic	通用包	g	常见项目里都会用到通用包
Base Root Package	基础根包	root	该包定义了网关范围内的属性
Tone Generator Package	音生成器包	tonegen	该包定义了生成放音的各种信号
Tone Detection Package	音检测包	tonedet	该包定义了用于音检测的各种事件。各种音通过其名称(放音 ID)来选择。MG 应提供其所在国家支持的各种放音的特性
Basic DTMF Generator Package	基本 DTMF 生成器包	dg	该包将基本的 DTMF 音定义成各种信号，并扩展了 tonegen 中 playtone 的参数 tl 的允许取值

续表

包　名	中文名	包 ID	说　明
DTMF detection Package	DTMF 检测包	dd	该包定义了基本的 DTMF 音检测，扩展了“start tone detected”“end tone detected”和“long tone detected”事件中放音 ID 的可能的取值
Call Progress Tones Generator Package	呼叫进展音生成器包	cg	该包将基本的呼叫进展音定义成各种信号，并扩展了 tonegen 中 playtone 的参数 tl 的允许取值
Call Progress Tones Detection Package	呼叫进展音检测包	cd	该包定义了基本呼叫进展检测音，扩展了“start tone detected”“end tone detected”和“long tone detected”事件中放音 ID 的可能的取值
Analog Line Supervision Package	模拟线监控包	al	该包定义了模拟线的各种事件和信号
Basic Continuity Package	基本导通包	ct	该包定义了用于导通测试的各种事件和信号。导通测试包括提供环回或收发器功能
Network Package	网络包	nt	该包定义了与网络类型无关的网络终端的属性
RTP Package	RTP 包	rtp	该包用于支持通过实时传输协议 RTP 方式的分组多媒体数据传输
TDM Circuit Package	TDM 电路包	tdmc	该包用于支持 TDM 电路终结点

3. H.248 协议栈结构

H.248 消息可基于 UDP/IP 传输，此外还可基于其他多种传输协议传输，如承载在 IP 网络上的 TCP、SCTP 和 M3UA，承载在 ATM 上的 MTP3-B 等协议。

SoftX3000 设备采用 IP 模式，H.248 协议传输层承载在 IP 的 UDP/TCP/SCTP(如图 4-6 所示)上。SoftX3000 设备如果采用 ATM 模式，H.248 协议传输层将承载在 ATM 的 MTP3-B 上。

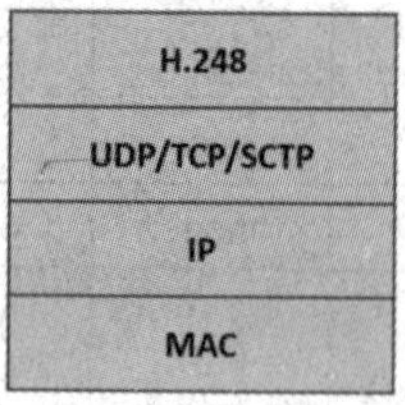

图 4-6　H.248 协议栈

4. H.248 协议栈的应用

H.248 协议栈在 NGN 中的典型应用如图 4-7 所示，目前主要用于软交换系统(SoftSwitch)与中继媒体网关(TMG)之间的通信、软交换设备与接入媒体网关(AMG/IAD)之间的通信。

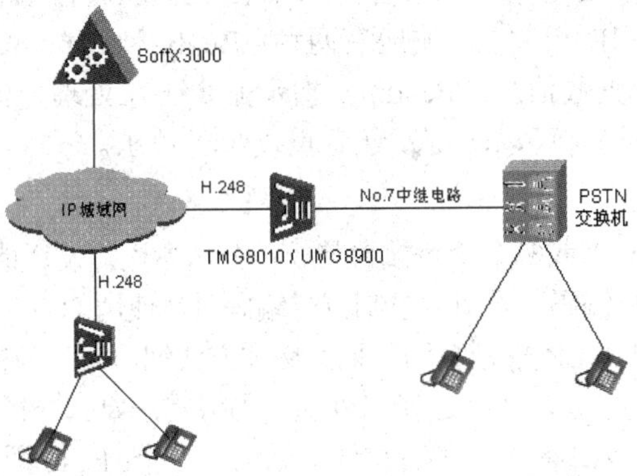

图 4-7　H.248 协议栈在 NGN 中的典型应用

5. H.248 协议消息

1) 消息类型

H.248 协议发送或接收的信息单元称为消息。消息又分为命令和响应两种类型。

(1) 命令。H.248 定义了 8 个命令，用于对协议连接模型中的逻辑实体(关联和终端)进行操作和管理；命令提供了实现对关联和终端进行完全控制的机制。H.248 规定的命令大部分用于 MGC 实现对 MG 的控制。通常，MGC 作为命令的发起者，MG 为命令的响应者。但是，Notify 和 ServiceChange 命令除外，Notify 命令由 MG 发送给 MGC，而 ServiceChange 既可以由 MG 发起，也可以由 MGC 发起。H.248 中的命令如表 4.3 所示。

表 4.3　H.248 中的命令

命令名称	命令代码	说　明
Add	ADD	MGC→MG，增加一个终端到一个关联中，当不指明 Context ID 时，将生成一个关联，然后将终端加入到该关联中
Modify	MOD	MGC→MG，修改一个终端的属性、事件和信号参数
Subtract	SUB	MGC→MG，从一个关联中删除一个终端，同时返回终端的统计状态。如果关联中再没有其他的终端，将删除此关联
Move	MOV	MGC→MG，将一个终端从一个关联移到另一个关联
AuditValue	AUD_VAL	MGC→MG，获取有关终端的当前特性、事件、信号和统计信息
AuditCapabilities	AUD_CAP	MGC→MG，获取 MG 所允许的终端的特性、事件和信号的所有可能值的信息
Notify	NTFY	MG→MGC，MG 将检测到的事件通知给 MGC
ServiceChange	SVC_CHG	MGC↔MG 或 MG→MGC，MG 使用 ServiceChange 命令向 MGC 报告一个终端或者一组终端将要退出服务或者刚刚进入服务。MG 也可以使用 ServiceChange 命令向 MGC 进行注册，并且向 MGC 报告 MG 将要开始或者已经完成了重新启动工作。同时，MGC 可以使用 ServiceChange 命令通知 MG 一个终端或者一组终端将进入服务或者退出服务

(2) 响应。所有的 H.248 命令都要求接收者回送响应。命令和响应的结构基本相同，命令和响应之间由事务 ID 相关联。响应有两种：Reply 和 Pending。Reply 表示已经完成了命令，返回执行成功或失败信息；Pending 指示命令正在处理，但仍然没有完成。当命令处理时间较长时，响应消息可以防止发送者重发事务请求。

2) 消息结构

在 H.248 协议中，一个或多个命令被封装成一个消息进行发送或接收。H.248 消息可以是二进制格式或文本格式的编码。采用二进制方式编码时，使用 ITU-T X.680(ASN.1)定义的规范描述，使用 X.690 定义的 BER 规则编码；采用文本方式编码时，遵循 RFC 2234 ABNF 规范。MGC 必须支持两种编码格式，要么选择二进制编码格式，要么选择文本编码格式，MG 只能支持其中一种编码格式。H.248 消息都有相同的结构，一个 H.248 消息的结构如图 4-8 所示。

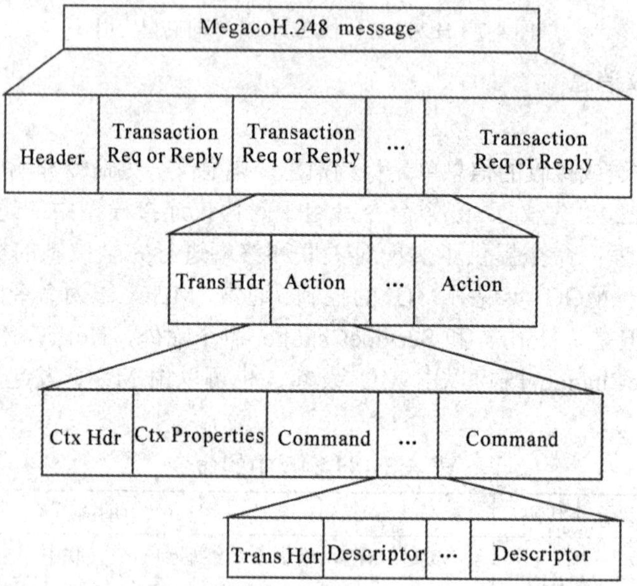

图 4-8　H.248 消息结构

6. H.248 协议网关初始化流程

MG 注册成功后，MGC 将对空关联中的 MG 的所有半永久终端的属性进行修改；指示 MG 检测用户的摘机事件。此时，该终端可以接收或者发起呼叫。

现在假设 MG 配置了 3 个半永久终端：A0、A1 和 A3。那么 MGC 将给这 3 个终端分别发送 MOD_REQ 命令进行初始化。现在以终端 A0 为例，给出具体的消息交互描述。MG 终端初始化流程如图 4-9 所示。

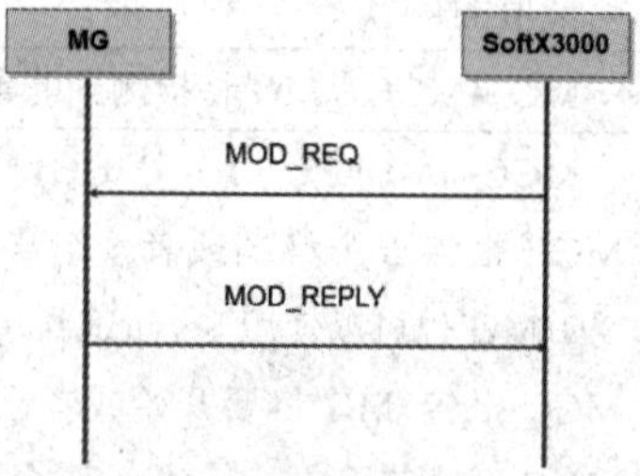

图 4-9　MG 终端初始化流程

(1) 事件 1：注册成功后，MGC 在空关联中对 MG 中的终端进行操作，通过 Modify 命令，更改终端属性。MOD_REQ 命令的文本描述为

```
1 MEGACO/1 [191.169.150.170]:2944
2 T=372794419{C= - {
3 MF=A0{
4 E=369099777{al/*},
5 SG{}}}}
```

第 1 行：MEGACO 协议，版本号为 1。SoftX3000 向 MG 发送报文，MGC 的 IP 地址和端口号为 [191.169.150.170]:2944。

第 2 行：事务号为"372794419"，该事务中封装了一个空关联。

第 3 行：Modify 命令，对终端 A0 的属性进行修改。

第 4 行：事件描述符，其 Request ID 为"369099777"。MGC 请求 MG 检测终端 A0 发生的模拟数据包中的所有事件，如摘机事件等。

第 5 行：信号描述符。此时信号为空，表示 MGC 要求 MG 停止目前所播放的任何信号。

(2) 事件 2：MG 收到 Modify 命令后，回送响应。MOD_REPLY 响应的文本描述为

```
MEGACO/1 [191.169.150.172]:2944
P=372794419{
C= - {MF=A0}}
```

7. H.248 协议用户成功的终端呼叫流程

同一 MG 下的两个终端之间的呼叫建立和释放流程示例如图 4-10 所示。不同 MG 下的两个终端之间的呼叫建立和释放流程与图 4-10 流程基本相同，在此不再赘述。

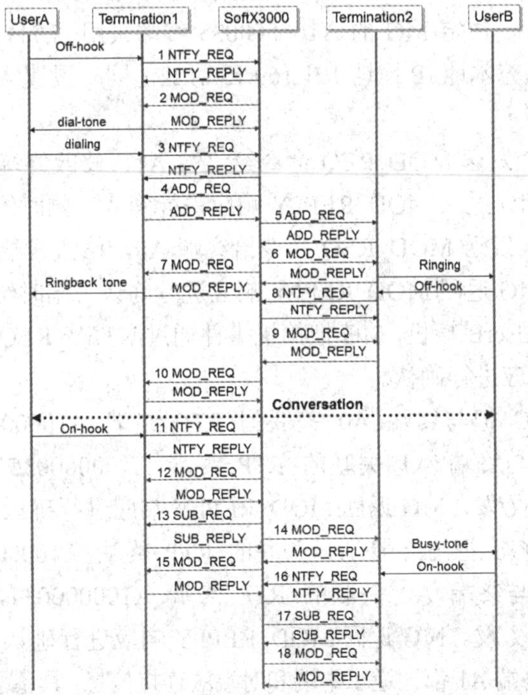

图 4-10 同一 MG 下的两个终端之间的呼叫建立和释放流程示例

图 4-10 流程示例基于以下约定：

① Termination1 的物理终端 ID 为 A0，UserA 与 A0 连接。

② Termination2 的物理终端 ID 为 A1，UserB 与 A1 连接。

③ UserA 为主叫，UserB 为被叫，主叫先挂机。

④ SoftX3000 的 IP 地址和端口号为 191.169.200.61:2944。

⑤ MG 的 IP 地址和端口号为 191.169.150.122:2944。

(1) 事件 1：终端 A0 对应的主叫用户 UserA 摘机，网关通过 NTFY_REQ 命令，把摘机事件通知给 SoftX3000。SoftX3000 确认收到用户摘机事件，回复应答消息。

(2) 事件 2：SoftX3000 收到主叫用户摘机事件后，通过 MOD_REQ 命令指示网关给 A0 终端对应的 UserA 放拨号音，并且把 DigitMap(拨号计划 dmap1)通知给终端 A0，要求根据 DigitMap 收号，并同时检测用户挂机事件。终端 A0 返回 MOD_REPLY 响应 SoftX3000 的 MOD_REQ 命令，并给 UserA 送拨号音。

(3) 事件 3：UserA 拨号，终端 A0 对所拨号码进行收集，并与对应的 DigitMap 进行匹配；匹配成功，通过 NTFY_REQ 命令发送给 SoftX3000。SoftX3000 发 NTFY_REPLY 响应，确认收到 A0 的 NTFY_REQ 命令。

(4) 事件 4：MGC 在 MG 中创建一个新 Context，并在 Context 中加入 TDM Termination 和 RTP Termination。SoftX3000 使用 ADD_REQ 请求，MG 返回 ADD_REPLY 响应，分配新的连接描述符、新的 RTP 终端描述符。

(5) 事件 5：MGC 进行被叫号码分析后，确定被叫 UserB 与 MG 的物理终端 A1 相连。因此，MGC 使用 ADD_REQ 请求 MG 把物理终端 A1 和某个 RTP 终端加入到一个新的关联中。MG 返回 ADD_REPLY 响应，分配新的连接描述符、新的 RTP 终端描述符 A100000035。MG 根据 MGC 的建议，决定 MG 的 A100000035 终端采用 G.711A 编解码方式，设置其 RTP 端口号 18296，填充本地 IP 地址 191.169.150.122，同时设置 A100000035 终端为去激活(Inactive)模式。

(6) 事件 6：MGC 发送 MOD_REQ 命令给终端 A1，修改终端 A1 的属性并请求 MG 给 UserB 放振铃音。MG 返回 MOD_REPLY 响应进行确认，同时给 UserB 放振铃音。

(7) 事件 7：MGC 发送 MOD_REQ 命令给终端 A0，修改终端 A0 的属性并请求 MG 给 UserA 放回铃音。MG 返回 MOD_REPLY 响应进行确认，同时给 UserA 放回铃音。

(8) 事件 8：被叫 UserB 摘机，MG 把摘机事件通过 NTFY_REQ 命令通知 MGC。MGC 返回 NTFY_REPLY 响应进行确认。

(9) 事件 9：MGC 把与终端 A0 关联的 RTP 终端 A100000034 的连接描述通过 MOD_REQ 命令送给与终端 A1 关联的 RTP 终端 A100000035，并且修改 RTP 终端 A100000035 的模式为收/发，MG 返回 MOD_REPLY 响应进行确认。

(10) 事件 10：MGC 把与终端 A1 关联的 RTP 终端 A100000035 的连接描述通过 MOD_REQ 命令送给与终端 A0 关联的 RTP 终端 A100000034，并且修改 RTP 终端 A100000034 的模式为收/发。MG 返回 MOD_REPLY 响应进行确认。

此时，终端 A0 和终端 A1 都知道了本端和对端的连接信息；具备了通话条件，开始通话。

(11) 事件 11：主叫用户 UserA 挂机。MG 发送 NTFY_REQ 命令通知 MGC。MGC 返

回 NTFY_REPLY 响应，确认已收到通知命令。

(12) 事件 12：收到 UserA 的挂机事件，MGC 给 MG 发送 MOD_REQ 命令修改终端 A0 属性，请求网关进一步检测终端 A0 发生的事件，如摘机事件等，并且修改 RTP 终端 A100000034 的模式为去激活。MG 返回 MOD_REPLY 响应，确认已接收 MOD_REQ 命令并执行。

(13) 事件 13：MGC 收到 UserA 的挂机事件后，向 MG 发送 SUB_REQ 命令，把关联 286 中的所有半永久终端和临时的 RTP 终端删除，从而删除关联，拆除呼叫。MG 返回 SUB_REPLY 响应，确认已接收 SUB_REQ 命令。

(14) 事件 14：MGC 给 MG 发送 MOD_REQ 命令，修改终端 A1 的属性，请求 MG 监测终端 A1 发生的事件，如挂机事件等，并且请求 MG 给终端 A1 发送忙音。MG 返回 MOD_REPLY 响应，确认收到 MOD_REQ 命令，同时给 UserB 发送忙音。

(15) 事件 15：终端 A0、RTP、MGC 之间的关联和呼叫拆除之后，MGC 向 MG 发送 MOD_REQ 命令，请求 MG 监测终端 A0 发生的事件，如摘机事件等。MG 返回 MOD_REPLY 响应，确认已接收 MOD_REQ 命令。此时关联为空。

(16) 事件 16：被叫用户 UserB 挂机。MG 发送 NTFY_REQ 命令通知 MGC。MGC 返回 NTFY_REPLY 响应，确认已收到通知命令。

(17) 事件 17：MGC 收到 UserB 的挂机事件后，向 MG 发送 SUB_REQ 命令，把关联 287 中的半永久终端和临时的 RTP 终端删除，从而删除关联，拆除呼叫。MG 返回 SUB_REPLY 响应，确认已接收 SUB_REQ 命令。

(18) 事件 18：终端 A1、RTP 终端和 MGC 之间的关联和呼叫拆除之后，MGC 向 MG 发送 MOD_REQ 命令，请求 MG 监测终端 A1 发生的事件，如摘机事件等。MG 返回 MOD_REPLY 响应，确认已接收 MOD_REQ 命令。此时关联为空。

4.2.2 SIP 协议

SIP 协议

1. SIP 协议概念

SIP(Session Initiation Protocol，会话启动协议)是由 IETF 提出并主持研究的一个在 IP 网络上进行多媒体通信的应用层控制协议，它被用来创建、修改和终结一个或多个参加者的会话进程。这些会话包括 Internet 多媒体会议、Internet 电话、远程教育以及远程医疗等，即因特网上所有的交互式两方或多方多媒体通信活动，统称为多媒体会话。参加会话的成员可以通过组播方式、单播联网方式和两者结合的方式进行通信。

SIP 协议是一个正在发展和不断研究中的协议。一方面，它借鉴了其他 Internet 标准和协议的设计思想，在风格上遵循因特网一贯坚持的简练、开放、兼容和可扩展等原则，并充分注意到因特网开放而复杂的网络环境下的安全问题；另一方面，它也充分考虑了对传统公共电话网的各种业务，包括 IN 业务和 ISDN 业务的支持。利用带有会话描述的 SIP 邀请消息来创建会话，可使参加者能够通过 SIP 交互进行媒体类型协商。它通过代理和重定向请求用户当前位置，以支持用户的移动性。用户也可以登记他们的当前位置。SIP 协议独立于其他会议控制协议，它在设计上独立于下面的传输层协议，因此可以灵活方便地扩展其他附加功能。

SIP 作为一个应用层的多媒体会话信令协议，可以被用来发起一个会话进程，在会话中邀请其他人加入会议，会话本身可以通过基于组播协议的会话通告协议(SAP)、电子邮件、网页通告以及轻量级目录访问协议(LDAP)等方式预先通告各个可能的参加者。SIP 协议支持别名映射、重定向服务、ISDN 和 IN 业务。它支持个人移动(Personal Mobility)，即终端用户能够在任何地方、任何时间请求获得已订阅的任何电信业务。

会话启动协议支持下列五种多媒体通信的信令功能；

(1) 用户定位：确定参加通信的终端用户的位置。

(2) 用户通信能力协商：确定通信的媒体类型和参数。

(3) 用户意愿交互：确定被叫是否乐意参加某个通信。

(4) 建立呼叫：包括向被叫“振铃”，确定主叫和被叫的呼叫参数。

(5) 呼叫处理和控制：包括呼叫重定向、呼叫转移和终止呼叫等。

2. SIP 协议术语

1) 呼叫

一个呼叫是由一个公共源端所邀请的在一个会议中的所有参加者组成的，由一个全球唯一的 Call-ID 进行标识。

例如：由同一个源邀请的一个会议的所有参加者构成一个呼叫；点到点 IP 电话会话是一种最简单的会话，它映射为单一的 SIP 呼叫。

通常情况下，呼叫由主叫方创建，但是更一般说来，呼叫可由并不参与媒体通信的第三方创建，此时会话的主叫方和会话的邀请方并不相同。对于多播会议来说，一个用户可由不同的人邀请参加同一会议，则每一个邀请应视作不同的呼叫。对基于 MCU(Multi Control Unit，多点控制单元)的会议，每个参与者使用一个呼叫邀请自己加入 MCU。

2) 事务

SIP 是一个客户/服务器协议。客户和服务器之间的操作从第 1 个请求至最终响应为止的所有消息构成一个 SIP 事务。一个正常的呼叫一般包含三个事务，其中，呼叫启动包含两个操作请求：邀请(Invite)和证实(Ack)，前者需要回送响应，后者只是证实已收到最终响应，不需要回送响应。呼叫终结包含一个操作请求，即再见(Bye)。

3) SIP URL

为了能正确传送协议消息，SIP 还需解决两个重要的问题。一是寻址，即采用什么样的地址形式标识终端用户；二是用户定位。SIP 沿用 WWW 技术解决这两个问题。

寻址采用 SIP URL(Uniform Resource Locator，统一资源定位)，按照 RFC2396 规定的 URI 导则定义其语法，特别是用户名字段可以是电话号码，以支持 IP 电话网关寻址，实现 IP 电话和 PSTN 的互通。

(1) SIP URL 的一般结构：

SIP：用户名：口令@主机：端口；传送参数；用户参数；方法参数；生存期参数；服务器地址参数？头部名＝头部值

说明：

① SIP：需采用 SIP 协议和所指示的端系统通信。

② 用户名：可以由任意字符组成，一般可取类似于 E-mail 用户名的形式，也可以是电话号码(SoftX3000 目前的用户名是电话号码)。

③ 口令：可以置于 SIP URL 中，但一般不建议这样做，因为存在安全风险。

④ 主机：可为主机域名或 IPv4 地址。

⑤ 端口：指示请求消息送往的端口号，其缺省值为 5060，即公开的 SIP 端口号。

⑥ 传送参数：指示采用 TCP 还是 UDP 传送，缺省值为 UDP。

⑦ 用户参数：SIP URL 的一个特定功能是允许主机类型为 IP 电话网关，此时，用户名可以为一般的电话号码。由于 BNF 语法表示无法区分电话号码和一般的用户名，因此，在域名后增加了“用户参数”字段。该字段有两个可选值，即 IP 和电话。当其设定为“电话”时，表示用户名为电话号码，对应的端系统为 IP 电话网关。

⑧ 方法参数：指示所用的方法(操作)。

⑨ 生存期参数：指示 UDP 多播数据包的寿命，仅当传送参数为 UDP，服务器地址参数为多播地址时才能使用。

⑩ 服务器地址参数：指示和该用户通信的服务器的地址，它覆盖“主机”字段中的地址，通常为多播地址。

传送参数、生存期参数、服务器地址参数和方法参数均属于 URL 参数，只能在重定向地址，即后面所说的 Contact 字段中使用。

(2) SIP URL 示例：

```
Sip：55500200@191.169.1.112;
```

其中，55500200 为用户名，191.169.1.112 为 IP 电话网关的 IP 地址。

```
Sip：55500200@127.0.0.1:5061; User=phone;
```

其中，55500200 为用户名，127.0.0.1 为主机的 IP 地址，5061 为主机端口号。用户参数为“电话(phone)”，表示用户名为电话号码。

```
Sip: alice@registrar.com; method=REGISTER;
```

其中，alice 为用户名，registrar.com 为主机域名。方法参数为“登记(REGISTER)”。

4) 用户定位

用户定位基于登记。SIP 用户终端上电后即向登记服务器(SoftX3000)登记，SIP 专门为此定义了一个“登记”(REGISTER)请求消息，并规定了登记操作过程。

5) 定位服务

SIP 重定位服务器或代理服务器是用来获得被叫位置的一种服务，可由定位服务器提供，但 SIP 协议不规定 SIP 服务器如何请求定位服务(Location Service)。在华为 U-SYS 解决方案中，SoftX3000 兼任定位服务器的角色。

6) 代理、代理服务器(Proxy、Proxy Sever)

代理作为一个逻辑网络实体，代表客户端转发请求或者响应，可以同时作为客户端和服务器端。代理服务器有三种形态，即 Stateless、Stateful 和 Call Stateful，它可以采用分支和循环等方式向多个地址尝试转发请求。

代理服务器的主要功能是路由、认证鉴权、计费监控、呼叫控制和业务提供等。在华为 U-SYS 解决方案中，SoftX3000 兼任代理服务器的角色。

7) 重定向服务器

重定向服务器(Redirect Server)将请求中的目的地址映射为零个或多个新的地址，然后返回给客户端，客户端直接再次向这些新的地址发起请求。重定向服务器并不接收或者拒绝呼叫，主要完成路由功能，与注册过程配合，支持 SIP 终端的移动性。在华为 U-SYS 解决方案中，SoftX3000 兼任重定向服务器的角色。

8) 注册员

注册员(Registrar)为接收注册请求的服务器，通常与 Proxy 或者 Redirect Server 共存。注册员需要将注册请求中的地址映射关系保存到数据库中，供后续的相关呼叫过程使用，同时可以提供定位服务。在华为 U-SYS 解决方案中，SoftX3000 兼任注册员的角色。

9) 用户助理

用来发起或者接收请求的逻辑实体称为用户助理(User Agent)。

10) 用户助理客户

发起请求的一方称为 UAC(User Agent Client，用户助理客户)，例如 SIP Phone 就是 UAC 的一种实际形态。

11) 用户助理服务器

接收请求的一方称为 UAS(User Agent Server，用户助理服务器)，例如 SoftX3000 就是 UAS 的一种实际形态。

注意：UAC 和 UAS 的划分是针对一个事务而言的。

3. SIP 协议栈结构

SIP 协议是 IETF 多媒体数据和控制体系结构的一部分，与其他协议相互合作，例如：RSVP(Resource reSerVation Protocol，资源预留协议)用于预约网络资源，RTP(Real-time Transmit Protocol，实时传输协议)用于传输实时数据并提供服务质量(QoS)反馈，RTSP(Real-Time Stream Protocol，实时流传输协议)用于控制实时媒体流的传输，SAP(Session Announcement Protocol，会话通知协议)用于通过组播发布多媒体会话，SDP(Session Description Protocol，会话描述协议)用于描述多媒体会话。但是 SIP 协议的功能和实施并不依赖这些协议。SIP 协议承载在 IP 网中，网络层协议为 IP，传输层协议可用 TCP 或 UDP，首选 UDP。SIP 协议栈结构如图 4-11 所示。

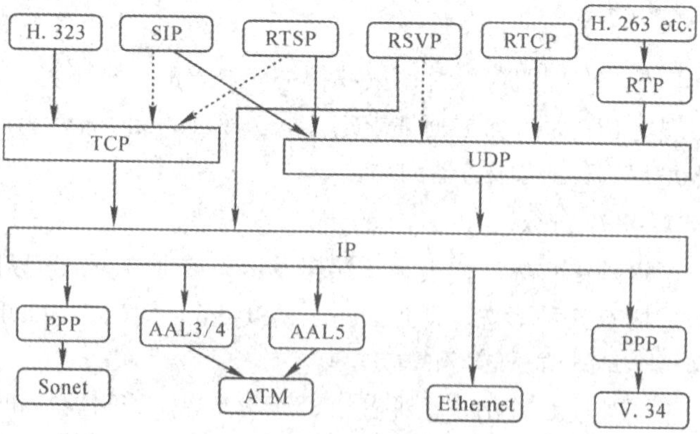

图 4-11　SIP 协议栈结构

4. SIP 协议的应用

SoftX3000 通过 SIP/SIP-T 与其他软交换系统互通，以及与其他 SIP 域设备(如 SIP Phone、SIP Softphone 等)互通。SIP 协议在 NGN 中的典型应用如图 4-12 所示。

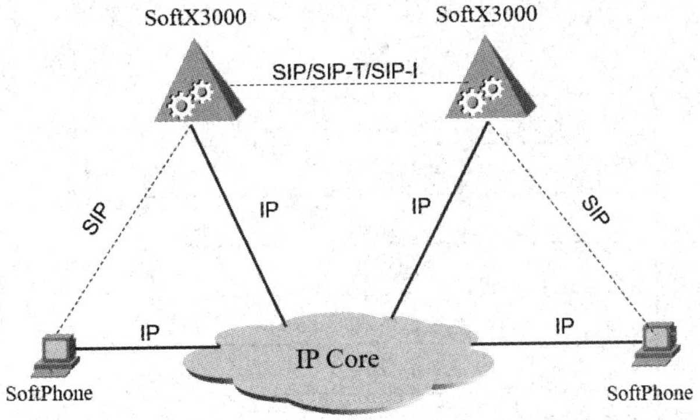

图 4-12　SIP 协议在 NGN 中的典型应用

5. SIP 协议消息类型

SIP 消息采用文本方式编码，分为请求消息和响应消息两大类。

(1) 请求消息：用于客户端为了激活按特定操作而发给服务器的 SIP 消息，包括 INVITE、ACK、BYE、CANCEL、REGISTER 和 OPTIONS 消息等，各消息功能如表 4.4 所示。

表 4.4　请求消息及其功能

请求消息	功　能
INVITE	发起会话请求，邀请用户加入一个会话，会话描述含于消息体中
ACK	证实已收到对于 INVITE 请求的最终响应。该消息仅和 INVITE 消息配套使用
BYE	结束会话
CANCEL	取消尚未完成的请求，对于已完成的请求(即已收到最终响应的请求)则没有影响
REGISTER	注册
OPTIONS	查询服务器的能力

(2) 响应消息：用于对请求消息进行响应，指示呼叫的成功或失败状态。不同类型的响应消息由状态码来区分。状态码包含三位整数，状态码的第一位用于定义响应类型，另外两位用于对响应进行更加详细的说明。各响应消息功能如表 4.5 所示。

表 4.5　响应消息及其功能

序　号	状 态 码	功　能
1xx	信息响应	表示已经接收到请求消息，正在对其进行处理
2xx	成功响应	表示请求消息已经被成功接收和处理
3xx	重定向响应	表示需要采取进一步动作，以完成该请求
4xx	客户出错	表示请求消息中包含语法错误或者 SIP 服务器不能完成对该请求消息的处理
5xx	服务器出错	表示 SIP 服务器故障，不能完成对正确消息的处理
6xx	全局故障	表示请求消息不能在任何 SIP 服务器上实现

6. SIP 消息结构

1) 请求消息

(1) 请求消息结构。SIP 请求命令的结构中包括起始行、消息头和消息体，如图 4-13 所示。通过换行符可区分消息头中的每一条参数行。对于不同的请求消息，有些参数可选。

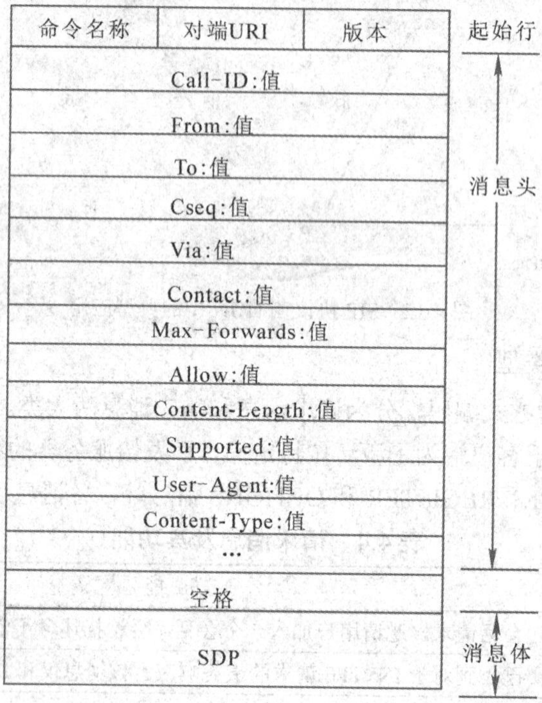

图 4-13　SIP 请求消息结构

(2) 请求消息示例。下面是 SIP 请求消息编码的示例：

```
INVITE sip:66500002@191.169.1.110 SIP/2.0
From: <sip:44510000@191.169.1.116>;tag=1ccb6df3
To: <sip:66500002@191.169.1.110>
Cseq: 1 INVITE
Call-Id: 20973e49f7c52937fc6be224f9e52543@sx3000
Via: SIP/2.0/UDP 191.169.1.116:5061;branch=z9hG4bkbc427dad6
Contact: <sip:44510000@191.169.1.116:5061>
Supported: 100rel, 100rel
Max-Forwards:70
Allow:INVITE, ACK, CANCEL, OPTIONS, BYE, REGISTER, PRACK, INF
UPDATE, SUBSCRIBE, NOTIFY, MESSAGE, REFER
Content-Length:230
Content-Type: application/sdp
```

```
14
15  v: 0
16  o: HuaweiSoftX3000 1073741831 1073741831 IN IP4 191.169.1.116
17  s: Sip Call
18  c: IN IP4 191.169.1.95
19  t: 0 0
20  m: audio 30000 RTP/AVP 8 0 4 18
21  a: rtpmap:8 PCMA/8000
22  a: rtpmap 0 PCMU/8000
23  a: rtpmap 4 G723/8000
24  a: rtpmap 18 G729/8000
```

注：程序中的行号为笔者所加，是为了以下说明的方便，原程序中并无此行号。

说明：

第 1 行：请求起始行，INVITE 请求消息，请求 URI，即被邀用户的当前地址为"sip:66500002@191.169.1.110"，SIP 版本号为 2.0。

第 2 行：指明请求发起方的地址为"<sip:44510000@191.169.1.116>"，标记为"1ccb6df3"，用于共享同一 SIP 地址的不同用户用相同的 Call-ID 发起呼叫邀请时，对用户进行区分。

第 3 行：指明请求接收方的地址为"<sip:66500002@191.169.1.110>"。从 From 和 To 字段可以看出，IP 地址为 191.169.1.116 的 SoftX3000 控制下的终端 44510000 拨打 IP 地址为 191.169.1.110 的 SoftX3000 控制下的 66500002 终端，终端类型可以为 SIP、H.323、IAD/AG 下挂的 ESL 电话等。

第 4 行：用于将 INVITE 请求和其触发的响应、对应的 ACK、CANCEL 请求相关联。

第 5 行：唯一标识一个特定的邀请，全局唯一。Call-ID 为"20973e49f7c52937fc6be224f9e52543@sx3000"，sx3000 为发起呼叫的 SoftX3000 的域名，20973e49f7c52937fc6be224f9e52543 为本地标识。

第 6 行：用于指示该请求历经的路径。"SIP/2.0/UDP"表示发送的协议，协议名为"SIP"，协议版本为 2.0，传输层为 UDP；"191.169.1.116:5061"表示发送方 SoftX3000 IP 地址为 191.169.1.116，端口号为 5061；"branch=z9hG4bkbc427dad6"为分支参数，SoftX3000 并行分发请求时标记各个分支。

第 7 行：指示其后的请求(如 BYE 请求)可以直接发往"<sip:44510000@191.169.1.116:5061>"，而不必借助 Via 字段。

第 8 行：为 100 类响应消息的可靠传输提供了相应的机制。

第 9 行：表示该请求到达其目的地址所允许经过的中转站的最大值为 70。

第 10～11 行：给出 IP 地址为 191.169.1.116 的 SoftX3000 支持的请求消息类型列表。

第 12 行：表示消息长度为 230 个字节。

第 13 行：表示消息中携带的消息体是单消息体且为 SDP。

第 14 行：空行，表示下面为 SDP 会话描述。

第 15 行：SDP 协议版本号，目前为 0 版本。

第 16 行：会话拥有者/创建者和会话标识，用于给出会话的发起者(其用户名和用户主机地址)以及会话标识和会话版本号。“HuaweiSoftX3000”为用户名，用户名是用户在发起主机上的登录名，如果主机不支持用户标识的概念，该字段标记为“-”。第一个“1073741831”为会话标识，会话标识为一数字串，使得多元组(用户名、会话标识、网络类型、地址类型、地址)构成会话的全球唯一的标识符。第二个“1073741831”为版本号，指该会话公告的版本，供代理服务器检测同一会话的若干个公告中哪一个是最新的公告。其基本要求是会话数据修改后，其版本号应递增。“IN”指网络类型，为文本串形式，目前规定的“IN”为Internet。“IP4”指地址类型，为文本串形式，目前已定义的有“IP4”和“IP6”两种。“191.169.1.116”为创建会话的主机的 IP 地址。对于 IP4 地址类型，可以是域名全称或点分十进制 IP4 地址表示形式。对于 IP6 地址类型，可以是域名全称或压缩文本 IP6 地址表示形式。

第 17 行：会话名。每个会话描述必须有一个且只有一个会话名。

第 18 行：连接数据。网络类型和地址类型目前的定义值仅限于 IN 和 IP4。“191.169.1.95”为 SoftX3000(IP 地址：191.169.1.116)控制下的终端的 IP 地址(终端类型为 SIP、H.323 电话或 IAD/AG 下挂的 ESL 电话)。

第 19 行：时间描述，给出会话激活的时间区段，允许会话周期性发生。“0”表示起始时间。该字段的格式为“t：<起始时间><终止时间>”。其中起始时间和终止时间值为 NTP(Network Time Protocol，网络时间协议)时间值的十进制表示，单位为 s。

第 20 行：媒体级描述，该部分给出只适用于该媒体流的信息。“audio”表示媒体类型为音频。目前定义的媒体类型有 5 种，即音频、视频、应用、数据和控制。“30000”指明媒体流发往的传送层端口，即终端的 UDP 端口号(终端类型为 SIP、H.323 电话或 IAD/AG 下挂的 ESL 电话)。“RTP/AVP”为传送层协议，其值和第 18 行中的地址类型有关，对于 IP4 来说，大多数媒体业务流都在 RTP/UDP 上传送，已定义 RTP/AVP 两类协议为音/视频应用文档，在 UDP 上传送。“8 0 4 18”对于音频和视频来说，就是 RTP 音频/视频应用文档中定义的媒体静荷类型。该行表示会话中所有这些格式都可能被用到，但第一个格式是会话的缺省格式。

总之，该行表示缺省 A 律 PCM 编码单信道音频信号，其在 RTP 音频/视频应用文档中的静态静荷类型号为 8，该信号发往 UDP 端口 30000。

第 21～24 行：rtpmap 属性行，指明从 RTP 静荷类型至编码的映射关系。该行的格式为“a: rtpmap:<静荷类型><编码名>/<时钟速率>[/<编码参数>]”。其中，<编码参数>指的就是音频信道数，对于视频信号尚无编码参数。

2) 响应消息

(1) 响应消息结构。SIP 响应消息的结构中包括起始行、消息头和消息体，如图 4-14 所示，可通过换行符区分消息头中的每一行参数。对于不同的响应消息，有些参数可选。

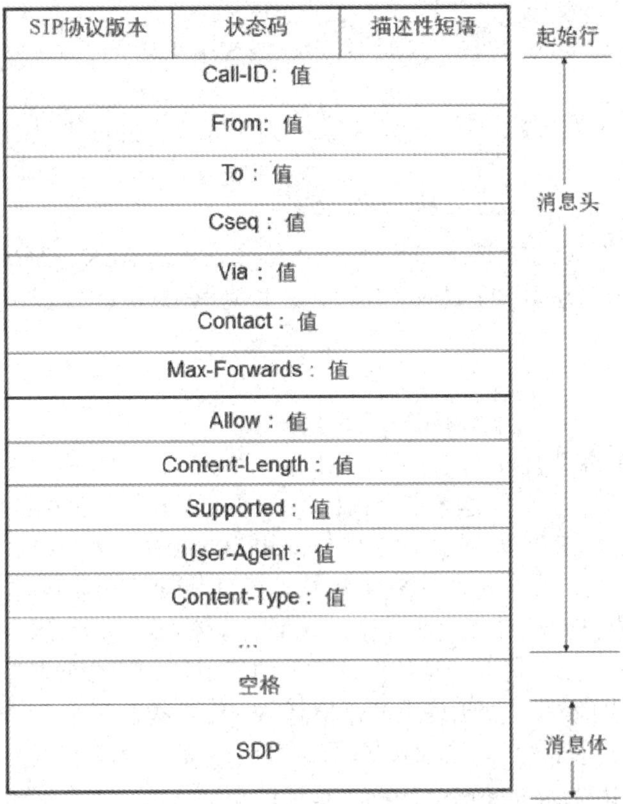

图 4-14　SIP 响应消息结构

(2) 响应消息示例。下面是 SIP 响应消息编码的示例：

```
SIP/2.0 180 Ringing
From: <sip:44510000@191.169.1.116>;tag=1ccb6df3
To: <sip:66500002@191.169.1.110>;tag=58877b85
Cseq:1 INVITE
Call-Id: 20973e49f7c52937fc6be224f9e52543@sx3000
Via: SIP/2.0/UDP 191.169.1.116:5061;branch=z9hG4bkbc427dad6
Require:100rel
Rseq:1
Contact:<sip:66500002@191.169.1.110:5061;transport=udp>
Content-Length: 157
Content-Type: application/sdp

v=0
o=HuaweisoftX3000 1073741824 1073741824 IN IP4 191.169.1.110
s=Sip Call
c=IN IP4 191.169.1.135
t=0 0
```

```
18  m=audio 30016 RTP/AVP 8
19  a=rtpmap:8 PCMA/8000
```

说明：

第 1 行：SIP 协议，版本号为 2.0，状态码为 180，“Ringing”为注释短语，表示向被叫发送振铃。

第 2～3 行：请参考“请求消息示例”内容。

第 4 行：用于将 INVITE 请求和其触发的响应、对应的 ACK、CANCEL 请求相关联。该响应消息和“请求消息”中的 Cseq 字段相同，均为“1 INVITE”，表明该响应消息由“请求消息”触发。

第 5～11 行：请参考“请求消息示例”内容。

第 12 行：空行，表示下面为 SDP 会话描述。

第 13 行：SDP 协议版本号，目前为 0 版本。

第 14 行：会话拥有者/创建者和会话标识，用于给出会话的发起者(其用户名和用户主机地址)以及会话标识和会话版本号。“HuaweiSoftX3000”为用户名，用户名是用户在发起主机上的登录名，如果主机不支持用户标识的概念，该字段标记为“-”。第一个“1073741824”为会话标识，会话标识为一数字串，使得多元组(用户名、会话标识、网络类型、地址类型、地址)构成会话的全球唯一的标识符。第二个“1073741824”为版本号，指该会话公告的版本，供代理服务器检测同一会话的若干个公告中哪一个是最新的公告。其基本要求是会话数据修改后，其版本号应递增。“IN”指网络类型，为文本串形式，目前规定的“IN”为 Internet。“IP4”指地址类型，为文本串形式，目前已定义的有“IP4”和“IP6”两种。“191.169.1.110”为创建会话的主机的 IP 地址。

第 15 行：会话名。每个会话描述必须有一个且只有一个会话名。

第 16 行：连接数据。网络类型和地址类型目前的定义值仅限于 IN 和 IP4。“191.169.1.135”为 SoftX3000(IP 地址：191.169.1.110)控制下的终端的 IP 地址(终端类型为 SIP、H.323 电话或 IAD/AG 下挂的 ESL 电话)。

第 17 行：时间描述，给出会话激活的时间区段，允许会话周期性发生。

第 18 行：媒体级描述，该部分给出只适用于该媒体流的信息。“audio”表示媒体类型为音频。“30016”指明媒体流发往的传输层端口，即终端的 UDP 端口号(终端类型为 SIP、H.323 电话或 IAD/AG 下挂的 ESL 电话)。“RTP/AVP”为传输层协议，其值和第 16 行中的地址类型有关，对于 IP4 来说，大多数媒体业务流都在 RTP/UDP 上传送，已定义 RTP 和 AVP 两类协议，音频/视频应用文档在 UDP 上传送。“8”就是 RTP 音频/视频应用文档中定义的媒体静荷类型。

第 19 行：rtpmap 属性行，指明从 RTP 静荷类型至编码的映射关系。RTP 静荷类型“8”对应的编码为 PCMA。

SIP 用户注册流程

7. SIP 用户注册流程

用户每次开机时都需要向服务器注册，当 SIP Client 的地址发生改变时也需要重新注册。注册信息必须定期刷新。下面以 SIP Phone 向 SoftX3000 注册的流程为例，说明 SIP 用户的注册流程，如图 4-15 所示。

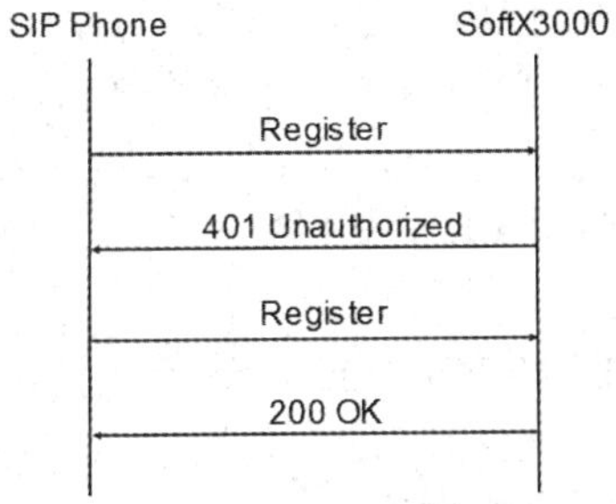

图 4-15　SIP 用户注册流程

在下面的实例中，我们基于以下约定：SoftX3000 的 IP 地址为 191.169.150.30，SIP Phone 的 IP 地址为 191.169.150.251，SIP Phone 向 SoftX3000 请求登记。

(1) 事件 1：SIP Phone 向 SoftX3000 发起注册请求，汇报其已经开机或重启动。下面是 Register 请求消息编码的示例。

```
1  REGISTER sip:191.169.150.30 SIP/2.0
2  From: sip:6540012@191.169.150.30;tag=16838c16838
3  To: sip:6540012@191.169.150.30;tag=946e6f96
4  Call-Id: 1-reg@191.169.150.251
5  Cseq: 2762 REGISTER
6  Contact: sip:6540012@191.169.150.251
7  Expires: 100
8  Content-Length: 0
9  Accept-Language: en
10  Supported: sip-cc， sip-cc-01， timer
11  User-Agent: Pingtel/1.2.7 (VxWorks)
12  Via: SIP/2.0/UDP 191.169.150.251
```

说明：

第 1 行：请求起始行。REGISTER 请求消息，表示终端向 IP 地址为 191.169.150.30 的 SoftX3000 发起登记。SIP 版本号为 2.0。

第 2 行：指明该 REGISTER 请求消息由 SoftX3000(IP 地址：191.169.150.30)控制的 SIP Phone 发起。

第 3 行：指明 REGISTER 请求接收方的地址。此时 REGISTER 请求的接收方 IP 地址为 191.169.150.30，该 IP 地址就是 SoftX3000 地址。

第 4 行：唯一标识一个特定的邀请，全局唯一。Call-ID 为"1-reg@191.169.150.251"，191.169.150.251 为发起 REGISTER 请求的 SIP Phone 的 IP 地址，1-reg 为本地标识。

第 5 行：用于将 REGISTER 请求和其触发的响应相关联。

第 6 行：在 REGISTER 请求中指明用户可达位置，表示 SIP Phone 当前的 IP 地址为"191.169.150.251"，电话号码为"6540012"。

第 7 行：表示该登记生存期为 100 s。

第 8 行：表明此请求消息消息体的长度为空，即此消息不带会话描述。

第 9 行：表示原因短语、会话描述或应答消息中携带的状态应答内容的首选语言为英语。

第 10 行：表示发送该消息的 UA 实体支持 sip-cc、sip-cc-01 以及 timer 扩展协议。timer

表示终端支持 session-timer 扩展协议。

第 11 行：发起请求的用户终端的信息。此时该信息为 SIP Phone 的型号和版本。

第 12 行：用于指示该请求历经的路径。"SIP/2.0/UDP"表示发送的协议，协议名为"SIP"，协议版本为 2.0，传输层为 UDP；"191.169.150.251"表示该请求消息发送方 SIP 终端的 IP 地址为 191.169.150.251。

(2) 事件 2：SoftX3000 返回 401 Unauthorized(无权)响应，表明 SoftX3000 端要求对用户进行认证，并且通过 WWW-Authenticate 字段携带 SoftX3000 支持的认证方式 Digest 和 SoftX3000 域名"huawei.com"，产生本次认证的 nonce，并且通过该响应消息将这些参数返回给终端，从而发起对用户的认证过程。"401 Unauthorized"消息编码如下：

```
SIP/2.0 401 Unauthorized
From: <sip:6540012@191.169.150.30>;tag=16838c16838
To: <sip:6540012@191.169.150.30>;tag=946e6f96
Cseq: 2762 REGISTER
Call-Id: 1-reg@191.169.150.251
Via: SIP/2.0/UDP 191.169.150.251
WWW-Authenticate:Digest    realm="huawei.com", nonce="20036172231049117992 2"
Content-Length: 0
```

(3) 事件 3：SIP Phone 重新向 SoftX3000 发起注册请求，携带 Authorization 字段，包括认证方式 DIGEST、SIP Phone 的用户标识(此时为电话号码)、SoftX3000 的域名、NONCE、URI 和 RESPONSE(SIP Phone 收到 401 Unauthorized 响应后，根据服务器端返回的信息和用户配置等信息，采用特定的算法生成加密的 RESPONSE)字段。Register 请求消息编码如下：

```
REGISTER sip:191.169.150.30 SIP/2.0
From: sip:6540012@191.169.150.30;tag=16838c16838
To: sip:6540012@191.169.150.30;tag=946e6f96
Call-Id: 1-reg@191.169.150.251
Cseq: 2763 REGISTER
Contact: sip:6540012@191.169.150.251
Expires: 100
Content-Length: 0
Accept-Language: en
Supported: sip-cc, sip-cc-01, timer
User-Agent: Pingtel/1.2.7 (VxWorks)
Authorization: DIGEST USERNAME="6540012" , REALM="huawei.com" ,
NONCE="200361722310491179922" , RESPONSE="b7c848831dc489f8dc663112b21ad3b6" ,
URI="sip:191.169.150.30"
Via: SIP/2.0/UDP 191.169.150.251
```

(4) 事件 4：SoftX3000 收到 SIP Phone 的注册请求，首先检查 NONCE 的正确性，如果和在 401 Unauthorized 响应中产生的 NONCE 相同，则通过；否则，直接返回失败。然后，SoftX3000 会根据 NONCE、用户名、密码(服务器端可以根据本地用户信息获取用户的密码)、URI 等采用和终端相同的算法生成 RESPONSE，并且对此 RESPONSE 和请求消息中的 RESPONSE 进行比较，如果二者一致，则用户认证成功；否则认证失败。此时，SoftX3000 返回 200 OK 响应消息，表明终端认证成功。“200 OK”消息编码如下：

```
SIP/2.0 200 OK
From: <sip:6540012@191.169.150.30>;tag=16838c16838
To: <sip:6540012@191.169.150.30>;tag=946e6f96
Cseq: 2763 REGISTER
Call-Id: 1-reg@191.169.150.251
Via: SIP/2.0/UDP 191.169.150.251
Contact: <sip:6540012@191.169.150.251>;expires=3600
Content-Length: 0
```

8. SIP 用户呼叫流程

在同一 SoftX3000 控制下的两个 SIP 用户之间的成功呼叫，其呼叫流程如图 4-16 所示。

SIP 用户呼叫流程

在该实例中，我们基于以下约定：

(1) SoftX3000 的 IP 地址为 191.169.200.61。

(2) SIP PhoneA 的 IP 地址为 191.169.150.101。

(3) SIP PhoneB 的 IP 地址为 191.169.150.100。

(4) SIP PhoneA 为主叫，SIP PhoneB 为被叫，主叫先挂机。

(5) SIP PhoneA 的电话号码为 1000，SIP PhoneB 的电话号码为 1001。

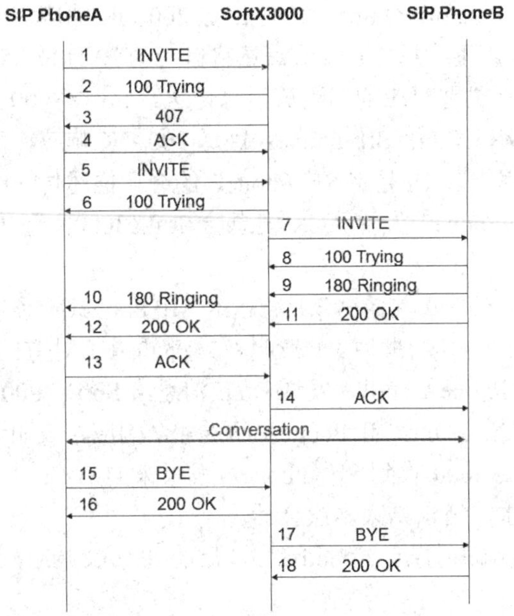

图 4-16　SIP 用户呼叫流程

(1) 事件 1：SIP PhoneA 发送 INVITE 请求到 SoftX3000，请求 SoftX3000 邀请 SIP PhoneB 加入会话。SIP PhoneA 通过 INVITE 消息的会话描述，将自身的 IP 地址 (191.169.150.101)、端口号(8766)、静荷类型、静荷类型对应的编码等信息传送给 SoftX3000。

(2) 事件 2：SoftX3000 给 SIP PhoneA 回送 100 Trying，表示已经接收到请求消息，正在对其进行处理。

(3) 事件 3：SoftX3000 给 SIP PhoneA 发送 407 Proxy Authentication Required 响应，表明 SoftX3000 端要求对用户进行认证，并且通过 Proxy-Authenticate 字段携带 SoftX3000 支持的认证方式 Digest 和 SoftX3000 域名“huawei.com”，产生本次认证的 NONCE；同时通过该响应将这些参数返回给终端，从而发起对用户的认证过程。

(4) 事件 4：SIP PhoneA 发送 ACK 消息给 SoftX3000，证实已经收到 SoftX3000 对于 INVITE 请求的最终响应。

(5) 事件 5：SIP PhoneA 重新发送 INVITE 请求到 SoftX3000，携带 Proxy-Authorization 字段，包括认证方式 DIGEST、SIP Phone 的用户标识(此时为电话号码)、SoftX3000 的域名、NONCE、URI 和 RESPONSE(SIP PhoneA 收到 407 响应后根据服务器端返回的信息和用户配置等信息采用特定的算法生成加密的 RESPONSE)字段。

(6) 事件 6：SoftX3000 给 SIP PhoneA 回送 100 Trying，表示已经接收到请求消息，正在对其进行处理。

(7) 事件 7：SoftX3000 向 SIP PhoneB 发送 INVITE 消息，请求 SIP PhoneB 加入会话；并且通过该 INVITE 请求消息携带 SIP PhoneA 的会话描述给 SIP PhoneB。

(8) 事件 8：SIP PhoneB 给 SoftX3000 回送 100 Trying，表示已经接收到请求消息，正在对其进行处理。

(9) 事件 9：SIP PhoneB 振铃，并回送 180 Ringing 响应通知 SoftX3000。

(10) 事件 10：SoftX3000 回送 180 Ringing 响应给 SIP PhoneA，SIP PhoneA 听回铃音。

(11) 事件 11：SIP PhoneB 给 SoftX3000 回送 200 OK 响应，表示其发过来的 INVITE 请求已经被成功接收、处理；并且通过该消息将自身的 IP 地址(191.169.150.100)、端口号(8766)、静荷类型、静荷类型对应的编码等信息传送给 SoftX3000。

(12) 事件 12：SoftX3000 给 SIP PhoneA 回送 200 OK 响应，表示其发过来的 INVITE 请求已经被成功接收、处理；并且将 SIP PhoneB 的会话描述传送给 SIP PhoneA。

(13) 事件 13：SIP PhoneA 发送 ACK 消息给 SoftX3000，证实已经收到 SoftX3000 对于 INVITE 请求的最终响应。

(14) 事件 14：SoftX3000 发送 ACK 消息给 SIP PhoneB，证实已经收到 SIP PhoneB 对于 INVITE 请求的最终响应。此时，主被叫双方都知道了对方的会话描述，启动通话。

(15) 事件 15：SIP PhoneA 挂机，发送 BYE 消息给 SoftX3000，请求结束本次会话。

(16) 事件 16：SoftX3000 给 SIP PhoneA 回送 487 响应，表明请求终止。

(17) 事件 17：SoftX3000 收到 SIP PhoneA 发过来的 BYE 消息，知道 A 已挂机；给 SIP PhoneB 发 BYE 请求，请求结束本次会话。

(18) 事件 18：SIP PhoneB 挂机，给 SoftX3000 反馈 200 OK 响应，表明已经成功结束会话。

4.3 语音业务组网图

EPON 系统根据接入用户的不同需求，采用 FTTH、FTTB 和 FTTC 三种接入方式。如图 4-17 所示，MA5680T 设备通过上行接口板连接到承载网中，通过承载网，将数据连接到软交换服务器，使用电话机进行语音拨号，软交换服务器收到语音号码后进行认证。用户在家中就可以打电话享受语音业务服务。

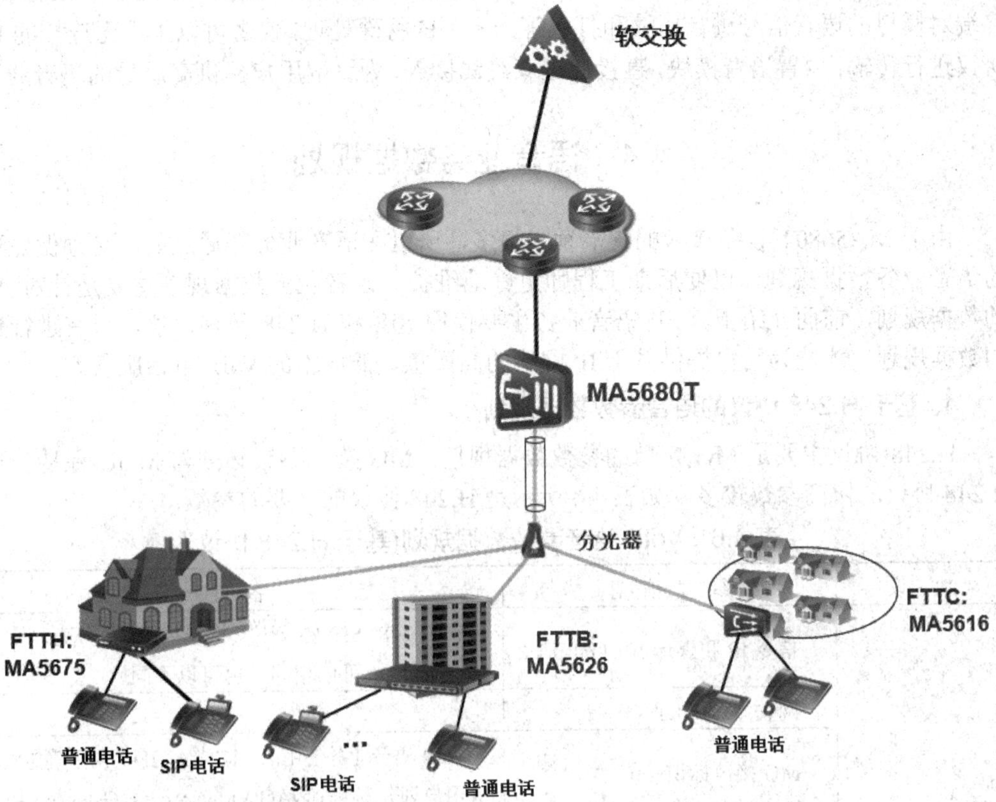

图 4-17　语音业务组网

1. FTTH 语音业务配置

MA5680T 设备业务单板的 PON 口，通过分光器接入远端 MA5675 设备光口，为用户提供 VoIP 语音业务。普通电话机用户将信号送入 MA5675 光终端，MA5675 将模拟语音信号转换成数字信号，并同时完成 NGN 协议的打包。SIP 电话用户通过 SIP 协议完成用户数据协议的打包，并将数据通过 ONT 和 OLT 的转发，透传到上层的软交换系统进行处理。

2. FTTB 语音业务配置

MA5626 支持 VoIP 语音接入方案，实现了媒体和信令的统一上行。语音信号在 MA5626 上终结，转换成 VoIP 报文，通过 IP 网络传输到城域网。信令报文经过 MA5626 处理后，和业务层面的软交换系统进行交互式处理，实现语音的呼叫处理。普通电话机用户将信号送入 MA5626 光终端，MA5626 将模拟语音信号转换成数字信号，并同时完成 NGN 协议的打包。SIP 电话用户通过 SIP 协议完成用户数据协议的打包，并将数据通过 ONT 和 OLT 的转发，透传到上层的软交换系统进行处理。

3. FTTC 语音业务配置

MA5616 通过 IP 城域网接入 SoftX3000 时，其主要目的是为用户提供小容量的模拟用户线端口，以便运营商能够通过 IP 城域网向家庭或小集团用户提供语音业务。MA5616 光终端对模拟的语音信号进行压缩和打包等一系列的特殊处理，使之可以采用无连接的 UDP 协议进行传输；内置语音模块，直接通过双绞线接入，为终端用户提供高质量的语音业务。

4.4　语音业务数据规划

由于 MA5680T 设备接入的终端种类很多，所以在语音业务开通之前，必须做好详细的语音业务数据规划，以便后期工程师更好地维护。语音业务数据规划主要是针对 VoIP 的数据规划，前面介绍了 VoIP 语音业务主要使用 SIP 和 H.248 两种协议。只有进行详细的数据规划，才能为用户提供基于 IP 网络的高质量、低成本的 VoIP 电话服务。

1. 基于 H.248 协议的语音参数数据规划

H.248 协议主要是 MG 接口的参数数据规划，MG 接口参数必须与 MGC 保持一致。H.248 协议的协商参数较多，如表 4.6 所示是 H.248 协议的必要的参数。

表 4.6　VoIP 语音参数数据规划(基于 H.248 协议)

<table>
<tr><th>协　议</th><th>参 数 信 息</th><th>备　注</th></tr>
<tr><td rowspan="8">MG 接口参数
(H.248 协议)</td><td>信令 IP 和媒体 IP：17.1.0.1/8</td><td>在 H.248、SIP 协议下支持媒体、信令分离，媒体、信令 IP 地址可以相同，也可以不同</td></tr>
<tr><td>网关：17.1.1.1/8</td><td>—</td></tr>
<tr><td>MG 接口标识：0</td><td>VoIP 语音业务使用的 MG 接口 ID，用于确定将业务用户划分到哪个 VAG(Virtual Access Gateway)中</td></tr>
<tr><td>MG 接口的信令端口号：2944</td><td>MG 与 MGC 进行信令交互时使用的传输层协议端口号</td></tr>
<tr><td>MG 接口所属主用 MGC 的 IP：200.200.200.200/24</td><td rowspan="2">如果需要配置双归属，则需要配置备用 MGC 的 IP 地址和端口号</td></tr>
<tr><td>MG 接口所属主用 MGC 的端口号：2944</td></tr>
<tr><td>MG 接口采用的编码方式：text(文本方式)</td><td>—</td></tr>
<tr><td>MG 接口的传输模式：UDP</td><td>MG 接口根据 MGC 侧的要求选择传输方式，一般采用 UDP 方式</td></tr>
</table>

2. 基于 SIP 协议的语音参数数据规划

SIP 协议接口参数必须与软交换设备保持一致。SIP 接口使用的 profile 索引，与非华为软交换设备对接时，采用的 profile index 是不同的，可以通过 if-h248 attribute profile-index 命令查询。如与 ZTE 软交换设备对接，采用 profile 5；与贝尔软交换设备对接无固定 profile，采用 profile 0，数据与其协商。SIP 协议的协商参数较多，如表 4.7 所示数据为 SIP 协议必配项。

表 4.7　VoIP 语音参数数据规划(基于 SIP 协议)

协　议	参 数 信 息	备　注
SIP 接口参数(SIP 协议)	信令和媒体 IP：17.1.0.1/8	—
	网关：17.1.1.1/8	—
	SIP 接口标识：0	待配置的 VoIP 语音业务使用的 SIP 接口 ID，用于确定将业务用户划分到哪个 VAG 中
	SIP 接口的信令端口号：5060	协议规定端口号
	SIP 接口所属主用软交换设备的 IP：200.200.200.200/24	如果需要配置双归属，则需要配置备用 MGC 的 IP 地址和端口号
	SIP 接口所属主用软交换设备的端口号：5060	
	SIP 接口采用的编码方式：text(文本方式)	—
	SIP 接口的传输模式：UDP	根据软交换设备的要求选择传输方式，一般采用 UDP 方式
	SIP 接口的归属域名：huawei	

4.5　A 类 MA5675 光终端语音业务配置

4.5.1　A 类 MA5675 光终端语音业务组网规划

A 类 MA5675 光终端采用 FTTH 接入方式，MA5675 光终端使用 SIP 协议连接 SIP 服务器(以 SIP 协议为例)，两部电话分别接在 ONT 的 TEL 端口，相互之间能够通话。VoIP 业务 DBA 采用固定带宽，上下行流量控制不限速。A 类 MA5675 光终端语音业务组网如图 4-18 所示，语音业务数据规划如表 4.8 所示。

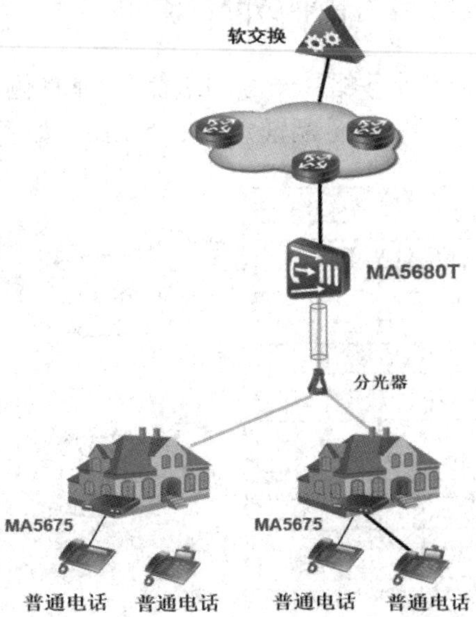

语音业务数据规划

图 4-18　A 类 MA5675 光终端语音业务组网

表 4.8　A 类 MA5675 光终端语音业务数据规划

OLT 侧语音业务数据规划		
配 置 项	参 数	
OLT 管理参数	管理方式：带外网管 管理 IP：10.11.104.2/24	
OLT 上行端口	0/18/1	
OLT 业务 VLAN	Smart VLAN：172	
OLT_DBA 模板	ID：10；Type1；带宽：10 240 kb/s	
OLT_线路模板	ID：10	
OLT_业务模板	ID：10；ETH：4；Pots：4	
OLT 业务板	0/1/3	
OLT 上行端口	0/18/1	
ONT	ONT_ID：10	
ONT_MAC	xxxx-xxxx-xxxx	
ONT 用户 VLAN	VLAN：172	
VoIP 协议语音参数规划		
SIP 电话参数		
OLT VLAN 三层接口 IP	17.1.0.1/8	
网关	17.1.1.1/8	
Softswitch IP	200.200.200.200	
Softswitch 端口号	5060	
SIP 终端 IP 地址	电话号码	用户名 / 密码
17.1.0.100/8	88866007	88866007/123456@huawei
17.1.0.100/8	88866008	88866008/123456@huawei

4.5.2　A 类 MA5675 光终端语音业务配置流程

A 类 MA5675 光终端语音业务配置分为 OLT 侧和 ONU 侧两个部分，OLT 侧语音业务配置分为 6 个步骤，ONU 侧语音业务配置分为 2 个步骤，如图 4-19 所示。

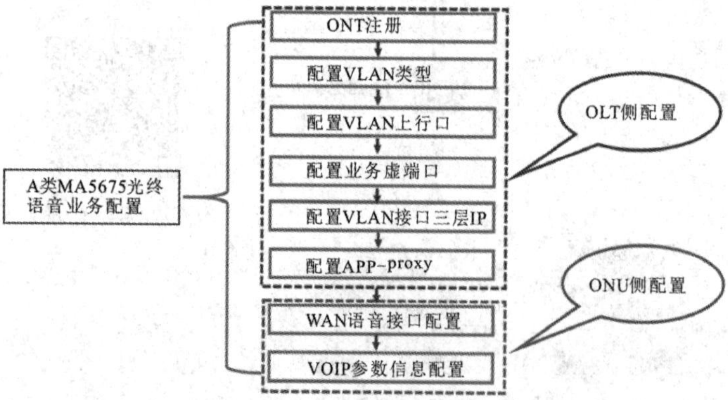

图 4-19　A 类 MA5675 光终端语音业务配置流程

A 类光终端语音业务配置流程

4.5.3 A 类 MA5675 光终端语音业务配置命令

1. OLT 侧语音业务配置命令

(1) ONT 注册：在进行语音业务开通之前，必须先注册 ONT。A 类 MA5675 光终端注册需要绑定 DBA 模板、线路模板和业务模板，详见 2.3.1 节。

(2) 配置 VLAN 类型：根据语音业务数据规划，VLAN 类型为 Smart VLAN；属性没有设置，默认为 Common。语音 VLAN 不能做 QinQ 设置。

MA5680T(config)#**vlan 172 smart**　　//创建 Smart VLAN 172//

(3) 配置 VLAN 上行口：

MA5680T(config)#**port vlan 172 0/18 1**　//在 EPON 设备上行 GICG 单板 18 号槽位的 1 号端口创建 VLAN 172 //

(4) 配置业务虚端口：

MA5680T(config)#**service-port 10 vlan 172 epon 0/1/3 ont 10 multi-service user-vlan 172**　//创建业务虚端口 ID_10，将业务 VLAN 172 和用户 VLAN 172 绑定在 EPON 设备的 0 框 1 号槽位的 3 号端口下注册的 ONT_10 下//

(5) 配置 VLAN 接口的三层 IP：

MA5680T(config)#**interface vlanif 172**

MA5680T(config-if-vlanif172)#**ip address 17.1.0.1 255.0.0.0**

(6) 配置 ARP-Proxy：

MA5680T(config)#**arp proxy enable**　　//全局模式下打开 ARP 代理功能//

MA5680T(config-if-vlanif172)#**arp proxy enable** //接口模式下打开 ARP 代理功能//

由于 VLAN 172 是 Smart 类型，因此必须启用 ARP 代理功能，才能使同在 VLAN 172 下的不同 ONU 的语音用户互通。ARP- Proxy 原理如图 4-20 所示。

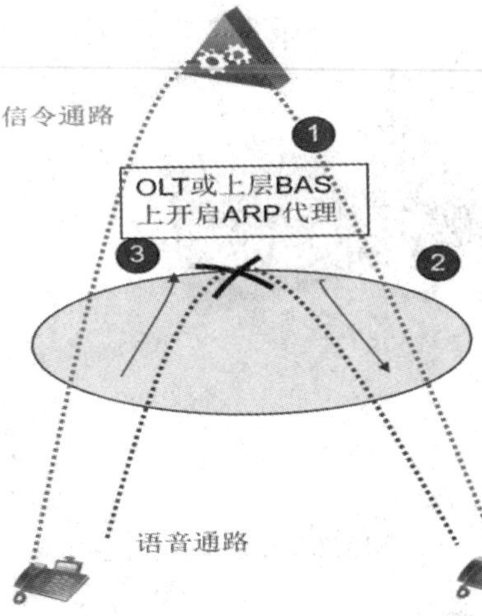

图 4-20　ARP- Proxy 原理

ARP-Proxy 原理共分为三步：

① NGN 网络控制和承载分离，信令通过路由与软交换设备通信，信令可达，用户可以获得拨号音，也可以振铃。

② 语音通过承载网，由于 Smart VLAN 内为二层隔离，同一个 VLAN 内的不同端口不能学习到对方的 MAC 地址，因此用户之间的语音不能直接传递，用户听到振铃而拿起电话后无语音。

③ 打开 ARP 代理，使同一 VLAN 下的用户可以学习到对方的 MAC 地址，语音即可传递。

MA5675 语音对接参数配置实验

2. ONU 侧语音业务配置命令

1) MA5675 光终端语音业务对接配置流程

MA5675 光终端需要对软交换设备进行数据对接，具体的配置流程如图 4-21 所示。

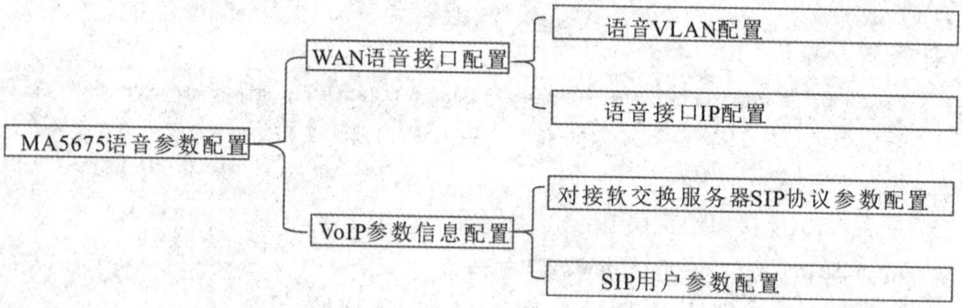

图 4-21　MA5675 光终端语音业务对接配置流程

2) MA5675 光终端登录方式

使用网线一端连接在 MA5675 光终端 LAN 口，另外一端连接在 PC 的网卡上，如图 4-22 所示。MA5675 默认 IP 地址为 192.168.100.1/24，PC 中使用 http://192.168.100.1 进行登录配置，MA5675 光终端登录用户名默认为 telecomadmin，密码默认为 admintelecom。

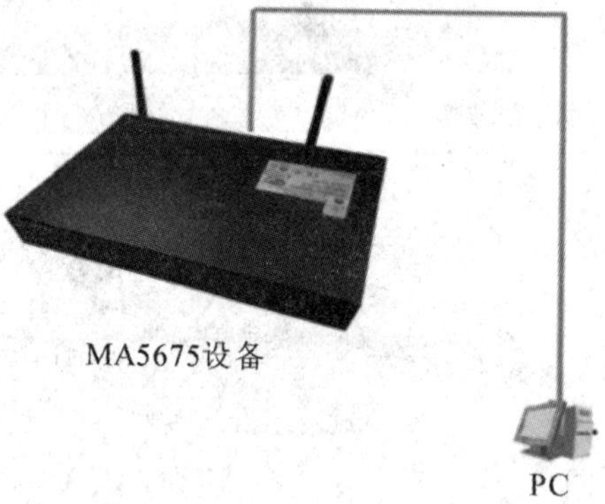

图 4-22　MA5675 光终端登录连接方式

3) MA5675 光终端语音配置

(1) WAN 语音接口配置。WAN 接口参数配置主要分为语音 VLAN 配置和语音接口 IP 配置两个部分。WAN 语音接口配置如图 4-23 所示。

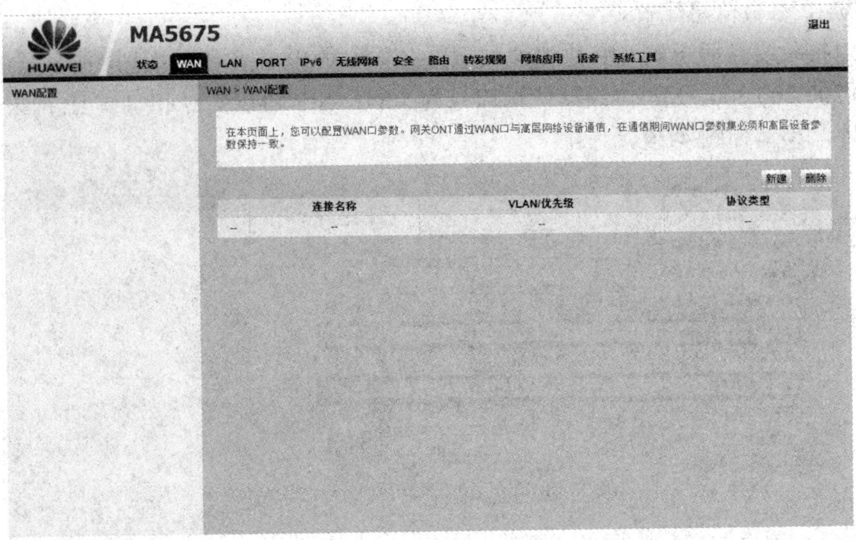

图 4-23　WAN 接口参数配置

① 语音 VLAN 配置。语音 VLAN 配置必须和 OLT 语音参数对应，实现的是单层 VLAN 172 传输。具体的参数信息如图 4-24 所示。

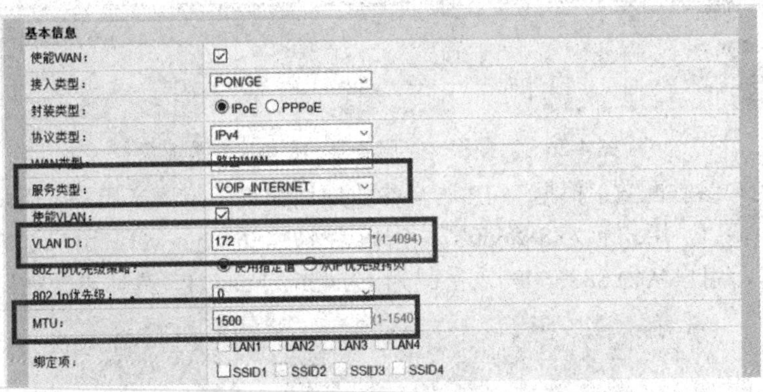

图 4-24　语音 VLAN 接口参数配置

② 语音接口 IP 配置。根据 VoIP 语音参数规划，接口 IP 设置为静态地址，配置如图 4-25 所示。

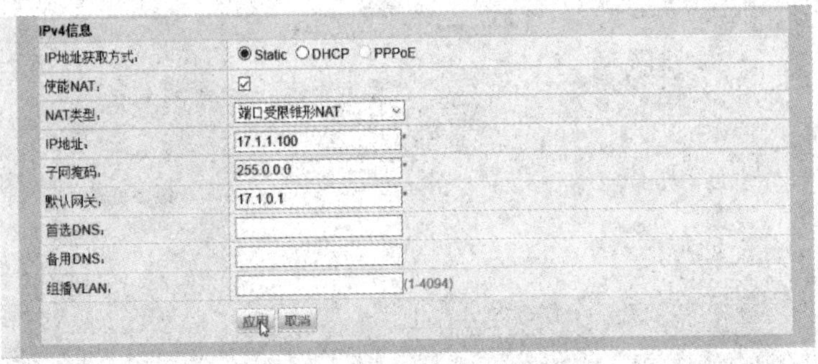

图 4-25　语音接口 IP 配置

配置成功后，点击“应用”，进行保存。

(2) VoIP 参数信息配置。

① 对接软交换服务器 SIP 协议参数配置。根据 VoIP 语音参数规划，服务器 IP 地址设置为 200.200.200.200，SIP 协议默认端口号为 5060，SIP 协议信令和媒体 IP 都采用语音接口 IP 地址，具体如图 4-26 所示。

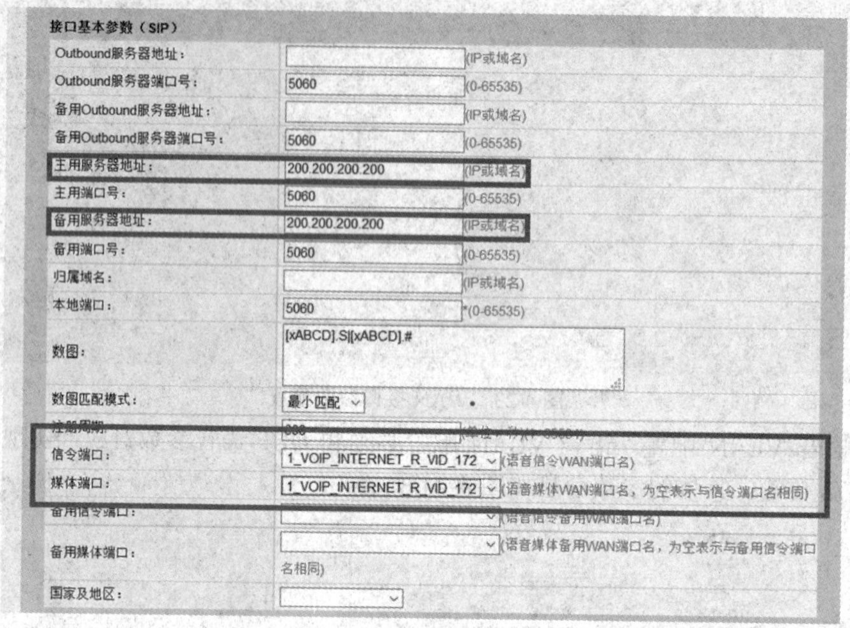

图 4-26　对接软交换服务器 SIP 协议参数配置

② SIP 用户参数配置。根据 VoIP 语音参数规划配置两组语音用户，用户 88866007 绑定物理语音 1 端口，用户名为 88866007，密码为 123456@huawei；用户 88866008 绑定物理语音 2 端口，用户名为 88866008，密码为 123456@huawei。具体参数如图 4-27 所示。

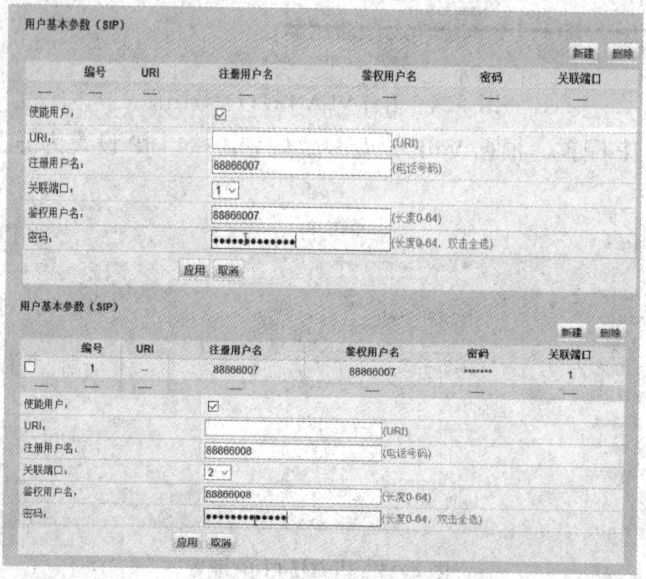

图 4-27　添加 SIP 用户参数

以上全部配置完成后，点击“状态”，查询 VoIP 信息是否配置成功，如图 4-28 所示，两组用户状态都显示“注册成功”，MA5675 光终端已经通过 OLT 成功注册到软交换服务器，软交换已经为 SIP 语音用户成功放号。

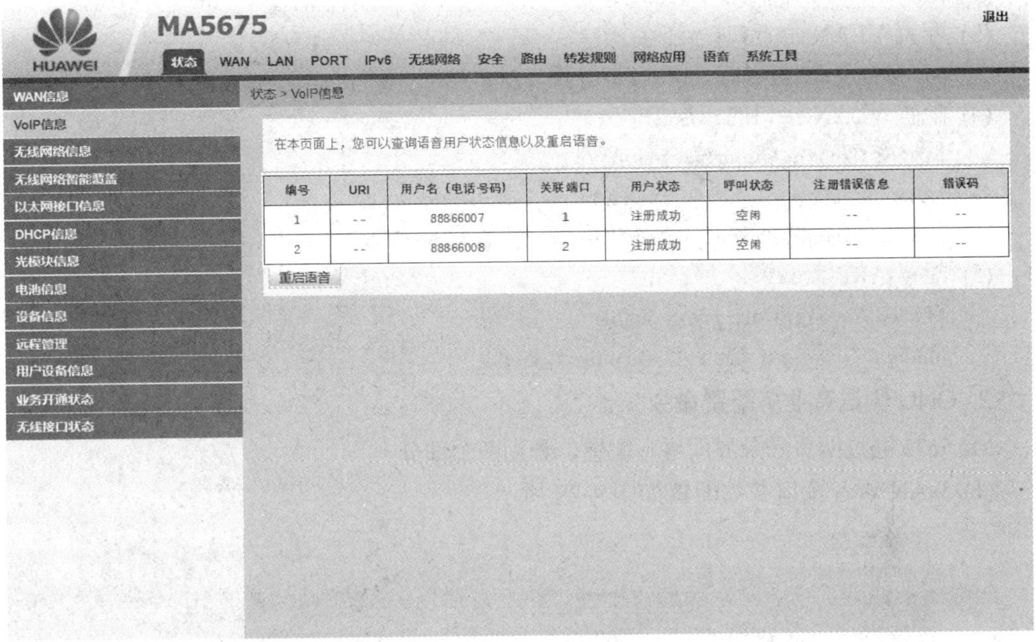

图 4-28　VoIP 状态显示

4.5.4　A 类 MA5675 光终端语音业务开通配置示例

根据 A 类光终端语音业务数据规划，A 类 MA5675 光终端实现语音业务开通配置需要分别在 OLT 和 ONU 侧进行配置。

A 类光终端语音业务开通配置实验

1. OLT 侧语音业务配置命令

(1) ONT 注册：

```
MA5680T(config)#dba-profile add profile-id 10 type1 fix 102400
MA5680T(config)# ont-lineprofile epon profile-id 10
MA5680T(config-epon-lineprofile-10)#llid dba-profile-id 10
MA5680T(config-epon-lineprofile-10)#commit
MA5680T(config-epon-lineprofile-10)#quit
MA5680T(config)#ont-srvprofile epon profile-id 10
MA5680T(config-epon-srvprofile-10)#ont-port eth 4 pots 4
MA5680T(config-epon-srvprofile-10)#commit
MA5680T(config-epon-srvprofile-10)#quit
MA5680T(config)#interface epon 0/1
MA5680T(config-if-epon-0/1)#port 3 ont-auto-find enable
MA5680T(config-if-epon-0/1)#display ont autofind 3
```

```
MA5680T(config-if-epon-0/1)#ont add 3 10 mac-auth xx-xx-xx-xx oam ont-lineprofile-id 10 ont-srvprofile-id 10
```

(2) 配置 VLAN 类型：

```
MA5680T(config)#vlan 172 smart
```

(3) 配置 VLAN 上行口：

```
MA5680T(config)#port vlan 172 0/18 1
```

(4) 配置 VLAN 接口的三层 IP：

```
MA5680T(config)#interface vlanif172
MA5680T(config-if-vlanif172)#ip address 17.1.0.1 255.0.0.0
MA5680T(config)#ip route-static 200.200.200.200 255.255.255.0 17.1.1.1
```

(5) 配置 ARP-Proxy：

```
MA5680T(config)#arp proxy enable
MA5680T(config-if-vlanif172)#arp proxy enable
```

2. ONU 侧语音业务配置命令

MA5675 通过网页登录界面进行配置，分为两个部分。

(1) WAN 语音接口参数配置如图 4-29 所示。

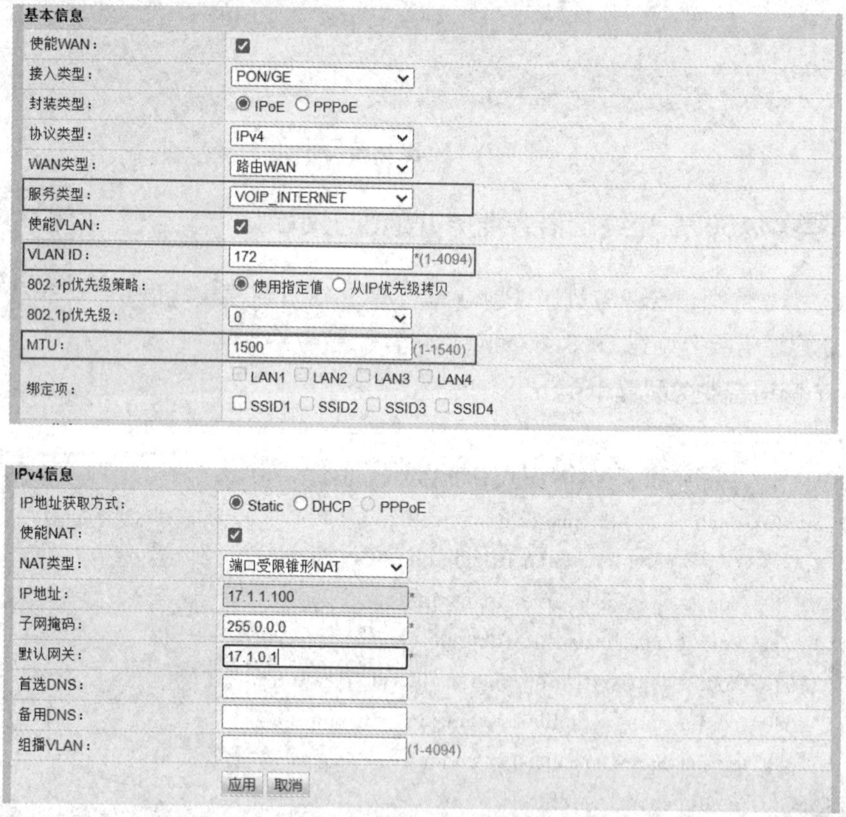

图 4-29　语音 WAN 接口参数配置

(2) VoIP 参数信息配置如图 4-30 所示。

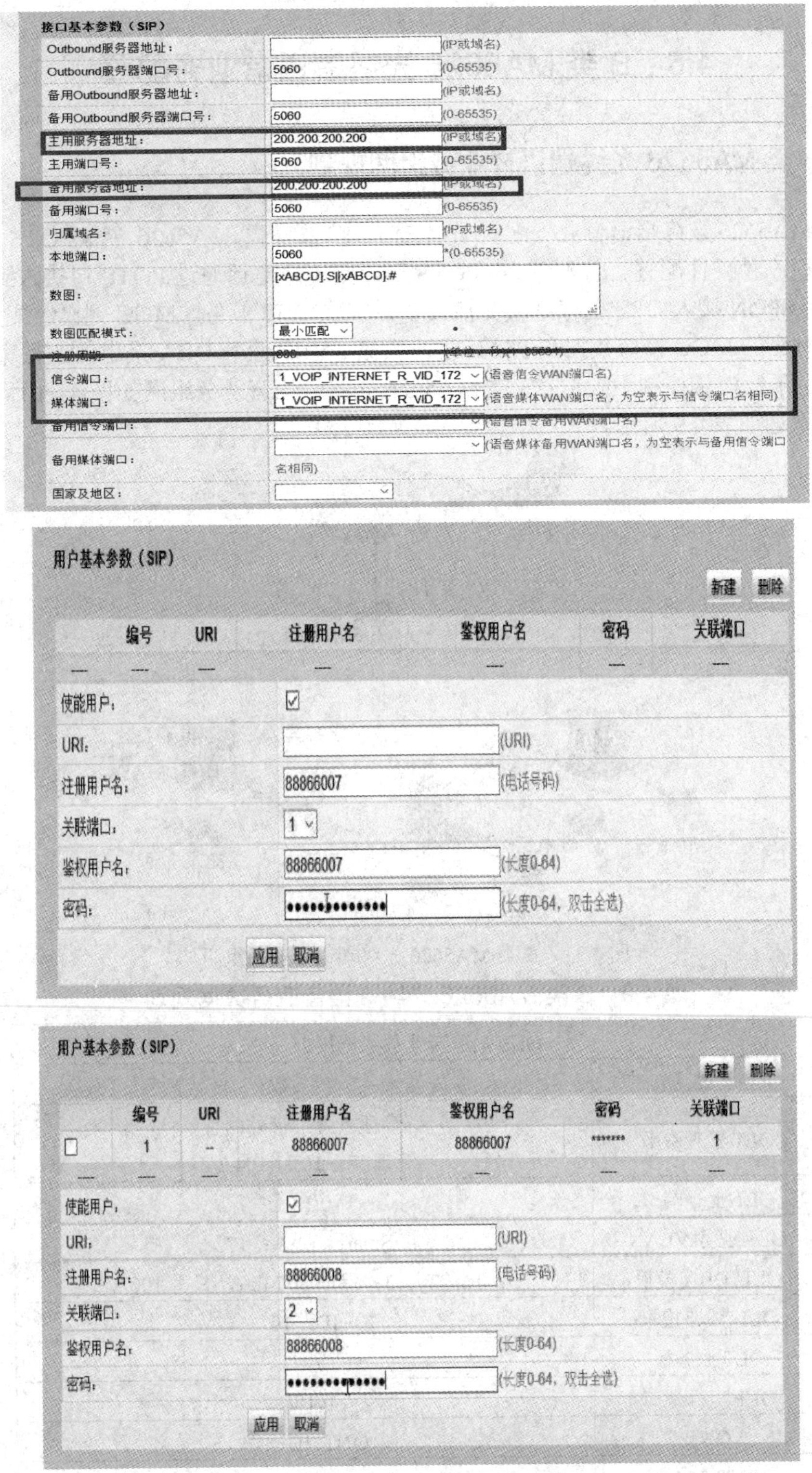

图 4-30　VoIP 参数信息配置

4.6　B 类 MA5626 光终端语音业务配置

4.6.1　B 类 MA5626 光终端语音业务组网规划

B 类 MA5626 光终端语音业务配置采用 FTTB 接入方式，MA5626 有 8 POTS、16 POTS、24 POTS 口三种硬件配置。若配置 24 POTS 口，则用户电话通过 POTS 口接入到 ONU，ONU 通过 EPON 接入 OLT 上行到软交换设备，实现 VoIP 业务。MGC 侧已经配置了与该 MG 接口对应的 MGC 接口数据和 PSTN 用户数据。VoIP 业务 DBA 采用保证带宽+最大带宽方式，上下行流量控制不限速。B 类 MA5626 光终端语音业务组网如图 4-31 所示，语音业务数据规划如表 4.9 所示。

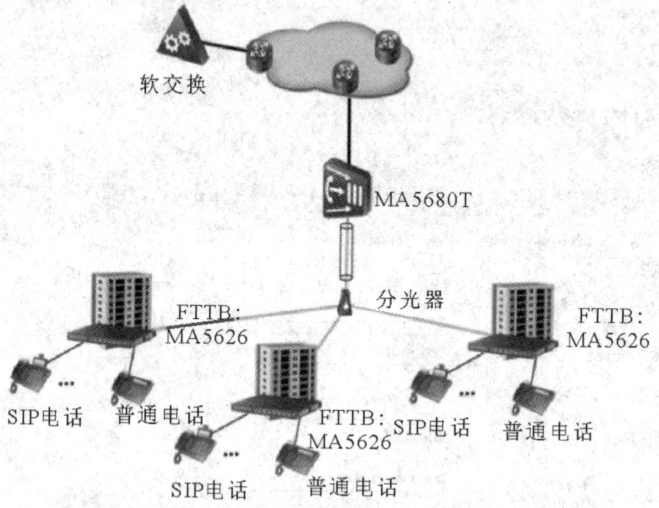

图 4-31　B 类 MA5626 光终端语音业务组网

表 4.9　B 类 MA5626 光终端语音业务数据规划

OLT 侧语音业务数据规划	
配 置 项	参　数
OLT 管理参数	管理方式：带外网管 管理 IP：10.11.104.2/24
OLT 上行端口	0/18/1
OLT 业务 VLAN	Smart VLAN：172
OLT_DBA 模板	ID：10；Type3；保证 30 Mb/s，最大 100 Mb/s
OLT_线路模板	ID：10
OLT 业务板	0/1/3
OLT 上行端口	0/18/1
ONT	ONT_ID：10
ONT_MAC	xxxx-xxxx-xxxx
ONT 用户 VLAN	VLAN：172

续表

ONU 语音业务数据规划	
MA5626 设备	参 数 信 息
管理通道参数	管理 IP：129.9.253.254/24
	网关地址：129.9.253.1/24
	MA5626 设备 IP：129.9.253.100/24
	管理 VLAN：4001
ONT_ID	10
MAC 地址	xx-xx-xx-xx
业务 VLAN(CVLAN)	172
语音用户	POTS 端口：0/2/1～0/2/24
	号码：88866001～88866024
VoIP 协议语音参数规划	
H.248 协议参数	
媒体 IP	17.1.0.100/8
信令 IP	17.1.0.100/8
网关	17.1.1.1/8
MG 接口参数	MG 接口标识：0
	Softswitch 和 MA5626 之间协议：H.248
	Softswitch 端口号：2944
	Softswitch IP：200.200.200.200
PSTN 用户数据参数	Phone1～Phone24 号码：88866001～88866024
	终端标识：1～24
	用户优先级：Cat3
	用户和终端对应：88866001(0/2/1)
	用户和终端对应：88866002(0/2/2)

4.6.2　B 类 MA5626 光终端语音业务配置流程

B 类光终端语音业务配置流程分为 OLT 侧语音业务配置和 ONU 侧语音业务配置两个

部分，如图 4-32 和图 4-33 所示。

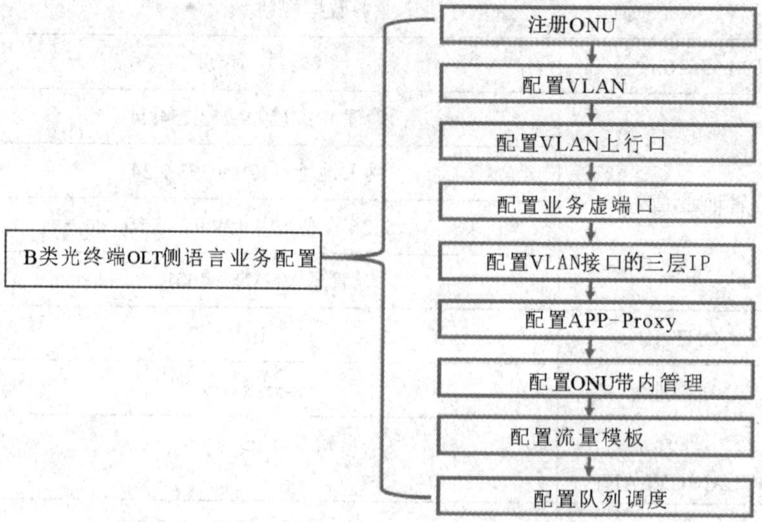

图 4-32　OLT 侧语音业务配置流程

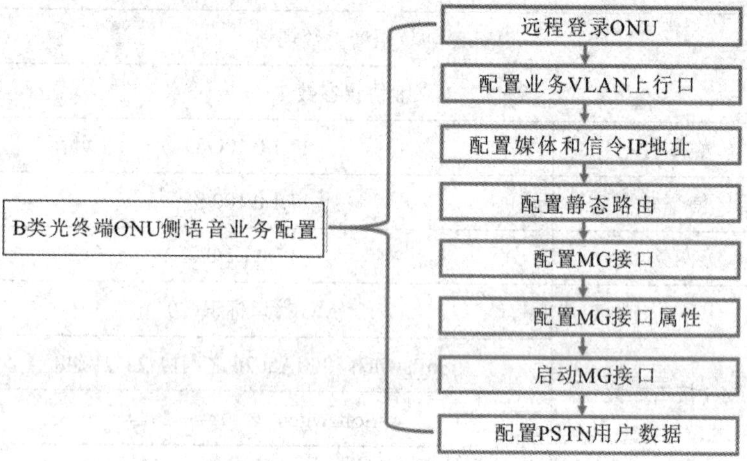

图 4-33　ONU 侧语音业务配置流程

4.6.3　B 类 MA5626 光终端语音业务配置命令

1. OLT 侧语音业务配置命令

(1) 注册 ONU：根据宽带业务数据规划和 B 类 MDU 注册需要配置带内管理通道，绑定 DBA 和线路模板，详见 2.3.2 节。

(2) 配置 VLAN 类型：

```
MA5680T(config)#vlan 172 smart   //语音业务 VLAN 采用单层，不配置 QinQ 属性//
```

(3) 配置 VLAN 上行口：

```
MA5680T(config)#port vlan 172 0/18 1
```

(4) 配置业务虚端口：

```
MA5680T(config)#service-port 10 vlan 172 epon 0/1/3 ont 10 multi-service user-vlan 172 inbound traffic-table index 9 outbound traffic-table index 9  //创建业务虚端口 ID_10，绑定流量模板 9，将业务 VLAN 172 和用户 VLAN 172 绑定在 EPON 设的 0 框 1 槽位 3 端口下注册的 ONT_10 下//
```

(5) 配置 VLAN 接口的三层 IP：

```
MA5680T(config)#interface vlanif 172
MA5680T(config-if-vlanif172)#ip address 17.1.0.1 255.0.0.0
```

(6) 配置 ARP-Proxy：

```
MA5680T(config)#arp proxy enable                    //全局模式下打开 ARP 代理功能//
MA5680T(config-if-vlanif172)#arp proxy enable       //接口模式下打开 ARP 代理功能//
```

由于 VLAN 172 是 Smart 类型，必须启用 ARP 代理才能使同在 VLAN 172 下的不同 ONU 的语音用户互通。

(7) 配置 ONU 带内管理：

① 配置带内管理 VLAN：

```
MA5680T(config)#vlan 4001 smart
MA5680T(config)#port vlan 4001 0/18 1
MA5680T(config)# service-port 11 vlan 4001 epon 0/1/3 ont 10 multi-service user-vlan 4001 inbound traffic-table index 6 outbound traffic-table index 6
```

② 配置 OLT 侧带内管理地址：

```
MA5680T(config)#interface vlanif 4001
MA5680T(config-if-vlanif4001)# ip address 129.9.253.254 255.255.255.0
```

③ 配置 ONT 侧带内管理地址：

```
MA5680T(config-if-epon-0/1)#ont ipconfig 3 10 ip-address 129.9.253.100  mask 255.255.255.0 gateway 129.9.253.1 manage-vlan 4001
```

(8) 配置流量模板：

```
MA5680T (config)#traffic table ip index 9 cir off priority 6 priority-policy tag-In-Package  //使用 display traffic table ip 命令查询系统中已存在的流量模板。如果系统中现有的流量模板不能满足需求，则需要执行 traffic table ip 命令来添加。配置流量模板 9，不进行限速，优先级为 6，优先级策略按照报文中的优先级进行调度//
```

(9) 配置队列调度：采用 3PQ+5WRR 队列调度方式。队列 0～4 采用 WRR 方式，权重分别为 10、10、20、20 和 40，队列 5～7 采用 PQ 方式。VoIP 业务优先级为 6，采用 PQ 调度方式。注意，队列调度是全局配置，在 OLT 上只需要配置一次，配置完成后全局有效，后续在配置其他业务时也无须重复配置。

```
MA5680T (config)#queue-scheduler wrr 10 10 20 20 40 0 0 0
MA5680T (config)#cos-queue-map cos0 0 cos1 1 cos2 2 cos3 3 cos4 4 cos5 5 cos6 6 cos7 7
//配置队列与 802.1p 优先级的映射关系是优先级 0~7 分别映射到队列 0~7//
```

2. ONU 侧语音业务配置命令语句

(1) 远程登录 ONU：在 OLT 上 telnet ONU 的管理 IP 地址登录设备，用户名为 root，密码为 mduadmin。

```
MA5680T (config)#telnet 129.9.253.100
>>User name:root
```

```
>>User password: mduadmin
```

(2) 配置业务 VLAN 上行口：MA5626 侧的业务 VLAN 需要和 OLT 上的用户侧 VLAN 对应。

```
MA5626 (config)# vlan 172 smart
MA5626 (config)#port vlan 172 0/0 1 //VLAN 100 绑定在 MA5626 设备上行接口板 0 框 0 槽位 1 端口//
MA5626 (config)#interface vlanif 172
MA5626 (config-if-vlanif172)#ip address 17.1.0.100 255.0.0.0 //配置三层接口 IP 地址//
MA5626 (config-if-vlanif172)#quit
```

(3) 配置媒体和信令 IP 地址：

```
MA5626 (config)#voip
MA5626 (config-voip)#ip address media 17.1.0.100 17.1.1.1
MA5626 (config-voip)#ip address signaling 17.1.0.100
MA5626 (config-voip)#quit
```

(4) 配置静态路由：由于 VLAN 接口的 IP 地址与 MGC 的 IP 地址(200.200.200.200/24)不在同一网段，需要配置从网关 17.1.1.1 到 200.200.200.0 网段的路由。

```
MA5626 (config)#ip route-static 200.200.200.0 24 17.1.1.1
```

配置完 VLAN 接口的 IP 地址和静态路由之后，可以使用 ping 命令来检查到 MGC 的连通状况，正常情况下应该能收到来自 MGC 的 ICMP 回应消息，并且长时间 ping 也不会丢包。如果不能 ping 通，则可以通过逐段排查法检查 MA5626 到网关、网关到 MGC 的中间链路。

(5) 配置 MG 接口：

```
MA5626 (config)#interface h248 0
Are you sure to add MG interface?(y/n)[n]:y
```

(6) 配置 MG 接口属性：

```
MA5626(config-if-h248-0)#if-h248 attribute mgip 17.1.0.100 mgport 2944 code text transfer udp mgcip_1 200.200.200.200 mgcport_1 2944 mg-media-ip 17.10.10.10 start-negotiate-version 2
```

MG 接口属性参数：有 MG 接口的信令 IP 地址为 17.1.0.100，MG 接口采用的编码方式为 text，MG 接口的传输层协议端口号为 2944，MG 接口采用的传输模式为 UDP，MG 接口所属的主用 MGC 的 IP 地址为 200.200.200.200，MG 接口所属的主用 MGC 的传输层协议端口号为 2944，MG 接口的媒体 IP 地址 1 为 17.10.10.10，开始协商的 H.248 协议版本为 V2。

配置 MG 接口之前需要明确下面两点：

① MG 接口的注册方式：IP 地址(默认)或者域名，需要和 MGC 侧一致。

② 协商的 H.248 协议版本：V1、V2 或 V3(默认)，有些软交换设备可能不支持 V3 版本，会出现接口注册不上的情况。

(7) 启动 MG 接口：

```
MA5626 (config-if-h248-0)#reset coldstart
Are you sure to reset MG interface?(y/n)[n]:y
MA5626 (config-if-h248-0)#quit
```

配置完 MG 接口后必须复位 MG 接口，且复位类型为冷启动；否则接口无法生效。当然只有正确配置了参数 mgip、mgport、mgcip_1(或 mgc-domain-name1)、mgcport_1、code、transfer、mg-media-ip，才能使用冷启动方式复位 MG 接口。

(8) 配置 PSTN 用户数据：

① 增加 PSTN 用户：

```
MA5626 (config)#esl user
MA5626 (config-esl-user)#mgpstnuser batadd 0/2/1 0/2/24 0 terminalid 0 telno 88866001 //批量配置用户 0/2/1～0/2/24 的电话号码为 83110001～83110024，终端标识为 0//
```

MA5626 有 8/16/24 POTS 口三种硬件配置，根据表 4.9 使用的 24 POTS 口进行配置。如果配置单个用户的 PSTN 数据，则使用命令 mgpstnuser add 进行配置。

② 修改 PSTN 用户的呼叫优先级：

```
MA5626 (config-esl-user)#mgpstnuser modify 0/2/1 priority cat2
MA5626 (config-esl-user)#quit        //配置用户 0/2/1 的呼叫优先级为 Cat2，0/2/2～0/2/24 正确的的用户呼叫优先级为 Cat3(系统缺省)//
```

③ 修改所有的 PSTN 端口为支持反极脉冲：

```
MA5626 (config)#pstnport
MA5626 (config-pstnport)#pstnport attribute batset 0/2/1 0/2/24 reverse-pole-pulse enable  //修改 0/2/1～0/2/24 的用户端口为支持反极脉冲//
MA5626 (config-pstnport)#quit
```

4.6.4　B 类 MA5626 光终端语音业务开通配置示例

根据宽带业务数据规划，B 类 MA5626 光终端语音业务开通配置分为 OLT 侧和 ONU 侧配置两个部分。

1. OLT 侧语音业务配置

(1) 注册 ONU：

```
MA5680T(config)#dba-profile add profile-id 10 type3 assure 30720 max 102400
MA5680T(config)#ont-lineprofile epon profile-id 10
MA5680T(config-epon-lineprofile-10)#llid dba-profile-id 10
MA5680T(config-epon-lineprofile-10)#commit
MA5680T(config-epon-lineprofile-10)#quit
MA5680T(config-if-epon-0/1)#ont add 3 10 mac-auth xxxx-xxxx-xxxx snmp ont-lineprofile-id 10
```

(2) 配置 VLAN 类型：

```
MA5680T(config)#vlan 172 smart
```

(3) 配置 VLAN 上行口：

```
MA5680T(config)#port vlan172 0/18 1
```

(4) 配置业务虚端口：

```
MA5680T(config)#service-port 10 vlan 172 epon 0/1/3 ont 10 multi-service user-vlan 172 inbound traffic-table index 9 outbound traffic-table index 9
```

(5) 配置 VLAN 接口的三层 IP：

```
MA5680T(config)#interface vlanif 172
```

```
MA5680T(config-if-vlanif172)#ip address 17.1.0.1 255.0.0.0
```

(6) 配置 ARP-Proxy：

```
MA5680T(config)#arp proxy enable
MA5680T(config-if-vlanif172)#arp proxy enable
```

(7) 配置 ONU 带内管理：

```
MA5680T(config)#vlan 4001 smart
MA5680T(config)#port vlan 4001 0/18 1
MA5680T(config)# service-port 11 vlan 4001 epon 0/1/3 ont 10 multi-service user-vlan 4001 inbound traffic-table index 6 outbound traffic-table index 6
MA5680T(config)#interface vlanif 4001
MA5680T(config-if-vlanif4001)#ip address 129.9.253.254 255.255.255.0
MA5680T(config-if-epon-0/1)#ont ipconfig 3 10 ip-address 129.9.253.100 mask 255.255.255.0 gateway 129.9.253.1 manage-vlan 4001
```

(8) 配置流量模板：

```
MA5680T (config)#traffic table ip index 9 cir off priority 6 priority-policy tag-In-Package
```

(9) 配置队列调度：

```
MA5680T (config)#queue-scheduler wrr 10 10 20 20 40 0 0 0
MA5680T (config)#cos-queue-map cos0 0 cos1 1 cos2 2 cos3 3 cos4 4 cos5 5 cos6 6 cos7 7
```

2. ONU 侧语音业务配置命令语句

(1) 远程登录 ONU：

```
MA5680T (config)#telnet 129.9.253.100
>>User name:root
>>User password: mduadmin
```

(2) 配置业务 VLAN 上行口：

```
MA5626 (config)# vlan 172 smart
MA5626 (config)#port vlan 100 0/0 1
MA5626 (config)#interface vlanif 172
MA5626 (config-if-vlanif172)#ip address 17.1.0.100 255.0.0.0
MA5626 (config-if-vlanif172)#quit
```

(3) 配置媒体和信令 IP 地址：

```
MA5626 (config)#voip
MA5626 (config-voip)#ip address media 17.1.0.100 17.1.1.1
MA5626 (config-voip)#ip address signaling 17.1.0.100
MA5626 (config-voip)#quit
```

(4) 配置静态路由：

```
MA5626 (config)#ip route-static 200.200.200.0 24 17.1.1.1
```

(5) 配置 MG 接口：

```
MA5626 (config)#interface h248 0
Are you sure to add MG interface?(y/n)[n]:y
```

(6) 配置 MG 接口属性：

```
MA5626(config-if-h248-0)#if-h248 attribute mgip 17.1.0.100 mgport 2944 code text transfer udp mgcip_1 200.200.200.200 mgcport_1 2944 mg-media-ip 17.10.10.10 start-negotiate-version 2
```

(7) 启动 MG 接口：

```
MA5626 (config-if-h248-0)#reset coldstart
Are you sure to reset MG interface?(y/n)[n]:y
MA5626 (config-if-h248-0)#quit
```

(8) 配置 PSTN 用户数据：

```
MA5626 (config)#esl user
MA5626 (config-esl-user)#mgpstnuser batadd 0/2/1 0/2/24 0 terminalid 0 telno 88866001
MA5626 (config-esl-user)#mgpstnuser modify 0/2/1 priority cat2
MA5626 (config-esl-user)#quit
MA5626 (config)#pstnport
MA5626 (config-pstnport)#pstnport attribute batset 0/2/1 0/2/24 reverse-pole-pulse enable
MA5626 (config-pstnport)#quit
MA5626 (config)#save
```

4.7　C 类 MA5616 光终端语音业务配置

4.7.1　C 类 MA5616 光终端语音业务组网规划

C 类 MA5616 光终端语音业务配置采用 FTTC 接入方式(以 SIP 协议为例)，MA5616 有 8 POTS、16 POTS、24 POTS 口三种硬件配置，若配置 24 POTS 口，则用户电话通过 POTS 口接入到 ONU，ONU 通过 EPON 接入 OLT 上行到软交换设备，实现 VoIP 业务。VoIP 业务 DBA 采用固定带宽。C 类 MA5616 语音业务组网如图 4-34 所示，语音业务数据规划如表 4.10 所示。

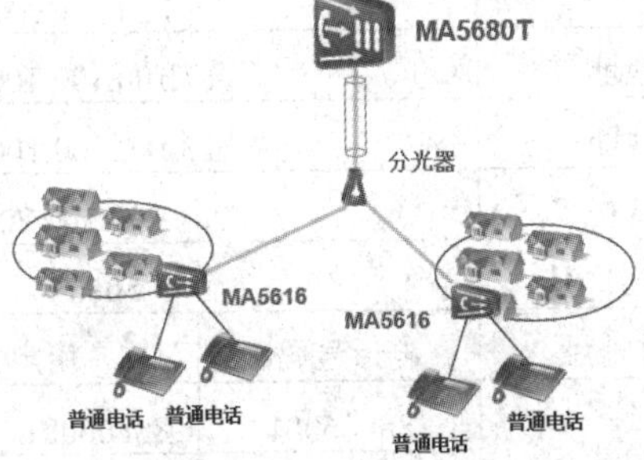

图 4-34　C 类 MA5616 光终端语音业务组网

表 4.10　C 类 MA5616 光终端语音业务数据规划

C 类光终端语音业务数据规划

<table>
<tr><td colspan="3">OLT 侧语音业务数据规划</td></tr>
<tr><td>配 置 项</td><td colspan="2">参　数</td></tr>
<tr><td>OLT 管理参数</td><td colspan="2">管理方式：带外网管
管理 IP：10.11.104.2/24</td></tr>
<tr><td>OLT 上行端口</td><td colspan="2">0/18/1</td></tr>
<tr><td>OLT 业务 VLAN</td><td colspan="2">Smart VLAN：172</td></tr>
<tr><td>OLT_DBA 模板</td><td colspan="2">ID：10；Type1，固定 100 Mb/s</td></tr>
<tr><td>OLT_线路模板</td><td colspan="2">ID：10</td></tr>
<tr><td>OLT 业务板</td><td colspan="2">0/1/3</td></tr>
<tr><td>OLT 上行端口</td><td colspan="2">0/18/1</td></tr>
<tr><td>ONT</td><td colspan="2">ONT_ID：10</td></tr>
<tr><td>ONT_MAC</td><td colspan="2">xxxx-xxxx-xxxx</td></tr>
<tr><td>ONT 用户 VLAN</td><td colspan="2">VLAN：172</td></tr>
<tr><td colspan="3">ONU 侧宽带业务数据规划</td></tr>
<tr><td>MA5616 设备</td><td colspan="2">参数信息</td></tr>
<tr><td rowspan="4">管理通道参数</td><td colspan="2">管理 IP：129.9.253.254/24</td></tr>
<tr><td colspan="2">网关地址：129.9.253.1/24</td></tr>
<tr><td colspan="2">MA5626 设备 IP：129.9.253.200/24</td></tr>
<tr><td colspan="2">管理 VLAN：4001</td></tr>
<tr><td>ONT_ID</td><td colspan="2">10</td></tr>
<tr><td>MAC 地址</td><td colspan="2">xx-xx-xx-xx</td></tr>
<tr><td>业务 VLAN(CVLAN)</td><td colspan="2">172</td></tr>
<tr><td rowspan="2">语音用户</td><td colspan="2">POTS 端口：0/4/0～0/4/23</td></tr>
<tr><td colspan="2">号码：88866001～88866023</td></tr>
<tr><td colspan="3">VoIP 语音参数规划</td></tr>
<tr><td colspan="3">SIP 电话参数</td></tr>
<tr><td>OLT VLAN 三层接口 IP</td><td colspan="2">17.1.0.1/8</td></tr>
<tr><td>网关</td><td colspan="2">17.1.1.1/8</td></tr>
<tr><td>媒体 IP 地址</td><td colspan="2">17.100.100.100</td></tr>
<tr><td>信令 IP 地址</td><td colspan="2">17.100.100.100</td></tr>
<tr><td>Softswitch IP</td><td colspan="2">200.200.200.200</td></tr>
<tr><td>Softswitch 端口号</td><td colspan="2">5060</td></tr>
<tr><td>SIP 终端 IP 地址</td><td>电话号码#</td><td>用户名 / 密码</td></tr>
<tr><td rowspan="2">17.1.0.100/8</td><td>88866001</td><td>88866001/123456@huawei</td></tr>
<tr><td>88866002</td><td>88866002/123456@huawei</td></tr>
</table>

4.7.2　C 类 MA5616 光终端语音业务配置流程

OLT 侧语音业务配置流程

C 类 MA5616 光终端语音业务配置分为 OLT 侧和 ONU 侧两个部分，OLT 侧语音业务配置分为 7 个步骤，ONU 侧语音业务配置分为 9 个步骤，如图 4-35 和图 4-36 所示。

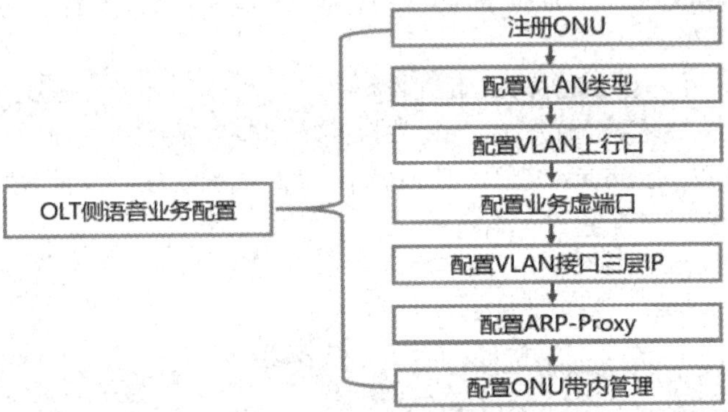

图 4-35　OLU 侧语音业务配置流程

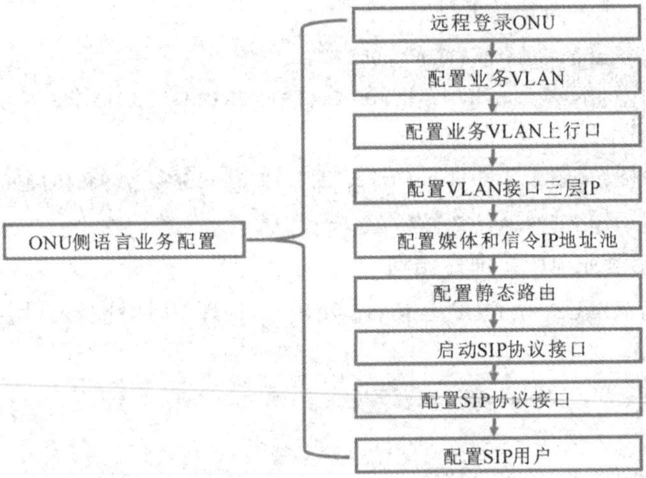

图 4-36　ONU 侧语音业务配置流程

ONU 侧语音业务配置流程

4.7.3　C 类 MA5616 光终端语音业务配置命令

1. OLT 侧宽带业务配置命令语句

(1) 注册 ONU：根据宽带业务数据规划和 C 类 MDU 注册需要配置带内管理通道，绑定 DBA 和线路模板，详见 2.3.3 节。

(2) 配置 VLAN 类型：

```
MA5680T(config)#vlan 172 smart    //语音业务 VLAN 采用单层，不配置 QinQ 属性//
```

(3) 配置 VLAN 上行口：

```
MA5680T(config)#port vlan 172 0/18 1
```

(4) 配置业务虚端口：

```
MA5680T(config)#service-port 10 vlan 172 epon 0/1/3 ont 10 multi-service user-vlan 172  //创建业务虚端口ID_10，绑定流量模板9，将业务VLAN 172和用户VLAN 172绑定在EPON设备的0框1槽位3端口下注册的ONT_10下//
```

(5) 配置VLAN接口三层IP：

```
MA5680T(config)#interface vlanif 172
MA5680T(config-if-vlanif172)#ip address 17.1.0.1 255.0.0.0
```

(6) 配置ARP-Proxy：

```
MA5680T(config)#arp proxy enable                  //全局模式下打开ARP代理功能//
MA5680T(config-if-vlanif172)#arp proxy enable     //接口模式下打开ARP代理功能//
```

由于VLAN 172 是Smart类型，必须启用ARP代理功能，才能使同在VLAN 172下的不同ONU的语音用户互通。

(7) 配置ONU带内管理：

① 配置带内管理VLAN：

```
MA5680T(config)#vlan 4001 smart
MA5680T(config)#port vlan 4001 0/18 1
MA5680T(config)# service-port 12 vlan 4001 epon 0/1/3 ont 10 multi-service user-vlan 4001
```

② 配置OLT侧带内管理地址：

```
MA5680T(config)#interface vlanif 4001
MA5680T(config-if-vlanif4001)# ip address 129.9.253.254 255.255.255.0
```

③ 配置ONT侧带内管理地址：

```
MA5680T(config-if-epon-0/1)#ont ipconfig 3 10 ip-address 129.9.253.200 mask 255.255.255.0 gateway 129.9.253.1 manage-vlan 4001
```

2. ONU侧语音业务配置命令语句

(1) 远程登录ONU：在OLT上telnet ONU的管理IP地址登录设备，用户名为root，密码为mduadmin。

```
MA5680T (config)#telnet 129.9.253.200
>>User name:root
>>User password: mduadmin
```

(2) 配置业务VLAN：

```
MA5616(config)# VLAN 172 smart   //配置VLAN 172，设置为Smart类型//
```

注意：业务VLAN必须和OLT侧的用户VLAN相对应，否则不能单标签传输语音数据。

(3) 配置业务VLAN上行口：

```
MA5616(config)#port vlan 172 0/0 1   //将VLAN 172绑定在MA5616设备上行接口板的0框0槽位1端口//
```

(4) 配置VLAN接口三层IP：

```
MA5616(config)#interface vlanif 172
MA5616(config-if-vlanif172)#ip address 17.1.100.100 255.0.0.0
```

(5) 配置媒体和信令IP地址池：

MA5616(config)#**voip**　　　//在全局模式下，启动 VoIP 模式//

MA5616(config-voip)#**ip address　media 17.100.100.100 17.1.1.1**　//在 VoIP 接口模式下配置媒体 IP 地址和媒体地址网关，媒体 IP 地址就是业务 VLAN 三层接口的 IP 地址 17.100.100.100，网关是 17.1.1.1//

MA5616(config-voip)#**ip address　signaling 17.100.100.100**　//在 VoIP 接口模式下，配置信令 IP 地址 17.100.100.100//

(6) 配置静态路由：

MA5680T(config)#**ip route-static　200.200.200.0 255.255.255.0 17.1.1.1**　　//OLT 对于语音业务采取透传，不对语音数据做任何修改，ONU 的 IP 地址是 17.0.0.0，软交换服务器的地址是 200.200.200.0，两者不在同一网段，所以要配置一条去往软交换服务器的静态路由//

(7) 启动 SIP 协议接口：

MA5616(config)#protocol support sip　// MA5616 设备出厂时，默认配置的语音协议是 H.248 协议，根据语音业务规划，采用的是 SIP 协议。管理员必须手动启动 SIP 协议//

MA5616(config)#**interface sip 0**

Are you sure to add the SIP interface?(y/n)[n]:**y**

MA5616(config-if-sip-0)#**reset**

Are you sure to reset the SIP interface?(y/n)[n]:**y**

MA5616(config-if-sip-0)#**quit**

必须启动 MA5616 设备重新加载 SIP 协议，才能生效。

(8) 配置 SIP 协议接口：SIP 协议接口参数有，信令 IP 地址为 17.10.100.100，采用的编码方式为 text，SIP 接口的信令端口号为 5060，SIP 接口采用的传输模式为 UDP，SIP 接口所属的主用 IMS 的 IP 地址为 200.200.200.200，SIP 接口所属主用 IMS 的信令端口号为 5060。SIP 接口的媒体 IP 地址为 17.100.100.100，SIP 接口的归属域名为 U1960。

MA5616(config-if-sip-0)#**if-sip attribute basic media-ip 17.100.100.100 signal-ip 17.100.100.100 signal-port 5060 home-domain U1960** //在 SIP 协议 0 号端口下，配置媒体 IP 和信令 IP，地址都是 17.100.100.100，信令的端口是 5060，语音服务器归属域名是 U1960//

(9) 配置 SIP 用户：

MA5616(config)#**esl user**　　　//进入用户接口模式/

MA5616(config-esl-user)#**sippstnuser add 0/4/0 0 telno 88866001** //在用户接口模式下配置，含义是创建电话号码 88866001，绑定在 SIP 协议 0 号端口下，绑定在 MA5616 设备 0 框 4 槽位 0 号端口下//

用户电话号码创建成功之后，还要设置语音用户密码：

MA5616(config-esl-user)#**sippstnuser auth set 0/4/0 telno 88866001 password-mode password 88866001 123456@Huawei**　//绑定在 MA5616 设备 0 框 4 槽位 0 号端口下，语音用户是 88866001，设置密码是 123456@huawei//

MA5616(config-esl-user)#**sippstnuser add 0/4/1 0 telno　88866002**　//在用户接口模式下配置，含义是，创建电话号码 88866002，绑定在 SIP 协议 0 号端口下，绑定在 MA5616 设备 0 框 4 槽位 1 号端口下//

```
MA5616(config-esl-user)#sippstnuser auth set 0/4/1 telno 88866002 password-mode password 88866002 123456@huawei    //绑定在 MA5616 设备 0 框 4 槽位 1 号端口下,语音用户是 88866002,设置密码是 123456@huawei//
```

4.7.4　C 类 MA5616 光终端语音业务开通配置示例

OLT 侧语音业务配置实验

根据语音业务数据规划，C 类 MA5616 光终端语音业务开通配置分为 OLT 侧和 ONU 侧配置两个部分。

1. OLT 侧语音业务配置

(1) 注册 ONU：

```
MA5680T(config)#dba-profile add profile-id 10 type1 fix 102400
MA5680T(config)#ont-lineprofile epon profile-id 10
MA5680T(config-epon-lineprofile-10)#llid dba-profile-id 10
MA5680T(config-epon-lineprofile-10)#commit
MA5680T(config-epon-lineprofile-10)#quit
MA5680T(config-if-epon-0/1)#ont add 3 10 mac-auth xxxx-xxxx-xxxx snmp ont-lineprofile-id 10
```

(2) 配置 VLAN 类型：

```
MA5680T(config)#vlan 172smart
```

(3) 配置 VLAN 上接口：

```
MA5680T(config)#port vlan172 0/18 1
```

(4) 配置业务虚端口：

```
MA5680T(config)#service-port 10 vlan 172 epon 0/1/3 ont 10 multi-service user-vlan 172
```

(5) 配置 VLAN 接口三层 IP：

```
MA5680T(config)#interface vlanif 172
MA5680T(config-if-vlanif172)#ip address 17.1.0.1 255.0.0.0
```

(6) 配置 ARP-Proxy：

```
MA5680T(config)#arp proxy enable
MA5680T(config-if-vlanif172)#arp proxy enable
```

(7) 配置 ONU 带内管理：

```
MA5680T(config)#vlan 4001 smart
MA5680T(config)#port vlan 4001 0/18 1
MA5680T(config)# service-port 12 vlan 4001 epon 0/1/3 ont 10 multi-service user-vlan 4001
MA5680T(config)#interface vlanif 4001
MA5680T(config-if-vlanif4001)#ip address 129.9.253.254 255.255.255.0
MA5680T(config-if-epon-0/1)#ont ipconfig 3 10 ip-address 129.9.253.200 mask 255.255.255.0 gateway 129.9.253.1 manage-vlan 4001
```

2. ONU 侧语音业务配置命令语句

ONU 侧语音业务配置实验

(1) 远程登录 ONU：

```
MA5680T (config)#telnet 129.9.253.200
>>User name:root
```

```
>>User password: mduadmin
```

(2) 配置业务 VLAN：

```
MA5616(config)# vlan 172 smart
```

(3) 配置业务 VLAN 上行口：

```
MA5616(config)#port vlan 172 0/0 1
```

(4) 配置 VLAN 接口三层 IP：

```
MA5616(config)#interface vlanif 172
MA5616(config-if-vlanif172)#ip address 17.1.100.100 255.0.0.0
```

(5) 配置媒体和信令 IP 地址池：

```
MA5616(config)#voip
MA5616(config-voip)#ip address media 17.100.100.100 17.1.1.1
MA5616(config-voip)#ip address signaling 17.100.100.100
```

(6) 配置静态路由：

```
MA5680T(config)#ip route-static 200.200.200.0 255.255.255.0 17.1.1.1
```

(7) 启动 SIP 协议接口：

```
MA5616(config)#protocol support sip
MA5616(config)#interface sip 0
Are you sure to add the SIP interface?(y/n)[n]:y
MA5616(config-if-sip-0)#reset
Are you sure to reset the SIP interface?(y/n)[n]:y
MA5616(config-if-sip-0)#quit
```

(8) 配置 SIP 协议接口：

```
MA5616(config-if-sip-0)#if-sip attribute basic media-ip 17.100.100.100 signal-ip 17.100.100.100 signal-port 5060 home-domain U1960
```

(9) 配置 SIP 用户：

```
MA5616(config)#esl user
MA5616(config-esl-user)#sippstnuser add 0/4/0 0 telno 88866001
MA5616(config-esl-user)#sippstnuser auth set 0/4/0 telno 88866001 password-mode password 88866001 123456@Huawei
MA5616(config-esl-user)#sippstnuser add 0/4/1 0 telno  88866002
MA5616(config-esl-user)#sippstnuser auth set 0/4/1 telno 88866002 password-mode password 88866002 123456@huawei
```

4.8 语音业务验证

A 类光终端语音业务验证

4.8.1 语音拨号验证

语音业务配置完成后，MA5675 满配时 Phone1～Phone4 相互可以通话，MA5626 和 MA5616 满配时 Phone1～Phone24 相互可以通话。语音业务的验证方法非常简单，步骤如下：

(1) 主叫用户摘机，听到拨号音。

(2) 主叫用户拨打被叫用户的电话号码，被叫用户可以正常振铃，主叫用户可以听到回铃音。

(3) 主叫用户和被叫用户可以正常通话。

(4) 被叫用户挂机后，主叫用户可以听到忙音。

4.8.2 抓取 VoIP 报文解析

设备中常用的 VoIP 语音协议有 H.248 和 SIP 协议两种。以 SIP 协议为例，当语音业务出现故障时，可以采用协议分析法进行故障排除；协议分析法是排除数据配置故障的重要手段。

1. 抓取 PPPoE 报文方法

1) 实验要求

结合实验室环境，将 0/18/1 端口的数据镜像到 0/18/0 端口。

2) 实验所需工具

(1) 网线；

(2) Wireshark 抓包软件。

3) 实验命令

用镜像命令将 0/18/1 端口数据镜像到 0/18/0 端口：

```
huawei(config-if-giu-0/18)#mirror port
{ src-port<U><0，7> }:1
{ dst-portid<U><0，7> }:0
{ mirror-direction<E><ingress，egress，all> }:ingress
  Command:
 mirror port 1 0 ingress
```

抓取 SIP 协议报文

2. SIP 协议拨号过程抓取解析

上面的设置完成之后，打开 Wireshark 软件，抓取 SIP 协议报文进行分析。图 4-37 是使用 Wireshark 软件抓取的 SIP 协议报文。然后，按照语音业务的验证方法进行验证。对图 4-37 抓取的 SIP 协议报文就不一一展开分析了，读者可参看 4.2.2 节中 SIP 用户呼叫流程的详细解析。

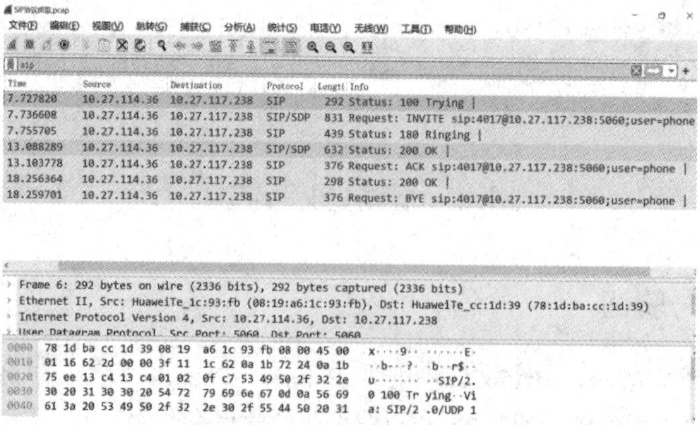

图 4-37　Wireshark 软件抓取 SIP 协议报文

4.9　语音业务维护

EPON 设备在运行过程中出现语音业务故障时，需要工程师使用语音业务维护命令进行故障排除。通过语音业务维护命令，可以准确快速地对语音故障进行定位与排除。

4.9.1　OLT 侧语音业务维护命令

A 类光终端语音业务维护命令

OLT 侧语音业务维护命令如下：

(1) 查询 EPON 端口 0/1/3 下的已注册所有 ONT 信息：

```
MA5680T(config-if-epon-0/1)#display ont info 3 all
```

(2) 具体查询 EPON 端口 0/1/3 下的 ONT 为 10 的信息：

```
MA5680T(config-if-epon-0/1)#display ont info 3 10
```

(3) 查询 MDU IP 配置信息：

```
MA5680T(config-if-epon-0/1)#display ont ipconfig
```

(4) 查询 ONT 版本信息：

```
MA5680T(config-if-epon-0/1)#display ont version
```

(5) 查询用户 MAC 地址：

```
MA5680T(config)#display mac-address vlan 172
MA5680T(config)#display mac-address board 0/18
```

(6) 查询业务虚端口：

```
MA5680T(config)#display service-port  all
```

(7) 查询业务 VLAN：

```
MA5680T(config)#display vlan 172
```

C 类光终端语音业务维护命令

4.9.2　ONU 侧语音业务维护命令

B 类和 C 类光终端的 ONU 侧语音业务维护命令基本上一致，下面以 C 类 MA5616 为例进行介绍。

(1) 查询业务 VLAN：

```
MA5616 (config)# display vlan 172
```

(2) 查看 VoIP 业务状态：

① 查询 C 类光终端 VoIP 接口状态：

```
MA5616(config)# display if-sip all
```

② 查看 C 类光终端接口属性：

```
MA5616(config)# display if-sip attribute 0
```

(3) 查看 VoIP 用户数据：

① 查看语音用户当前状态：

```
MA5616(config-esl-user)#display pstn state 0/4/1
```

② 查看用户当前配置：

```
MA5616(config-esl-user)#display mgpstnuser 0/4
```

(4) 查看 VoIP 用户在线情况：

① 查看 DSP 通道：

```
MA5616(config)#display esl online-info all
```

② 查看当前用户：

```
MA5616(config)# display esl online-stat all
```

4.9.3 删除语音业务

设备在长期运行过程中出现业务故障而无法自动排除时，可由工程师手动删除业务配置。

1. 删除 A 类 MA5675 光终端语音业务

1) 删除 A 类 MA5675 光终端语音业务流程

A 类 MA5675 光终端语音业务删除分为 6 个步骤，如图 4-38 所示。

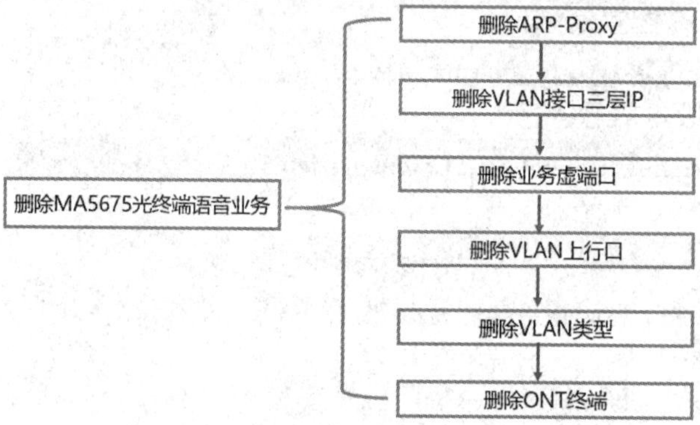

图 4-38　A 类 MA5675 光终端语音业务删除流程

A 类光终端语音业务删除实验

2) 删除 A 类 MA5675 光终端语音业务命令

根据表 4.8 的语音业务数据规划进行删除。

(1) 删除 ARP-Proxy：

```
MA5680T(config)#arp   proxy   disable
MA5680T(config-if-vlanif172)#arp proxy   disable
```

(2) 删除 VLAN 接口三层 IP：

```
MA5680T(config)#interface   vlanif 172
MA5680T(config-if-vlanif172)#undo ip address 17.1.0.1 255.0.0.0
MA5680T(config) #undo interface vlanif172
```

(3) 删除业务虚端口：

```
MA5680T(config)#undo service-port 10
```

(4) 删除 VLAN 上行口：

```
MA5680T(config)#undo port vlan 172 0/18 1
```

(5) 删除 VLAN 类型：

```
MA5680T(config)#undo vlan 172
```

(6) 删除 ONT 终端：

```
MA5680T(config-if-epon-0/1)#ont delete 3 10
```

2. 删除 C 类 MA5616 光终端语音业务

1) 删除 C 类 MA5616 光终端语音业务流程

B 类和 C 类光终端语音业务删除基本一致，以 C 类 MA5616 为例，C 类光终端语音业务删除分为 OLT 侧和 ONU 侧两个部分。

(1) OLT 侧语音业务删除分为 7 个步骤，如图 4-39 所示。

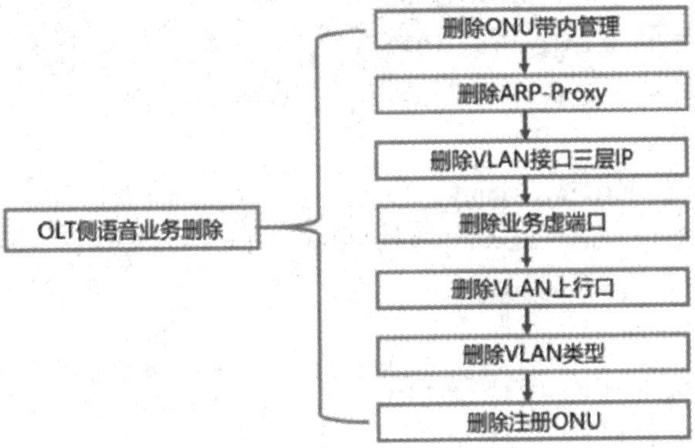

图 4-39　OLT 侧语音业务删除流程

(2) ONU 侧语音业务删除分为 8 个步骤，如图 4-40 所示。

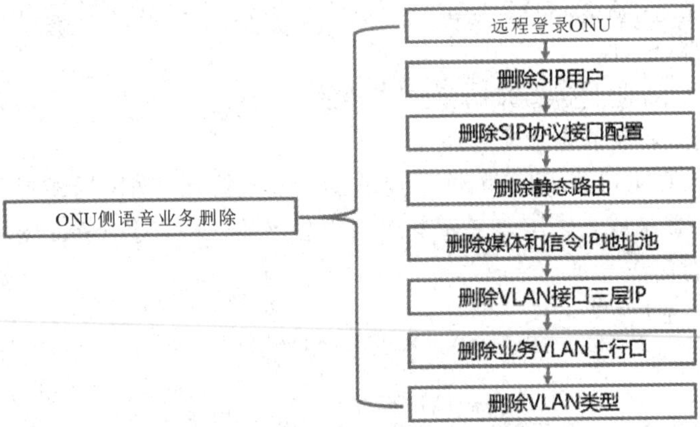

图 4-40　ONU 侧语音业务删除流程

OLT 侧语音业务删除配置实验

2) 删除 C 类 MA5616 光终端语音业务命令

根据表 4.10 的语音业务数据规划进行删除。

(1) OLT 侧语音业务删除命令。

① 删除 PNU 带内管理：

删除 ONU 侧带内管理地址：

```
MA5680T(config-if-epon-0/1)#undo ont ipconfig 3 10 ip-address 129.9.253.200 mask 255.255.255.0 gateway 129.9.253.1 manage-vlan 4001
```

删除 OLT 侧带内管理地址：

```
MA5680T(config)#interface vlanif 4001
MA5680T(config-if-vlanif4001)#undo ip address 129.9.253.254 255.255.255.0
```

删除带内管理 VLAN：

```
MA5680T(config)# undo service-port 12
MA5680T(config)#undo port vlan 4001 0/18 1
MA5680T(config)#undo interface valnif 4001
MA5680T(config)#undo vlan 4001
```

② 删除 ARP-Proxy：

```
MA5680T(config)#arp  proxy  disable
MA5680T(config) )#interface vlanif 172
MA5680T(config-if-vlanif172)# arp  proxy  disable
```

③ 删除 VLAN 接口三层 IP：

```
MA5680T(config)#interface vlanif 172
MA5680T(config-if-vlanif172)#undo ip address 17.1.0.1 255.0.0.0
MA5680T(config)#undo interface vlanif 172
```

④ 删除业务虚端口：

```
MA5680T(config)#undo service-port 10
```

⑤ 删除 VLAN 上行口：

```
MA5680T(config)#undo vlan 172
```

⑥ 删除 VLAN 类型：

```
MA5680T(config)#undo port vlan 172 0/18 1
```

⑦ 删除注册 ONU：

```
MA5680T(config-if-epon-0/1)#ont delete 3 10
```

ONU 侧语音业务删除配置实验

(2) ONU 侧语音业务删除命令。

① 远程登录 ONU。在 OLT 侧远程登录 MA5616 终端，在全局模式下输入命令“telnet 129.9.253.200”，登录成功，屏幕显示登录用户名，输入用户名 root、密码 mduadmin。进入 ONU 侧，进行配置管理。

② 删除 SIP 用户：

```
MA5616(config)#esl user
MA5616(config-esl-user)# sippstnuser delete  0/4/0
MA5616(config-esl-user)#sippstnuser delete  0/4/1
```

③ 删除 SIP 协议接口配置：

```
MA5616(config)#undo interface sip 0          //删除 SIP 协议 0 号接口下所有配置//
```

④ 删除静态路由：

```
MA5680T(config)#undo ip route-static  200.200.200.0 255.255.255.0
```

⑤ 删除媒体和信令 IP 地址池：

```
MA5616(config)#voip
MA5616(config-voip)#undo ip address  media 17.100.100.100
MA5616(config-voip)undo ip address  signaling 17.100.100.100
MA5616(config)#undo voip
```

⑥ 删除 VLAN 接口三层 IP：

```
MA5680T(config)#interface vlanif 172
MA5680T(config-if-vlanif172)#undo ip address 17.1.00.100 255.0.0.0
MA5680T(config)#undo interface vlanif 172
```

⑦ 删除业务 VLAN 上行口：

```
MA5616(config)#undo port vlan 172 0/0 1
```

⑧ 删除 VLAN 类型：

```
MA5616(config)#undo vlan 172
```

语音业务删除时的顺序必须和配置时的顺序相反，否则业务被索引，无法删除。

【知识归纳】

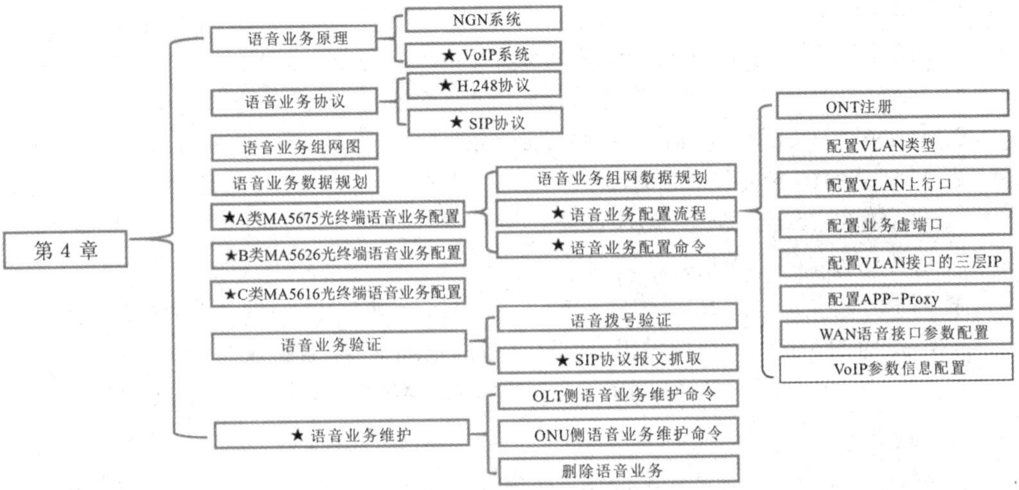

自我测试

一、填空题

1. NGN 是下一代通信网络，其英文全称为________。

2. NGN 是集________、________、________和________业务于一体的全新的网络。

3. NGN 是一种业务驱动型分组网络，通过________分离和________分离，从而实现相对独立的业务体系，使业务独立于网络。

4. ONU 终端中语音模块完成________转换功能。

5. H.248 协议使用端口号________。

6. SIP 协议消息分为________和________。

7. 关于 MA5675 光终端 VoIP 的指示灯，语音业务正常注册后会显示________状态。

8. 使用 Wireshark 抓包软件进行分析时，被叫振铃，数据包显示的是____________。

二、选择题

1. NGN 系统结构可以分为四层：(　　)。

A. 边缘接入层、承载层、核心层、业务层

B. 接入层、传输层、核心层、业务层

C. 边缘接入层、核心交换层、网络控制层、业务层

D. 接入层、传输层、承载层、交换层

2. NGN 体系中属于呼叫控制层协议的是(　　)。

A. H.248　B. SIP　C. MGCP　D. VoIP

3. SIP 协议工作在(　　)层。

A. 传输　B. 网络　C. 会话　D. 应用

4. SIP 协议使用端口号(　　)。

A. 5060　B. 5061　C. 2944　D. 2945

5. A 类 MA5675 光终端语音业务开通之后，如正常注册到语音服务器，电话此时是(　　)。

A. 忙音　B. 拨号音　C. 回铃音　D. 电流音

6. OLT 侧配置语音业务开启 ARP-Proxy 的命令语句是(　　)。

A. MA5680T(config-if-vlanif172)#arp proxy enable

B. MA5680T(config-if)#arp proxy 172 enable

C. MA5680T(config-if)#arp proxy enable

D. MA5680T(config)#arp proxy enable

7. 语音业务是(　　)业务。

A. 窄带　B. 高频　C. 低频　D. 宽带

8. C 类 MA5616 光终端设备出厂时默认带的是(　　)语音协议。

A. SIP　B. H.248　C. MGCP　D. H.323

三、判断题

1. 在 OLT 侧配置语音业务的时候，必须开启 ARP-Proxy，是由于语音业务 VLAN 172 是 Smart 类型，必须启用 ARP 代理功能才能使同在 VLAN 172 下的不同 ONU 语音用户互通。(　　)

2. VLAN_ID 4000 用于语言业务 VLAN。(　　)

3. SIP 协议使用范围比 H.248 协议广泛。(　　)

4. 用于对请求信息进行响应，指示呼叫的成功或失败状态，代码为 2xx，表示重定向响应，需要采取进一动作，以完成该请求。(　　)

5. 语音业务在 EPON 系统中采用单层 VLAN 进行直接传输。(　　)

四、简答题

1. SIP 协议中的请求消息类型有哪些？

2. 简述 A 类 MA5675 光终端语音业务的删除流程。

3. 简述 C 类 MA5616 光终端语音业务的配置流程。

4. 简述语音业务验证步骤。

第 5 章　视频业务开通配置

【目标导航】

(1) 掌握视频业务原理。
(2) 掌握 IGMP 协议定义和版本的区别。
(3) 掌握视频业务数据规划原则。
(4) 掌握各类光终端视频业务配置流程。
(5) 熟练掌握视频数据业务配置命令语句。
(6) 会使用 Wireshark 软件抓取 IGMP 协议报文。
(7) 能根据视频业务数据规划表，完成视频业务的开通配置。

【教学建议】

模 块 内 容	学时分配	总课时	重点	难点
5.1 视频业务原理	0.5	12	√	
5.2 视频业务协议	2		√	
5.3 视频业务组网图	0.5			
5.4 视频业务数据规划	1		√	
5.5 A 类 MA5675 光终端视频业务配置	2		√	√
5.6 B 类 MA5626 光终端视频业务配置	2		√	√
5.7 C 类 MA5616 光终端视频业务配置	2		√	√
5.8 视频业务验证	1			
5.9 视频业务维护	1		√	

【内容解读】

本章主要包括视频业务原理、视频业务协议、视频业务数据规划和各类光终端视频业务开通配置等内容；主要介绍视频业务协议和各类光终端视频业务配置命令；最后根据视频业务数据规划表进行 MA5675 视频业务开通配置、MA5626 视频业务开通配置和 MA5616 视频业务开通配置的示例分析。

5.1　视频业务原理

IP 组播通信主要用于直播电视(Live TV)和准视频点播(Near-Video On Demand，NVOD)

业务。EPON 系统中有 FTTH、FTTB 和 FTTC 三种常见的组网方式，本节主要介绍各类组网视频业务配置。

组播

5.1.1 组播

1. 组播的定义

组播指的是 IP 报文从一个源发出而被转发到一组特定的接收者的过程。相较于传统的单播和广播，IP 组播可以有效地节约网络带宽和降低网络负载，所以在 IPTV、实时数据传送和多媒体会议等诸多方面都有广泛的应用。

2. 组播传输方式

TCP/IP 传输方式有单播、广播和组播三种。单播和广播是两种传统的 IP 通信方式。

(1) 单播。一份单播报文使用一个单播地址作为目的地址，源向每个接收者地址发送一份独立的单播报文；N 个接收者需要发送 N 份单播报文，网络为每份单播报文执行独立的数据转发服务，形成一条独立的数据传送通路，N 份单播报文形成 N 条相互独立的传输路径，如图 5-1 所示。

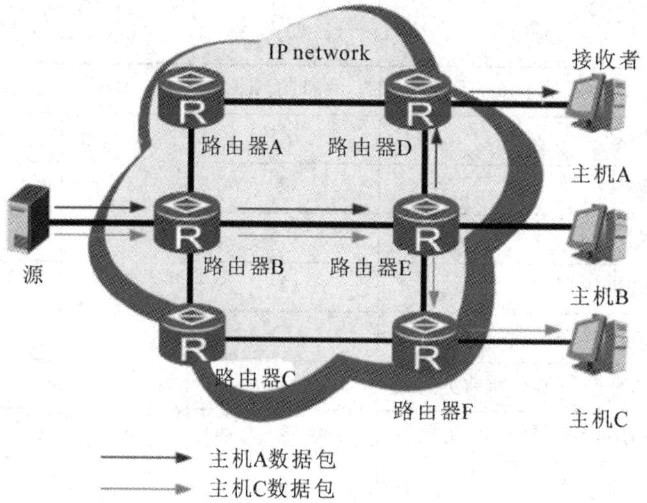

图 5-1 单播数据传输示意图

在单播方式下，网络中传输的信息量和需要该信息的用户量成正比，当需要该信息的用户量较大时，网络中将出现多份相同的信息流，不仅占用处理器资源，而且浪费带宽。单播方式较适合用户稀少的网络，当用户量较大时很难保证网络传输的质量。

(2) 广播。一份广播报文使用一个广播地址作为目的地址，源向本网段对应的广播地址发送且仅发送一份报文；不管是否有需求，保证报文被网段中的所有用户主机接收，如图 5-2 所示。

广播的使用范围非常小，只在本地子网内有效，因为路由器会封锁广播通信；广播传输增加了非接收者的开销。广播方式只适合共享网段，且信息安全性和有偿服务得不到保障。

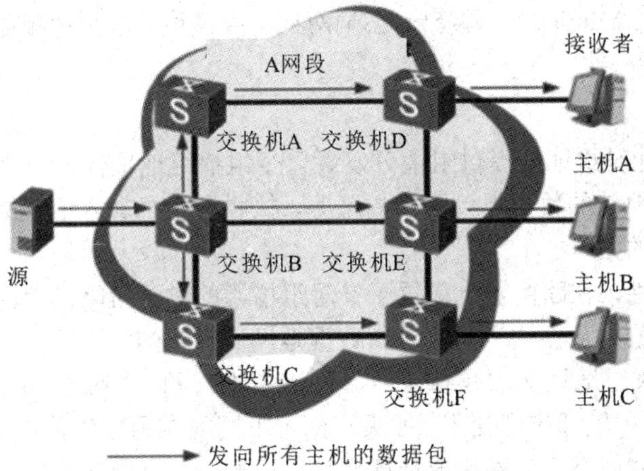

图 5-2　广播数据传输示意图

(3) 组播。一份组播报文使用一个组播地址作为目的地址，组播源向一个组播地址发送且仅发送一份报文；网络中部署的组播协议为此组播报文建立一棵树形路由，根连接源，分支连接所有组播组成员，如图 5-3 所示。

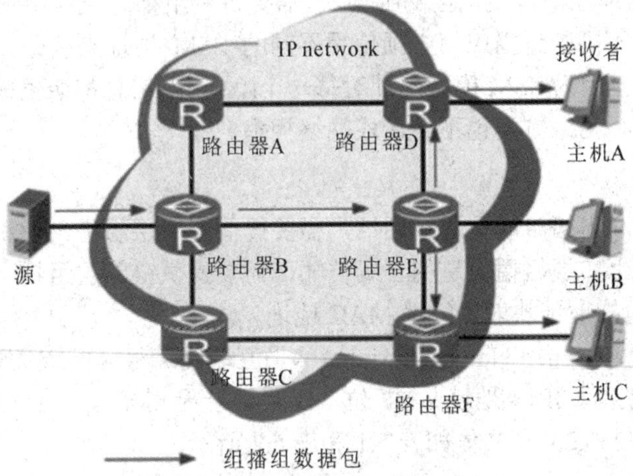

图 5-3　组播数据传输示意图

组播方式下，单一的信息流沿树形路径被同时发送给一组用户，相同的组播数据流在每一条链路上最多有一份。相比单播，组播方式传递信息时，用户的增加不会显著增加网络的负载，减轻了服务器和 CPU 的负荷。组播报文可以跨网段传输，不需要此报文的用户不能收到此报文。相比广播，组播方式可以远距离传输信息，且只将信息传输到需要接收的地方即可，保障了信息的安全性。组播技术有效解决了单点发送、多点接收的问题，实现了 IP 网络中点到多点的高效数据传送。

3. 组播服务模型

组播服务模型的分类是针对接收者主机的，对组播源没有区别。组播源发出的组播数据中总是以组播源自己的 IP 地址为报文的源 IP 地址，组播组地址为目的地址。接收者主机接收数据时可以对源进行选择，因此产生了 ASM(Any-Source Multicast，任意源组播)和 SSM(Source-Specific Multicast，源特定组播)两种服务模型。这两种服务模型使用不同的组播组地址范围。

1) ASM 模型

ASM 模型仅针对组地址提供组播分发。一个组播组地址作为一个网络服务的集合，任何源发布到该组地址的数据得到同样的服务，接收者主机加入组播组以后，可以接收到任意源发送到该组的数据。

为了提高安全性，在路由器上配置了针对组播源的过滤策略，允许或禁止来自某些组播源的报文通过。最终从接收者角度看，数据是经过筛选的。

ASM 模型要求组地址必须是整个组播网络中唯一的。“唯一”指的是同一时刻一个 ASM 地址只能被一种组播应用使用。如果有两种不同的应用程序使用了同一个 ASM 组地址发送的数据，一方面会导致网络流量拥塞，另一方面也会给接收者主机造成困扰，主机会同时收到来自两个源的数据。

2) SSM 模型

SSM 模型针对特定源和组的绑定数据流提供服务，接收者主机在加入组播组时，可以指定只接收哪些源的数据。加入组播组以后，主机只会收到指定源发送到该组的数据。

SSM 模型对组地址不再要求全网唯一，只需要每个组播源上保持唯一。这里的“唯一”指的是同一个源上不同的组播应用必须使用不同的 SSM 地址来区分。不同的源之间可以使用相同的组地址，因为 SSM 模型中针对每一个(源，组)信息都会生成表项。这样一方面节省了组播组地址，另一方面也不会造成网络拥塞。

4. 组播地址

为了使组播源和组播组成员进行通信，需要提供网络层组播，使用 IP 组播地址。为了在本地物理网络上实现组播信息的正确传输，需要提供链路层组播。使用组播 MAC 地址时，必须将 IP 组播地址映射为组播 MAC 地址。

IANA(Internet Assigned Numbers Authority，互联网编号分配委员会)将 D 类地址空间分配给 IPv4 组播使用。IPv4 地址共 32 位，D 类地址最高 4 位为 1110，因此地址范围为 224.0.0.0～239.255.255.255，具体如表 5.1 和表 5.2 所示。

表 5.1　IPv4 组播地址范围及含义

地址范围	含　义
224.0.0.0～224.0.0.255	永久组地址。IANA 为路由协议预留的 IP 地址(也称为保留组地址)，用于标识一组特定的网络设备，供路由协议、拓扑查找等使用，不用于组播转发
224.0.1.0～231.255.255.255 233.0.0.0～238.255.255.255	ASM 组播地址，全网范围内有效
232.0.0.0～232.255.255.255	缺省情况下的 SSM 组播地址，全网范围内有效
239.0.0.0～239.255.255.255	本地管理组地址，仅在本地管理域内有效。在不同的管理域内重复使用相同的本地管理组地址不会导致冲突

表 5.2　常见的永久组地址列表

永久组地址	含　义
224.0.0.0	不分配
224.0.0.1	网段内所有主机和路由器
224.0.0.2	所有组播路由器
224.0.0.3	不分配
224.0.0.4	DVMRP 路由器
224.0.0.5	OSPF(Open Shortest Path First，开放式最短路径优先)路由器
224.0.0.6	OSPF DR(Designated Router，指定路由器)
224.0.0.7	ST(Shared Tree，共享树)路由器
224.0.0.8	ST 主机
224.0.0.9	RIP-2(Routing Information Protocol version 2，路由信息协议版本 2)路由器
224.0.0.11	移动代理(Mobile-Agents)
224.0.0.12	DHCP(Dynamic Host Configuration Protocol，动态主机配置协议)服务器/中继代理
224.0.0.13	所有 PIM(Protocol Independent Multicast，协议无关组播)路由器
224.0.0.14	资源预留协议(RSVP)
224.0.0.15	所有 CBT(Core-Based Tree，有核树)路由器
224.0.0.16	指定 SBM(Subnetwork Bandwidth Management，子网带宽管理)
224.0.0.17	所有 SBM
224.0.0.18	虚拟路由器冗余协议(VRRP)
224.0.0.22	所有使能 IGMPv3(Internet Group Management Protocol version 3，因特网组管理协议)路由器
224.0.0.19～ 224.0.0.21 224.0.0.23～224.0.0.255	未指定

5. IP 组播地址与网络硬件组播地址的映射

以太网传输 IPv4 单播报文的时候，目的 MAC 地址使用的是接收者的 MAC 地址。但是在传输组播数据时，其目的地址不再是一个具体的接收者，而是一个成员不确定的组，所以要使用 IPv4 组播 MAC 地址，即 IPv4 组播地址映射到链路层中的地址。

IANA 规定，IPv4 组播 MAC 地址的高 24 位为 0x01005e，第 25 位为 0，低 23 位为 IPv4 组播地址的低 23 位，映射关系如图 5-4 所示。例如，组播组地址 224.0.1.1 对应的组播 MAC 地址为 01-00-5e-00-01-01。

IPv4 组播地址的前 4 位是固定的 1110，对应组播 MAC 地址的高 25 位，后 28 位中只有 23 位被映射到 MAC 地址，因此丢失了 5 位的地址信息，直接结果是有 32 个 IPv4 组播地址映射到同一 MAC 地址上。例如 IP 地址为 224.0.1.1、224.128.1.1、225.0.1.1、239.128.1.1 等组播组的组播 MAC 地址都为 01-00-5e-00-01-01。网络管理员在分配地址时必须考虑这种情况。

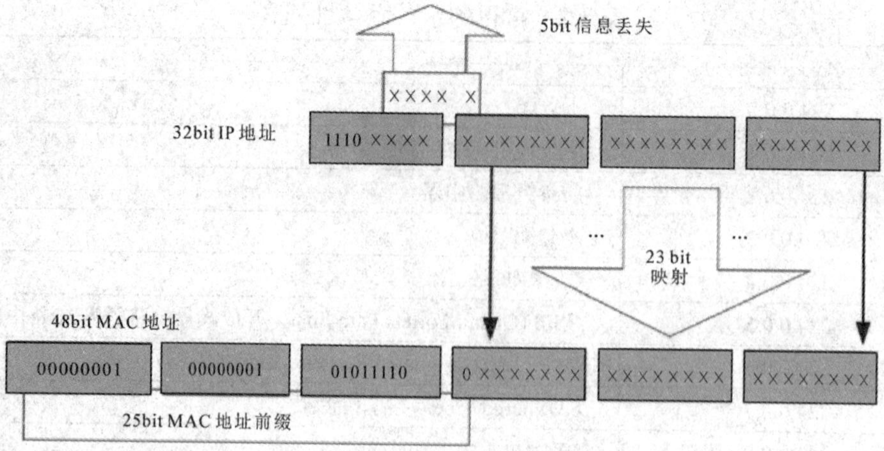

图 5-4 IPv4 组播地址与 IPv4 组播 MAC 地址的映射关系

6. 组播的应用

组播适用于任何“点到多点”的数据发布，多媒体、流媒体的应用，培训、联合作业场合的通信应用，数据仓库、金融应用和如今 ISP 提供的互联网信息服务等，已经应用了 IP 组播技术。

视频业务原理

5.1.2 视频业务流

1. 组播实现原理

EPON OLT 设备的组播业务属于二级组播，原理如图 5-5 所示。首先是 PON 设备中的交换板的组播，将业务从组播源组播到相应的 PON 的 OLT 端口；然后是 PON 的 OLT 将组播业务组播到相应的 ONU 用户。交换板的组播是一个标准的 L2 交换机的组播，而 PON 的组播，由于 PON 下行的特殊性，实际是一个广播，该 OLT 下的所有 ONU 都可以接收到这个组播业务，但是在 ONU 芯片上设置了一个组播过滤功能，也就是在 ONU 芯片上允许配置 N 个组播条目，当组播业务从 OLT 广播到 ONU 时，只有该组播业务的组播 MAC 地址与这 N 个配置的组播条目匹配的业务流才允许发送给用户，其他的组播业务在 ONU 处被过滤了。

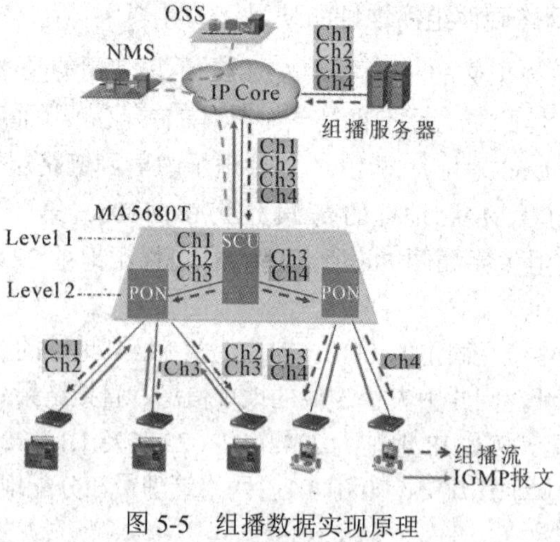

图 5-5 组播数据实现原理

2. 视频业务流

1) A 类 MA5675 光终端视频业务流

图 5-6 所示为模拟视频业务流原理，网络电视通过网线连接到 A 类 MA5675 光终端，在光终端打上用户 VLAN 3000 标签，组播流传送到 MA5680T 设备；MA5680T 设备在业务虚端口和上行接口都配置了 Smart VLAN 3000，直接透传，到 IPTV 服务器进行认证。

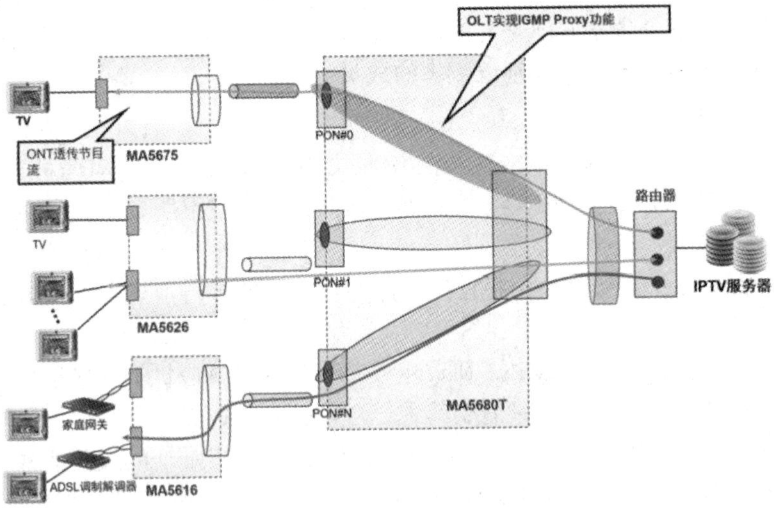

图 5-6　模拟视频业务流原理

2) B/C 类光终端视频业务流

B 类和 C 类光终端都是直接透传节目流到 IPTV 服务器。IPTV 服务器会将组播流信息，通过组播 VLAN 3000 首先推送到 OLT 设备的上行口，OLT 向各个业务板的 PON 口进行复制转发，B 类和 C 类光终端根据组播转发路径表，会收到组播 VLAN 3000 推送的组播流信息。

目前 MA5680T 组播应用定位为二层应用，基于"VLAN+组播 MAC"进行数据转发，网络上组播节目用"VLAN+组播 MAC"唯一标识。在 MA5680T 上，用 VLAN 区分组播源，为每个组播源分配不同的 VLAN，基于组播 VLAN 实现组播域控制和用户权限控制，同时为不同 ISP 实现不同组播视频业务提供了平台。

5.2　视频业务协议

视频业务中主要使用的是组播协议，组播协议主要包括互联网组管理协议(Internet Group Management Protocol，IGMP)和组播路由协议。

IGMP 协议

5.2.1　IGMP 协议

1. IGMP 协议定义

IGMP 是 TCP/IP 协议族中负责 IPv4 组播成员管理的协议，用来在 IP 主机和与其直连的组播路由器之间建立和维护组播组成员关系。IGMP 定义了一个网段内主机与组播路由器之间如何维护组成员信息以及组播报文跨路由器转发的情况。

2. IGMP 协议版本

到目前为止，IGMP 协议共有 IGMPv1 版本(由 RFC 1112 定义)、IGMPv2 版本(由 RFC 2236 定义)和 IGMPv3 版本(由 RFC 3376 定义)三个版本。IGMPv1 中定义了基本的组成员查询和报告过程，IGMPv2 在此基础上添加了查询器选举和组成员离开的机制，IGMPv3 中增加的主要功能是成员可以指定接收或指定不接收某些组播源的报文。三个版本在演进过程中对协议报文的处理是向前兼容的，因此尽管各个版本的协议报文格式不同，但是运行 IGMP 高版本的路由器可以识别低版本的成员报告。

1) IGMPv1 协议

(1) IGMPv1 报文。IGMP 报文封装在 IP 报文中，IGMPv1 报文有两种类型。

① 普遍组查询(General Query)报文：查询器向共享网络上所有主机和路由器发送的查询报文，用于了解哪些组播组存在成员。

② 成员报告(Report)报文：主机向组播路由器发送的报告消息，用于申请加入某个组播组或者应答查询报文。

(2) IGMPv1 工作机制。IGMPv1 协议主要基于查询和响应机制完成组播组管理。当一个网段内有多个组播路由器时，只需要其中一台发送查询报文就足够了，此时需要选出一个 IGMP 查询器。在 IGMPv1 中，由组播路由协议 PIM 选出唯一的组播信息转发者，作为 IGMPv1 的查询器，负责该网段的组成员关系查询。

① 普遍组查询和响应工作机制。如图 5-7 所示，组播网络中路由器 A 和路由器 B 连接主机网段，路由器 A 为查询器，在主机网段上有主机 A、主机 B 和主机 C 三个接收者。假设主机 A 和主机 B 想要接收发往组播组 G1 的数据，主机 C 想要接收发往组播组 G2 的数据。

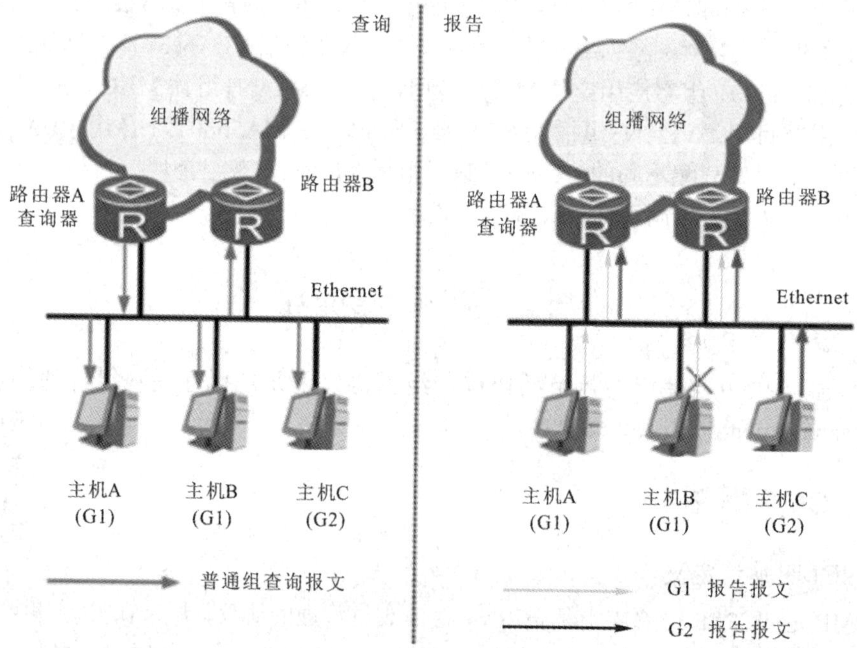

图 5-7　IGMPv1 查询和响应示意图

普遍组查询和响应过程如下：

IGMP 查询器(路由器 A)发送普遍组查询报文，目的地址是 224.0.0.1(表示同一网段内所有主机和路由器)。普遍组查询报文是周期性发送的，发送周期可以通过命令配置；缺省时每隔 60 s 发送一次。网段内所有主机都会接收到该查询报文，主机 A 和主机 B 是组播组 G1 成员，则在本地启动定时器 Timer-G1。主机 C 是组播组 G2 的成员，在本地启动定时器 Timer-G2。定时器的取值为 0～10 s 之间的随机值。

第一个定时器超时的主机发送针对该组的报告报文。主机 A 上的 Timer-G1 首先超时，向该网段发送目的地址为 G1 的报告报文。想加入组 G1 的主机 B 侦听到此报告报文后，则停止定时器 Timer-G1，不再发送针对 G1 的报告报文。这样报告报文被抑制，可以减少网段上的流量。

主机 C 上的 Timer-G2 超时，向该网段发送报告报文，目的地址为 G2。路由器接收到报告报文后，了解到本网段内存在组播组 G1 和 G2 的成员，则由组播路由协议生成(*，G1)和(*，G2)组播转发项。其中“*”代表任意组播源。网络中一旦有组播组 G1 和 G2 的数据到达路由器，将向该网段转发。

② 新组员加入工作机制。如图 5-8 所示，假设在网段上新接入了一个主机 D，想加入组播组 G3，但是侦听到网段中没有 G3 的组播数据，则不等待普遍组查询报文的到来，立即发送针对 G3 的报告报文。路由器收到报告报文后，了解到本网段内出现了组播组 G3 的成员，则生成组播转发项(*，G3)。网络中一旦有 G3 的数据到达路由器，将向该网段转发。

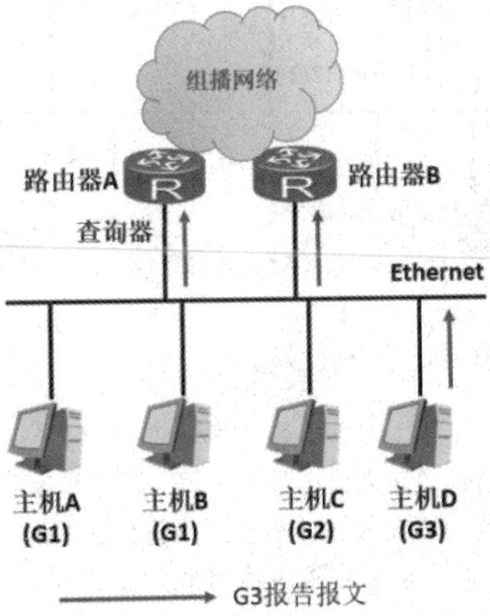

图 5-8　新组员加入示意图

③ 组员离开工作机制。IGMPv1 没有专门定义离开组的报文。当主机离开组播组时，将不会再对普遍组查询报文做出回应。假设主机 C 退出组播组 G2，当收到普遍组查询报文时，主机 C 不再发送针对 G2 的报告报文。由于网段上不存在组 G2 的其他成员，路由器不会收到 G2 的报告报文，则在一定时间(130 s)后，删除 G2 所对应的组播

转发项。如果主机 A 退出组播组 G1，则路由器不会感知到它的离开，因为 G1 中还有成员主机 B。

2) IGMPv2 协议

(1) IGMPv2 报文。相比于 IGMPv1，除了普遍组查询报文和成员报告报文之外，IGMPv2 新增了两种报文。

① 特定组查询(Group-Specific Query)报文：查询器向共享网段内指定组播组发送的查询报文，用于查询该组播组是否存在成员。

② 成员离开(Leave)报文：成员离开组播组时主动向路由器发送的报文，用于宣告自己离开了某个组播组。

IGMPv2 对普遍组查询报文格式也做了改进，添加了最大响应时间(Max Response Time)字段。此字段取值可以配置，用于控制成员的响应速度。

(2) IGMPv2 工作机制。在工作机制上，与 IGMPv1 相比，IGMPv2 增加了查询器选举机制和离开组机制。

① 查询器选举机制。IGMPv2 使用独立的查询器选举机制，当共享网段上存在多个组播路由器时，IP 地址最小的路由器成为查询器，如图 5-9 所示。

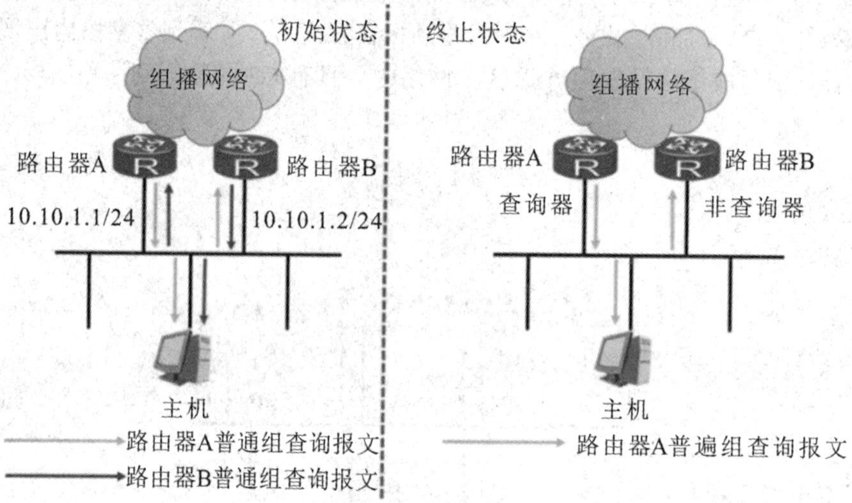

图 5-9　查询器选举机制

IGMPv2 路由器在初始时都认为自己是查询器，向本地网段内的所有主机和路由器发送普遍组查询报文。其他路由器在收到该报文后，将报文的源 IP 地址与自己的接口地址作比较。通过比较 IP 地址，最小的路由器将成为查询器，其他路由器成为非查询器(Non-Querier)。路由器 A 的接口地址小于路由器 B，则路由器 A 当选为查询器。所有非查询器上都会启动一个定时器(即其他查询器存在时间定时器 Other Querier Present Timer)。在该定时器超时前，如果收到了来自查询器的查询报文，则重置该定时器；否则，就认为原查询器失效，并发起新的查询器选举过程。

② 离开组机制。如图 5-10 所示，在 IGMPv2 中，主机 C 想离开组播组 G2 时，主机 C 向本地网段内的所有组播路由器(目的地址为 224.0.0.2)发送针对组 G2 的离开报文。查询器

收到离开报文，会发送针对组 G2 的特定组查询报文。发送间隔和发送次数可以配置；缺省时为每隔 1 s 发送一次，共发送两次。同时启动组成员关系定时器（Timer-Membership = 发送间隔 × 发送次数）。网段内不存在组 G2 其他的成员，则路由器不会收到针对组 G2 的报告报文，会在 Timer-Membership 超时后，删除(*，G)表项中对应的下游接口。组 G2 的数据再到达路由器时，将不会再向该网段转发。如果网段内还有组 G2 的其他成员，则这些成员在收到特定组查询报文后，会在该报文中指定的最大响应时间内发送针对组 G2 的报告报文。路由器继续维护该组成员关系。

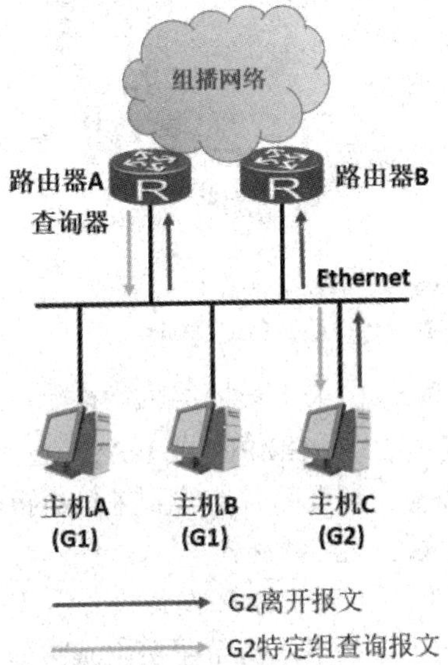

图 5-10　离开组工作机制

3) IGMPv3 协议

IGMPv3 主要是为了配合 SSM 模型发展起来的，提供了在报文中携带组播源信息的能力，即能加入到指定源的组播组。

(1) IGMPv3 报文。IGMPv3 报文包含查询报文、报告报文和离开报文三大类。相较 IGMPv2 报文，其变化如下：

① 查询报文：除了普遍组查询和特定组查询，新增了特定源组查询(Group-and-Source-Specific Query)报文。该报文由查询器向共享网段内特定组播组成员发送，用于查询该组成员是否愿意接收特定源发送的数据。特定源组查询通过在报文中携带一个或多个组播源地址来达到这一目的。

② 报告报文：不仅通知路由器主机要加入某组播组，并且可以指定只接收哪些组播源发往该组的数据。

③ 离开报文：IGMPv3 没有定义专门的成员离开报文，成员离开通过特定类型的报告报文来传达。例如组 225.1.1.1 的成员想离开这个组，则会发送(225.1.1.1，TO_IN，0)的报告报文。

(2) IGMPv3 工作机制。在工作机制上，与 IGMPv2 相比，IGMPv3 增加了主机对组播源的选择能力。

① 特定源组加入工作机制。IGMPv3 的成员报告报文的目的地址为 224.0.0.22(表示同一网段所有使能 IGMPv3 的路由器)。通过在报告报文中携带组记录，主机在加入组播组的同时，能够明确要求接收或不接收特定组播源发出的组播数据。如图 5-11 所示，网络中存在 S1 和 S2 两个组播源，均向组播组 G 发送组播数据，主机仅希望接收从组播源 S1 发往组播组 G 的信息。

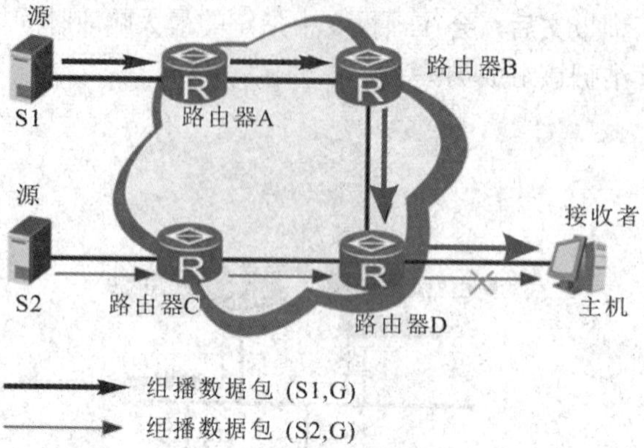

图 5-11 特定源组的组播数据流路径

如果主机和路由器之间运行的是 IGMPv1 或 IGMPv2，主机加入组播组 G 时无法对组播源进行选择，无论其是否需要，都会同时接收到来自组播源 S1 和 S2 的数据。如果采用 IGMPv3，主机可以选择仅接收 S1 组播数据。

② 特定源组查询工作机制。当查询器接收到改变组播组与源列表的对应关系的报告时，会发送特定源组查询报文。如果组成员希望接收其中任意一个源的组播数据，将反馈报告报文。路由器根据反馈的组成员报告更新该组对应的源列表。

IGMP 三个版本中，目前主流的是 IGMPv3 版本，三个版本的工作机制总结如图 5-12 所示。

工作机制 \ 版本	IGMPv1	IGMPv2	IGMPv3
成员离开方式	静默离开	主动发出离开报文	主动发出离开报文
指定组查询	不支持	支持	支持
指定源、组加入	不支持	不支持	支持

图 5-12 IMGP 协议版本工作机制比较

3. IGMP 工作模式

在组播处理模式上，MA5680T 支持 IGMP Snooping 和 IGMP Proxy 两层组播协议。两种工作模式都实现了组播视频数据转发功能，但处理机制不同。

(1) IGMP Snooping：通过侦听用户与组播路由器之间通信的 IGMP 报文，获取相关信息，维护组播转发表项。当 ONU 侦听到主机的某个组播组的 IGMP 报告时，它就在有关的组播 MAC 地址表中增加该主机的端口。ONU 侦听到主机的 IGMP“离开消息”时，它就在有关的组播 MAC 地址表中删除该主机的端口。

(2) IGMP Proxy：拦截用户和组播路由器之间的 IGMP 报文并进行相关处理后，再将它转发给上层组播路由器。从组播用户的角度看，MA5680T 是一台组播路由器，完成 IGMP 协议中路由器的部分功能；从组播路由器来看，MA5680T 是一个组播用户。

5.2.2 组播路由协议

要想在一个实际网络中实现组播数据包的转发，必须在各个互连设备上运行可互操作的组播路由协议。组播路由协议分为密集模式协议(如 DVMRP、PIM-DM)、稀疏模式协议(如 PIM-SM、CBT)和链路状态协议(MOSPF)三大类，下面分别介绍各个协议的工作原理。

1. 密集模式协议

下面以密集模式协议中的距离向量组播路由协议和协议无关组播为例来进行说明。距离向量组播路由协议(Distance Vector Multicast Routing Protocol，DVMRP)由单播路由协议 RIP 扩展而来，两者都使用距离向量算法得到网络的拓扑信息；不同之处在于，RIP 根据路由表前向转发数据，DVMRP 则基于 RPF。一方面，为了使新加入的组播成员能及时收到组播数据，DVMPR 采用定时发送数据包给所有 LAN 的方法；这种方法导致大量路由控制数据包扩散，从而这部分开销限制了网络规模的扩大。另一方面，DVMRP 使用跳数作为计量尺度，其上限为 32 跳，这对网络规模也是一个限制。目前提出的分层 DVMRP，即对组播网络划分区域，在区域内的组播可以按照任何协议进行，对于跨区域的组播则由边界路由器在 DVMRP 协议下进行，这样大大减少了路由开销。

协议无关组播(Protocol Independent Multicast，PIM)由 IDMR(Inter Domain Multicast Routing，域间组播路由)工作组设计，顾名思义，PIM 不依赖于某一特定单播路由协议，它可利用各种单播路由协议建立的单播路由表来完成 RPF 检查功能，而不是维护一个分离的组播路由表来实现组播转发。由于 PIM 无须收/发组播路由更新，所以与其他组播协议相比，PIM 开销降低了许多。PIM 设计的出发点是在 Internet 范围内同时支持 SPT 和共享树，并使两者之间灵活转换，因而集中了它们的优点，提高了组播效率。

2. 稀疏模式协议

稀疏模式协议采用的是有核树组播路由(Core Based Tree，CBT)协议。CBT 协议的基本目标是减少网络中路由器组播状态，以提供组播的可扩展性。为此，CBT 被设计成稀疏模式(与 PIM-SM 相似)。CBT 使用双向共享树；双向共享树以某个核心路由器为根，允许组播信息在两个方向流动。这一点与 PIM-SM 不同(PIM-SM 中共享树是单向的，在 RP 与组播源之间使用 SPT 将组播数据转发到 RP)，所以 CBT 不能使用 RPF 检查，而使用 IP 包头的目标组地址作为检查转发缓存。这就要求在维护 CBT 共享树时要非常小心，以确保不会产生组播路由循环。

3. 链路状态协议

下面以链路状态协议中的开放式组播最短路径优先协议为例来进行说明。开放式组播最短路径优先(Multicast Open Shortest Path First，MOSPF)协议是一种基于链路状态的路由协议，是对单播 OSPF 协议的扩展。同 OSPF 类似，MOSPF 定义了三种级别的路由。

(1) OSPF 区域内组播路由：了解各网段中的组播成员，构造(源网络 S，组 G)对的 SPT。

(2) MOSPF 区域间组播路由：汇总区域内成员关系，并在自治系统(AS)主干网(区域 0)上发布组成员关系记录通告，实现区域间组播包的转发。

(3) OSPF AS 间组播路由：转发跨 AS 的组播包。

5.3　视频业务组网图

在 EPON 系统中，采取 SCB＋IGMP 的方式实现组播业务的分发，利用基于 OAM 的组播控制报文，实现组播业务的控制和管理功能。其视频业务组网如图 5-13 所示。

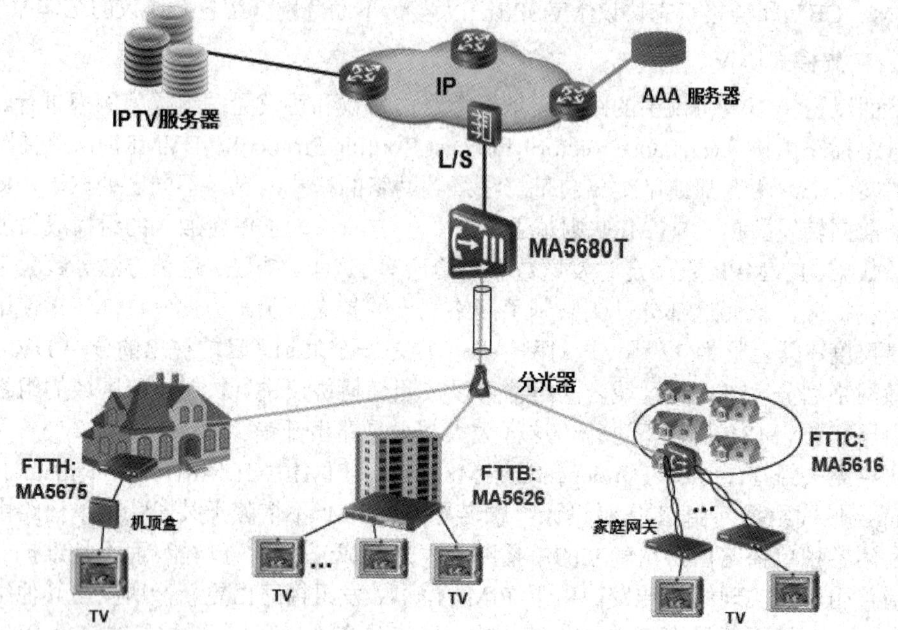

图 5-13　视频业务组网

1. FTTH 视频业务组网

A 类 MA5675 光终端采用 FTTH 组网方式，对于用户视频业务只提供 1 个或多个网口，以桥接的方式工作在第二层，ONU/ONT 设备实现简单、成本低。如果上层运行比较复杂的协议，也可以采用 L3 方式。在 PON 接口下行方向，OLT 通过广播 LLID 信道以单拷贝广播(SCB)方式将组播内容分发给所有 ONU；再通过 IGMP Join/Leave 和 query 消息实现组播组成员的动态加入、退出和维持。EPON 系统通过 UNI 端口的组播 VLAN 配置可实现简单的用户组播权限控制，更复杂的业务权限控制由 IPTV 业务平台实现。

2. FTTB 视频业务组网

B 类 MA5626 光终端采用 FTTB 组网方式，大型 OLT 下接小型的接入设备；该小型接入设备运行比较复杂的协议，并需要接入到楼里面的各个家庭用户。对于小型的接入设备，OLT 不进行组播控制，只负责把组播数据透传下去。为保证综合组播性能，尤其是频道切换时间，组播控制在 ONU/ONT 上完成。

3. FTTC 视频业务组网

EPON 系统支持 IGMP 组播控制协议和动态可控组播协议，C 类 MA5616 光终端采用

FTTC 组网方式，FTTC 组网多采用动态可控组播协议。动态可控组播协议的核心思想是 OLT 基于 IGMP 控制报文携带的用户标识信息进行用户鉴权，并通过扩展 OAM 消息控制 ONU 对组播数据报文的转发。OLT 上划分了组播专用的 VLAN，即组播业务使用一个或者多个专用的 LAN，实现与其他业务的隔离；一个组播 VLAN 对应一个组播频道或者一个频道组(指一个权限统一管理的组播频道的集合)。一个组播频道仅属于一个特定的组播 VLAN。在 SCB 信道中传送的组播业务流均带有组播 VLAN tag。用户的其他数据流(包括单播业务以及上行的 IGMP 报文等)划入另外的单播 VLAN/CVLAN。

5.4　视频业务数据规划

用户机顶盒通过 FE 接口连接到 ONU，ONU 通过 EPON 接入 OLT 至上层网络，实现 IPTV 业务，IPTV 视频业务组网可以采用 MVLAN 和 CTC 两种模式，CTC 模式又可分为 IGMP 和 OAM 两种模式，每种模式的组播协议版本、组播协议模式和组播节目匹配模式都不同，所以 IPTV 组网配置时数据规划就很重要。

1. 基于 MVLAN 模式的视频业务数据规划

OLT 和 ONU 都基于 MVLAN 模式组网，ONU 可以采用 IGMP Snooping 模式，但推荐采用 IGMP Proxy 模式；因为如果 ONU 采用 IGMP Snooping 模式，组播用户交互报文都需要 OLT 处理，这对 OLT 性能有较高要求。表 5.3 是 MVLAN 模式下必要的协商参数。

表 5.3　IPTV 视频业务参数数据规划(MVLAN 模式)

业　务	数据项	参数信息
IPTV(MVLAN 模式)	组播协议	OLT：IGMP Proxy
	组播协议版本	IGMPv3
	组播 VLAN	3000
	组播节目配置方式	节目静态配置方式
	组播服务器 IP	192.168.1.1
	组播节目	226.0.0.1

2. 基于 CTC 模式的视频业务数据规划

组播权限控制统一由 OLT 侧进行集中管理，ONU 是组播权限管理的执行者。OLT 通过扩展的组播控制 OAM 报文，将端口对组播频道的访问权限下发到 ONU。ONU 接受 OLT 下发的扩展的组播控制 OAM 报文，并按照该报文增加或删除 ONU 本地的组地址过滤和组播转发表项，然后执行相应的组播业务流的转发和关断。ONU 将接收到的 IGMP Join/Leave 报文打上标识端口 VLAN tag，并透传到 OLT。OLT 利用 LLID 和上行的 IGMP Join 报文携带的 VLAN ID 进行端口识别，并基于组播权限控制表判断该端口(用户)是否具有所申请的组播业务的访问权限及参数。表 5.4 是 CTC 模式下必要的协商参数。

表 5.4　IPTV 视频业务参数数据规划(CTC 模式)

业　务	数据项	参数信息
IPTV(CTC 模式)	组播协议	IGMP 方式：OLT 和 ONU 侧组播模式均采用 Proxy，并在 OLT 上开启 CTC 模式 OAM 方式：在 OLT 上开启 CTC 模式，组播模式采用 Proxy，在 ONU 上选择动态可控组播模式
IPTV(CTC 模式)	组播协议版本	IGMPv3
	组播 VLAN	3000
	组播节目配置方式	在 OLT 上采用节目静态配置方式在 ONU 上节目动态生成
	组播服务器 IP	192.168.1.1
	组播节目	226.0.0.1

5.5　A 类 MA5675 光终端视频业务配置

5.5.1　A 类 MA5675 光终端视频业务组网规划

A 类 MA5675 光终端采用 FTTH 接入方式，以 MVLAN 模式进行配置；用户机顶盒通过 FE 接口连接到该终端，该终端通过 MA5680T 设备连接到 IPTV 服务器实现组播业务。OLT 和 ONU 上的组播模式均采用 Proxy 模式，ONU 用户接入侧组播报文在 ONU 上终结，这样可以减少 OLT 的负担。IPTV 业务 DBA 采用固定带宽，上下行流量控制不限速，组播节目采用静态配置方式。A 类 MA5675 光终端视频业务组网如图 5-14 所示，视频业务数据规划如表 5.5 所示。

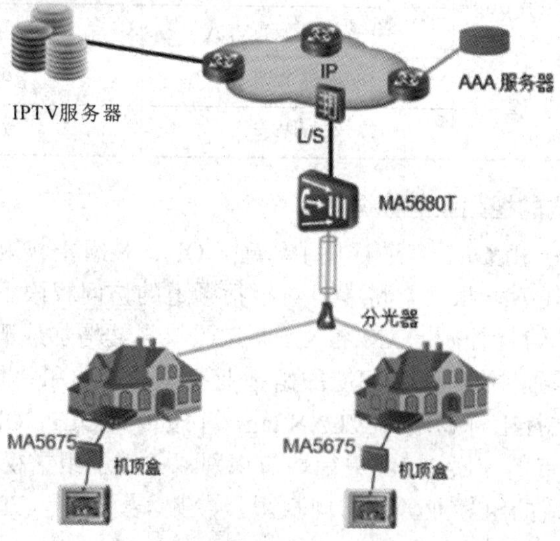

视频业务数据规划

图 5-14　A 类 MA5675 光终端视频业务组网

表 5.5　A 类 MA5675 光终端视频业务数据规划

<table>
<tr><th colspan="3">视频业务数据规划</th></tr>
<tr><td>配 置 项</td><td colspan="2">参　数</td></tr>
<tr><td>OLT 管理参数</td><td colspan="2">管理方式：带外网管</td></tr>
<tr><td>OLT 上行端口</td><td colspan="2">0/18/1</td></tr>
<tr><td>OLT 业务 VLAN</td><td colspan="2">Smart VLAN：3000</td></tr>
<tr><td>OLT_DBA 模板</td><td colspan="2">ID：10；Type1；带宽：10240 kb/s</td></tr>
<tr><td>OLT_线路模板</td><td colspan="2">ID：10</td></tr>
<tr><td>OLT_业务模板</td><td colspan="2">ID：10；ETH：4；Pots：4</td></tr>
<tr><td>OLT 业务板</td><td colspan="2">0/1/3</td></tr>
<tr><td>OLT 上行端口</td><td colspan="2">0/18/1</td></tr>
<tr><td>ONT</td><td colspan="2">ONT_ID：10</td></tr>
<tr><td>ONT_MAC</td><td colspan="2">xxxx-xxxx-xxxx</td></tr>
<tr><td rowspan="2">ONT 用户 VLAN</td><td colspan="2">FE：3</td></tr>
<tr><td colspan="2">VLAN：66</td></tr>
<tr><th colspan="3">组播协议参数规划</th></tr>
<tr><td>业　务</td><td>数 据 项</td><td>参 数 信 息</td></tr>
<tr><td rowspan="10">IPTV
(MVLAN 模式)</td><td>组播 VLAN</td><td>3000</td></tr>
<tr><td rowspan="2">ONT_组播 VLAN</td><td>FE：3</td></tr>
<tr><td>VLANID：3000</td></tr>
<tr><td>组播 VLAN 上行口</td><td>0/18/1</td></tr>
<tr><td>组播协议版本</td><td>IGMPv3</td></tr>
<tr><td>组播模式</td><td>Proxy</td></tr>
<tr><td rowspan="3">组播节目配置方式</td><td>节目静态，手动增加</td></tr>
<tr><td>组播服务器 IP：192.168.1.1</td></tr>
<tr><td>组播节目 IP：226.0.0.1</td></tr>
<tr><td>IGMP 用户</td><td>不鉴权</td></tr>
</table>

5.5.2　A 类 MA5675 光终端视频业务配置流程

A 类 MA5675 光终端视频业务配置只需要在 OLT 上进行，共分为 8 个步骤，如图 5-15 所示。

A 类光终端视频业务配置流程

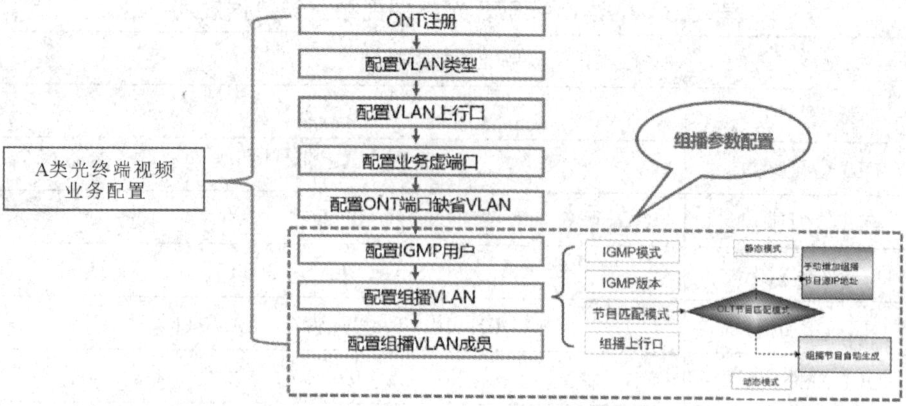

图 5-15　A 类 MA5675 光终端视频业务配置流程

5.5.3　A 类 MA5675 光终端视频业务配置命令

A 类 MA5675 光终端视频业务配置命令如下：

(1) ONT 注册：开通 ONT 视频业务之前，必须先注册。A 类 MA5675 光终端注册需要绑定 DBA 模板、线路模板和业务模板，详见 2.3.1 节。

业务模板侧需要在以太网 3 端口配置用户 VLAN 66 命令：

```
MA5680T(config)#ont-srvprofile epon profile-id 10
MA5680T(config-epon-srvprofile-10)#ont-port eth 4 pots 4
MA5680T(config-epon-srvprofile-10)# port vlan eth 3 66
MA5680T(config-epon-srvprofile-10) #commit
```

(2) 配置 VLAN 类型：

```
MA5680T(config)#vlan 3000 smart                //创建 Smart VLAN 3000//
```

(3) 配置 VLAN 上行口：

```
MA5680T(config)#port vlan 3000 0/18 1   //在 EPON 设备上行 GICG 单板 18 号槽位的 1 号端口
创建 VLAN 3000 //
```

(4) 配置业务虚端口：

```
MA5680T(config)#service-port 10 vlan 3000 epon 0/1/3 ont 10 multi-service user-vlan 66 //创建
业务虚端口 ID_10，将业务 VLAN 300。和用户 VLAN 66 绑定在 EPON 设备的 0 框 1 槽位 3 端口下
注册的 ONT_10 下//
```

(5) 配置 ONT 端口缺省 VLAN：

```
MA5680T(config-if-gpon-0/1)# ont port native-vlan 3 10 eth 3 vlan 66          //在 OLT 设
备 0/1/3 端口下，指定编号为 10 的 ONT 的 3 号 ETH 端口的 Native VLAN 为 VLAN 66//
```

注意：该配置命令语句中，VLAN ID 必须和业务模板配置的用户端口 VLAN ID 相同。如果配置不同，则无法剥离 VLAN 的 tag 标签。

(6) 配置 IGMP 用户：

```
MA5680T(config)#btv
MA5680T(config-btv)#igmp policy service-port 10 norma
MA5680T(config-btv)#igmp user add service-port 10 no-auth //增加组播用户，用户不需要鉴权//
```

(7) 配置组播 VLAN：

① 配置 IGMP 模式：

```
MA5680T(config)# multicast-vlan 3000
MA5680T(config-mvlan3000)#igmp mode proxy
```

② 配置 IGMP 版本：

```
MA5680T(config-mvlan3000)#igmp version v3
```

③ 静态增加节目：

```
MA5680T(config-mvlan3000)# igmp program add ip 226.0.0.1 sourceip 192.168.1.1
```

④ 配置组播上行口：

```
MA5680T(config-mvlan3000)#igmp uplink-port 0/18/1
```

(8) 配置组播 VLAN 成员：

```
MA5680T(config-mvlan3000)#igmp multicast-vlan member service-port 10
```

5.5.4 A 类 MA5675 光终端视频业务开通配置示例

A 类光终端视频业务开通配置实验

A 类 MA5675 光终端视频业务开通配置步骤如下：

(1) ONT 注册：

```
MA5680T(config)#dba-profile add profile-id 10 type1 fix 102400
MA5680T(config)# ont-lineprofile epon profile-id 10
MA5680T(config-epon-lineprofile-10)#llid dba-profile-id 10
MA5680T(config-epon-lineprofile-10)#commit
MA5680T(config-epon-lineprofile-10)#quit
MA5680T(config)#ont-srvprofile epon profile-id 10
MA5680T(config-epon-srvprofile-10)#ont-port eth 4 pots 4
MA5680T(config-epon-srvprofile-10)# port vlan eth 3 66
MA5680T(config-epon-srvprofile-10)#commit
MA5680T(config-epon-srvprofile-10)#quit
MA5680T(config)#interface epon 0/1
MA5680T(config-if-epon-0/1)#port 3 ont-auto-find enable
MA5680T(config-if-epon-0/1)#display ont autofind 3
MA5680T(config-if-epon-0/1)#ont add 3 10 mac-auth xx-xx-xx-xx oam ont-lineprofile-id 10 ont-srvprofile-id 10
```

(2) 配置 VLAN 类型：

```
MA5680T(config)#vlan 3000 smart
```

(3) 配置 VLAN 上行口：

```
MA5680T(config)#port vlan 3000 0/18 1
```

(4) 配置业务虚端口：

```
MA5680T(config)#service-port 10 vlan 3000 epon 0/1/3 ont 10 multi-service user-vlan 66
```

(5) 配置 ONT 端口缺省 VLAN：

```
MA5680T(config-if-gpon-0/1)# ont port native-vlan 3 10 eth 3 vlan 66
```

(6) 配置 IGMP 用户：

```
MA5680T(config)#btv
MA5680T(config-btv)#igmp   policy   service-port 10   norma
MA5680T(config-btv)#igmp   user   add   service-port 10   no-auth
```

(7) 配置组播 VLAN：

```
MA5680T(config)# multicast-vlan 3000
MA5680T(config-mvlan3000)#igmp mode proxy
Are you sure to change IGMP mode?(y/n)[n]:y
MA5680T(config-mvlan3000)#igmp version v3
MA5680T(config-mvlan3000)# igmp program add ip 226.0.0.1 sourceip 192.168.1.1
MA5680T(config-mvlan3000)#igmp uplink-port 0/18/1
```

(8) 配置组播 VLAN 成员：

```
MA5680T(config-mvlan3000)#igmp multicast-vlan member service-port 10
```

5.6 B 类 MA5626 光终端视频业务配置

5.6.1 B 类 MA5626 光终端视频业务组网规划

B 类 MA5626 光终端视频业务开通配置采用 FTTB 接入方式，CTC 标准支持 IGMP Snooping 和动态可控组播两种模式，本任务模式是 IGMP Snooping 模式下的配置。IGMP Snooping 模式就是 OLT 利用 IGMP Proxy、ONU 利用 IGMP Snooping/Proxy 实现对组播组成员的管理；主要是通过 IGMP Report/Leave 和 query 消息实现组播组成员的动态加入、退出和维持。

MA5626 设备有 24 个 FE 接口，在 MA5680T 设备上开启 CTC 模式，MVLAN 的组播模式采用 Proxy，ONU 在全局 IP 转发模式下开启 Proxy 模式。MA5680T 上组播节目采用静态配置方式，ONU 上组播节目动态生成，IPTV 业务 DBA 采用最大带宽方式保证。组播日志以 CDR 方式上报到日志服务器。B 类 MA5626 视频业务组网如图 5-16 所示，视频业务数据规划如表 5.6 所示。

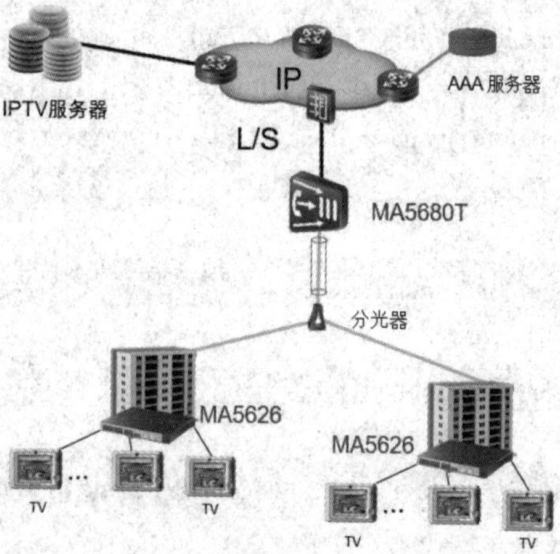

图 5-16 B 类 MA5626 光终端视频业务组网

表 5.6 B 类 MA5626 光终端视频业务数据规划

<table>
<tr><td colspan="3">OLT 视频业务数据规划</td></tr>
<tr><td>配 置 项</td><td colspan="2">参 数</td></tr>
<tr><td>OLT 管理参数</td><td colspan="2">管理方式：带外网管
管理 IP：10.11.104.2/24</td></tr>
<tr><td>OLT 上行端口</td><td colspan="2">0/18/1</td></tr>
<tr><td>OLT 业务 VLAN</td><td colspan="2">Smart VLAN：3000</td></tr>
<tr><td>OLT_DBA 模板</td><td colspan="2">ID：10；Type4；最大 100 Mb/s</td></tr>
<tr><td>OLT_线路模板</td><td colspan="2">ID：10</td></tr>
<tr><td>OLT 业务板</td><td colspan="2">0/1/3</td></tr>
<tr><td>OLT 上行端口</td><td colspan="2">0/18/1</td></tr>
<tr><td>ONT</td><td colspan="2">ONT_ID：10</td></tr>
<tr><td>ONT_MAC</td><td colspan="2">xxxx-xxxx-xxxx</td></tr>
<tr><td>ONT 用户 VLAN</td><td colspan="2">VLAN：3000</td></tr>
<tr><td colspan="3">ONU 视频业务数据规划</td></tr>
<tr><td>MA5626 设备</td><td colspan="2">参数信息</td></tr>
<tr><td rowspan="4">管理通道参数</td><td colspan="2">管理 IP：129.9.253.254/24</td></tr>
<tr><td colspan="2">网关地址：129.9.253.1/24</td></tr>
<tr><td colspan="2">MA5626 设备 IP：129.9.253.100/24</td></tr>
<tr><td colspan="2">管理 VLAN：4001</td></tr>
<tr><td>ONT_ID</td><td colspan="2">10</td></tr>
<tr><td>MAC 地址</td><td colspan="2">xx-xx-xx-xx</td></tr>
<tr><td>业务 VLAN</td><td colspan="2">3000</td></tr>
<tr><td>上行端口</td><td colspan="2">0/0/1</td></tr>
<tr><td>FE 端口</td><td colspan="2">0/1/1～0/1/24</td></tr>
<tr><td colspan="3">组播参数数据规划</td></tr>
<tr><td>业务</td><td>数据项</td><td>参数信息</td></tr>
<tr><td rowspan="11">IPTV
(CTC-IGMP 模式)</td><td>组播 VLAN</td><td>3000</td></tr>
<tr><td rowspan="2">ONT_组播 VLAN</td><td>FE：0/0/1</td></tr>
<tr><td>VLAN ID：3000</td></tr>
<tr><td>OLT_组播 VLAN 上行口</td><td>0/18/1</td></tr>
<tr><td>OLT_组播协议版本</td><td>IGMPv3</td></tr>
<tr><td>OLT_组播模式</td><td>Proxy</td></tr>
<tr><td rowspan="3">组播节目配置方式</td><td>节目静态，手动增加</td></tr>
<tr><td>组播服务器
IP：192.168.1.1</td></tr>
<tr><td>组播节目 IP：226.0.0.1</td></tr>
<tr><td>IGMP 用户</td><td>不鉴权</td></tr>
<tr><td>日志服务器</td><td>10.10.10.20</td></tr>
</table>

5.6.2 B 类 MA5626 光终端视频业务配置流程

B 类MA5626 光终端视频业务配置流程分为MA5680T 侧配置和MA5626 侧配置两个部分。

MA5680T 侧视频业务配置流程分为 9 个步骤，如图 5-17 所示。

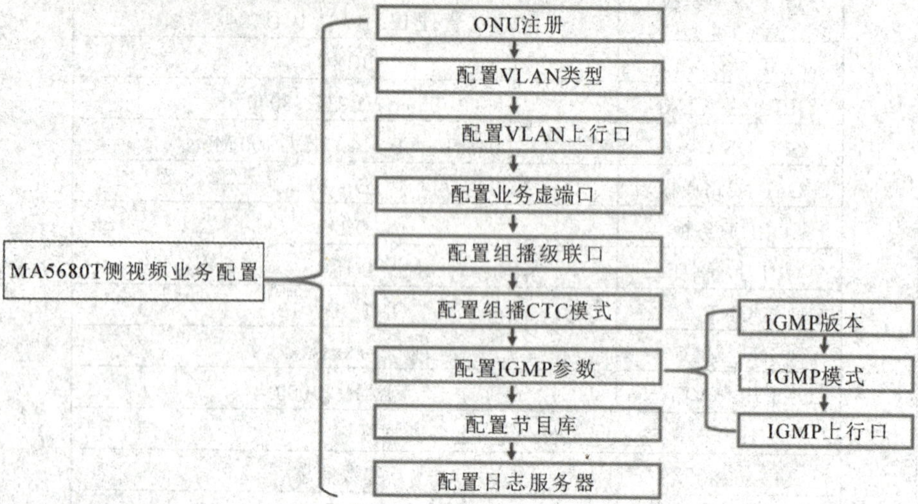

图 5-17 MA5680T 侧视频业务配置流程

MA5626 侧视频业务配置流程分为 9 个步骤，如图 5-18 所示。

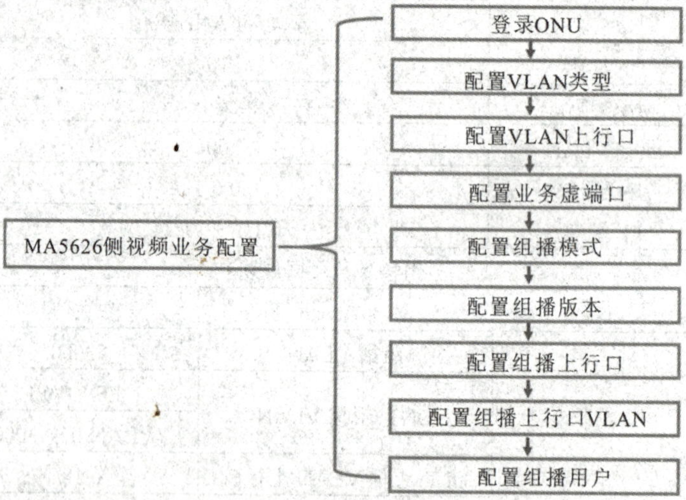

图 5-18 MA5626 侧视频业务配置流程

5.6.3 B 类 MA5626 光终端视频业务配置命令

1. MA5680T 侧视频业务配置命令

(1) ONU 注册：根据视频业务数据规划，B 类 MDU 注册需要配置带内管理通道，绑定 DBA 和线路模板，详见 2.3.2 节。

(2) 配置 VLAN 类型：

```
MA5680T(config)#vlan 3000 smart  //视频业务 VLAN 采用单层，不配置 QinQ 属性//
```

(3) 配置 VLAN 上行口：

```
MA5680T(config)#port vlan 3000 0/18 1
```

(4) 配置业务虚端口：

```
MA5680T(config)#service-port 10 vlan 3000 epon 0/1/3 ont 10 multi-service user-vlan 3000 //创建业务虚端口 ID_10，将业务 VLAN 3000 和用户 VLAN 3000 绑定在 EPON 设备的 0 框 1 槽位 3 端口下注册的 ONT_10 下//
```

(5) 配置组播级联口：

```
MA5680T (config)#btv
MA5680T (config-btv)#igmp cascade-port 0/1/3 ontid 10
MA5680T (config-btv)#quit //将连接 ONU 的端口 0/1/3 配置为组播级联口//
MA5680T (config-btv)#igmp user add service-port 10 no-auth //IGMP 用户不鉴权//
MA5680T (config-btv)#multicast-vlan 3000
MA5680T (config-mvlan3000)#igmp multicast-vlan member service-port 10
```

(6) 配置组播 CTC 模式：

```
MA5680T (config)#interface epon 0/1
MA5680T (config-if-epon-0/1)#ont multicast-mode 3 10 ctc
```

(7) 配置 IGMP 参数：

① 配置 IGMP 版本：

```
MA5680T (config)#multicast-vlan 3000
MA5680T (config-mvlan3000)#igmp version v3
```

② 配置 IGMP 模式：

```
MA5680T (config-mvlan3000)#igmp mode proxy
Are you sure to change IGMP mode?(y/n)[n]:y
```

③ 配置 IGMP 上行口：

```
MA5680T (config-mvlan3000)#igmp uplink-port 0/18/1
```

(8) 配置节目库：

```
MA5680T(config-mvlan3000)#igmp program add ip 226.0.0.1 sourceip 192.168.1.1
 //节目组播 IP 地址为 226.0.0.1，节目源 IP 地址为 192.168.1.1//
```

(9) 配置日志服务器：

```
MA5680T (config-mvlan3000)#btv
MA5680T (config-btv)#igmp cdr enable
MA5680T (config-btv)#quit
MA5680T (config)#file-server auto-backup cdr primary 10.10.10.20 tftp //启动 CDR 日志上报，配置主服务器地址为 10.10.10.20//
```

2. MA5626 侧视频业务配置命令

根据视频业务数据规划进行 ONU 侧视频业务配置。

(1) 登录 ONU：在 OLT 上 telnet ONU 的管理 IP 地址登录设备，用户名为 root，密码为 mduadmin。

```
MA5680T (config)#telnet 129.9.253.100
```

```
>>User name:root
>>User password: mduadmin
```

(2) 配置 VLAN 类型：

```
MA5626 (config)# vlan 3000 smart //这里的业务 VLAN 需要和 OLT 上的用户侧 VLAN 对应//
```

(3) 配置 VLAN 上行口：

```
MA5626 (config)#port vlan 3000 0/0 1 //VLAN 3000 绑定在 MA5626 设备上行接口板 0 框 0 槽位 1 端口//
```

(4) 配置业务虚端口：

```
MA5626 (config)#service-port 1 vlan 3000 eth 0/1/1 multi-service user-vlan untagged //配置业务虚端口 ID_1，将业务 VLAN 3000 去除标签绑定在 0/1/1 以太网端口上//
```

(5) 配置组播模式：

```
MA5626 (config)#multicast-vlan global
MA5626 (config-mvlan-global)#igmp mode proxy //组播模式不能直接在 Proxy 和 Snooping 之间切换，必须先使用命令 igmp mode off 切换到 off 后才能切换模式，并且在组播模式为 off 时才能切换组播协议版本//
```

(6) 配置组播版本：

```
MA5626 (config-mvlan-global)#igmp version v3
```

(7) 配置组播上行口：

```
A5626 (config-mvlan-global)#igmp uplink-port 0/0/1
```

(8) 配置组播上行口 VLAN：在全局 IP 转发模式下，业务流中的 S-VLAN 可能和 MVLAN 不是相同的 VLAN，需要使用命令 igmp upstream-vlan 设置 IGMP 全局上行 VLAN 为组播 VLAN。

```
MA5626 (config-mvlan-global)#btv
MA5626 (config-btv)#igmp upstream-vlan vlan 3000
```

(9) 配置组播用户：

```
MA5626 (config-btv)#igmp user add service-port 1
MA5626 (config-btv)#multicast-vlan 3000
MA5626 (config-mvlan3000)#igmp multicast-vlan member service-port 1//将业务流 1 添加为组播用户，并添加到组播 VLAN 3000 中//
```

为了在 ONU 设备上配置组播转发表项，需要将组播用户添加到组播 VLAN 中，组播的数据报文才会从所带的组播 VLAN 切换为用户所需要的 VLAN。

5.6.4　B 类 MA5626 光终端视频业务开通配置示例

根据视频业务数据规划，B 类 MA5626 光终端视频业务开通配置分为 MA5680T 侧配置和 MA5626 侧配置两个部分。

1. MA5680T 侧视频业务配置命令

(1) ONU 注册：

```
MA5680T(config)#dba-profile add profile-id 10 type4 max 102400
MA5680T(config)#ont-lineprofile epon profile-id 10
MA5680T(config-epon-lineprofile-10)#llid dba-profile-id 10
```

```
MA5680T(config-epon-lineprofile-10)#commit
MA5680T(config-epon-lineprofile-10)#quit
MA5680T(config-if-epon-0/1)#ont add 3 10 mac-auth  xxxx-xxxx-xxxx snmp ont-lineprofile-id 10
MA5680T(config)#vlan 4001 smart
MA5680T(config)#port vlan 4001 0/18 1
MA5680T(config)# service-port 10 vlan 4001 epon 0/1/3 ont 10 multi-service user-vlan 4001
MA5680T(config)#interface vlanif 4001
MA5680T(config-if-vlanif4001)#ip address 129.9.253.254 255.255.255.0
MA5680T(config-if-epon-0/1)#ont  ipconfig  3  10  ip-address  129.9.253.100   mask  255.255.255.0
gateway 129.9.253.1 manage-vlan 4001
```

(2) 配置 VLAN 类型：

```
MA5680T(config)#vlan 3000 smart
```

(3) 配置 VLAN 上行口：

```
MA5680T(config)#port vlan 3000 0/18 1
```

(4) 配置业务虚端口：

```
MA5680T(config)#service-port 10 vlan 3000 epon 0/1/3 ont 10 multi-service user-vlan 3000
```

(5) 配置组播级联口：

```
MA5680T (config)#btv
MA5680T (config-btv)#igmp cascade-port 0/1/3 ontid 10
MA5680T (config-btv)#quit
MA5680T (config-btv)#igmp user add service-port 10 no-auth
MA5680T (config-btv)#multicast-vlan 3000
MA5680T (config-mvlan3000)#igmp multicast-vlan member service-port 10
```

(6) 配置组播 CTC 模式：

```
MA5680T (config)#interface epon 0/1
MA5680T (config-if-epon-0/1)#ont multicast-mode 3 10 ctc
```

(7) 配置 IGMP 参数：

```
MA5680T (config)#multicast-vlan 3000
MA5680T (config-mvlan3000)#igmp version v3
MA5680T (config-mvlan3000)#igmp mode proxy
Are you sure to change IGMP mode?(y/n)[n]:y
MA5680T (config-mvlan3000)#igmp uplink-port 0/18/1
```

(8) 配置节目库：

```
MA5680T(config-mvlan3000)#igmp program add ip 226.0.0.1 sourceip 192.168.1.1
```

(9) 配置日志服务器：

```
MA5680T (config-mvlan3000)#btv
MA5680T (config-btv)#igmp cdr enable
MA5680T (config-btv)#quit
MA5680T (config)#file-server auto-backup cdr primary 10.10.10.20 tftp
MA5680T (config)#save
```

2. MA5626侧视频业务配置命令

(1) 登录ONU：在OLT上telnet ONU的管理IP地址登录设备，用户名为root，密码为mduadmin。

```
MA5680T (config)#telnet 129.9.253.100
>>User name:root
>>User password: mduadmin
```

(2) 配置VLAN类型：

```
MA5626 (config)# vlan 3000 smart
```

(3) 配置VLAN上行口：

```
MA5626 (config)#port vlan 3000 0/0 1
```

(4) 配置业务虚端口：

```
MA5626 (config)#service-port 1 vlan 3000 eth 0/1/1 multi-service user-vlan untagged
```

(5) 配置组播模式：

```
MA5626 (config)#multicast-vlan global
MA5626 (config-mvlan-global)#igmp mode proxy
```

(6) 配置组播版本：

```
MA5626 (config-mvlan-global)#igmp version v3
```

(7) 配置组播上行口：

```
MA5626 (config-mvlan-global)#igmp uplink-port 0/0/1
```

(8) 配置组播上行口VLAN：

```
MA5626 (config-mvlan-global)#btv
MA5626 (config-btv)#igmp upstream-vlan vlan 3000
```

(9) 配置组播用户：

```
MA5626 (config-btv)#igmp user add service-port 1
MA5626 (config-btv)#multicast-vlan 3000
MA5626 (config-mvlan3000)#igmp multicast-vlan member service-port 1
```

5.7 C类MA5616光终端视频业务配置

5.7.1 C类MA5616光终端视频业务组网规划

C类MA5616光终端视频业务开通配置采用FTTC组网接入方式，这里采用CTC标准下动态可控组播模式进行配置。动态可控组播模式的核心思想是OLT基于IGMP控制报文携带的用户标识信息进行用户鉴权，并通过扩展OAM消息控制ONU对组播数据报文的转发。为了实现对组播用户的权限管理，在OLT上采用配置组播用户而非级联口的方式。OLT维持一个用户组播业务权限控制表，集中管理用户的组播业务访问权限。ONU维持一个组播组地址过滤和组播转发表(简称ONU的组播转发表)，并按照OLT下发的Multicast Control OAMPDU动态刷新。用户机顶盒通过FE接入到ONU，MA5680T设备上开启CTC模式，MVLAN的组播模式采用Proxy，ONU上在全局IP转发模式下开启Proxy模式。MA5680T上的组播节目采用静态配置方式，ONU上的组播节目动态生成，

IPTV 业务 DBA 采用最大带宽方式进行保证，上下行流量控制不限速。组播日志以 CDR 方式上报到日志服务器。C 类 MA5616 光终端视频业务组网如图 5-19 所示，视频业务数据规划如表 5.7 所示。

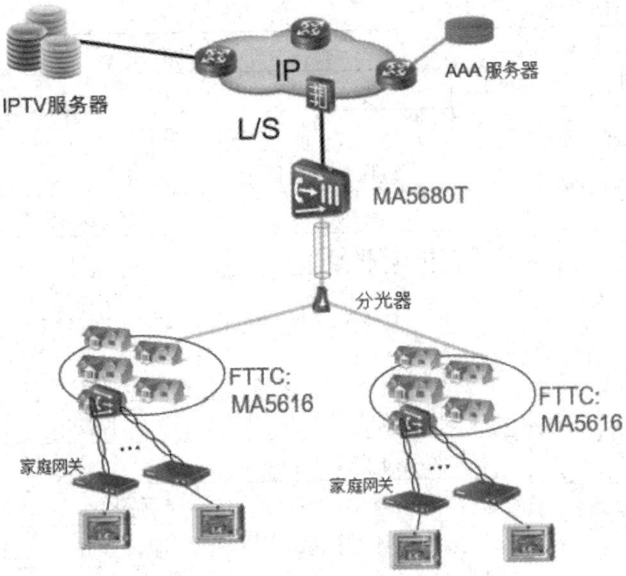

图 5-19　C 类 MA5616 光终端视频业务组网

表 5.7　C 类 MA5616 光终端视频业务数据规划

MA5680T 侧视频业务数据规划	
配 置 项	参　数
OLT 管理参数	管理方式：带外网管 管理 IP：10.11.104.2/24
OLT 上行端口	0/18/1
OLT 业务 VLAN	Smart VLAN：3000
OLT_DBA 模板	ID：10；Type4，最大 100 Mb/s
OLT_线路模板	ID：10
OLT 业务板	0/1/3
OLT 上行端口	0/18/1
ONT	ONT_ID：10
ONT_MAC	xxxx-xxxx-xxxx
ONT 用户 VLAN	VLAN：3000
MA5616 侧视频业务数据规划	
MA5616 设备	参 数 信 息
管理通道参数	管理 IP：129.9.253.254/24
	网关地址：129.9.253.1/24
	MA5616 设备 IP：129.9.253.200/24
	管理 VLAN：4001

续表

MA5616 设备	参数信息	
ONT_ID	10	
MAC 地址	xx-xx-xx-xx	
业务 VLAN	3000	
上行端口	0/0/1	
FE 端口	0/2/1～0/2/4	
组播参数数据规划		
业　务	数 据 项	参 数 信 息
IPTV (CTC-OAM 模式)	组播 VLAN	3000
	ONT_组播 VLAN	FE：0/0/1
		VLANID：3000
	OLT_组播 VLAN 上行口	0/18/1
	OLT_组播协议版本	IGMPv3
	组播模式	Proxy
	组播节目配置方式	节目静态，手动增加
		组播服务器 IP：192.168.1.1
		组播节目 IP：226.0.0.1
	MA5616 组播模式	动态可控组播模式
	IGMP 用户	不鉴权
	日志服务器	10.10.10.20

5.7.2　C 类 MA5616 光终端视频业务配置流程

C 类 MA5616 光终端视频业务配置流程分为 MA5680T 侧配置和 MA5616 侧配置两个部分。MA5680T 侧视频业务配置分为 9 个步骤，如图 5-20 所示。

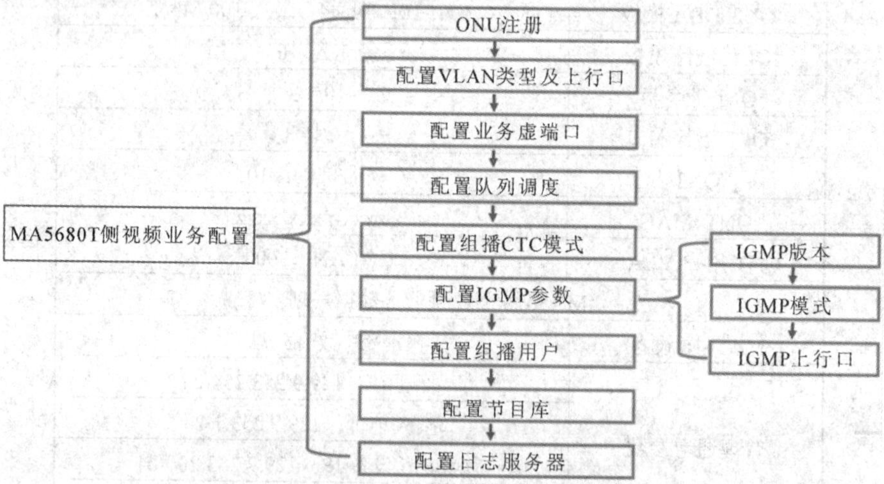

图 5-20　MA5680T 侧视频业务配置流程

MA5616 侧视频业务配置分为 7 个步骤，如图 5-21 所示。

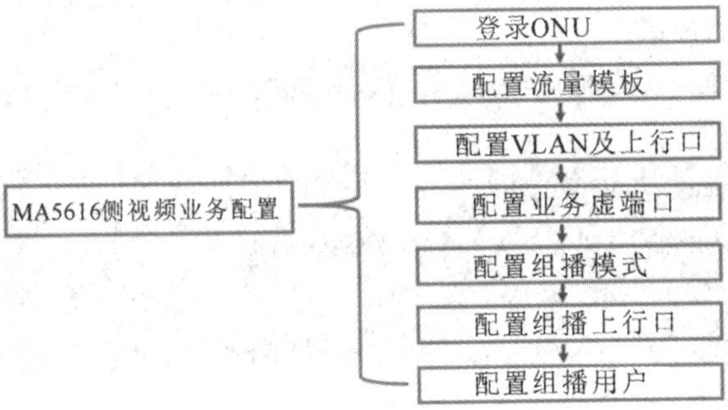

图 5-21　MA5616 侧视频业务配置流程

5.7.3　C 类 MA5616 光终端视频业务配置命令

1. MA5680T 侧视频业务配置命令

(1) ONU 注册：根据宽带业务数据规划，C 类 MDU 注册需要配置带内管理通道，绑定 DBA 和线路模板，详见 2.3.3 节。

(2) 配置 VLAN 类型及上行口：

```
MA5680T(config)#vlan 3000 smart
MA5680T(config)#port vlan 3000 0/18 1
```

(3) 配置业务虚端口：

```
MA5680T(config)#service-port 10 vlan 3000 epon 0/1/3 ont 10 multi-service user-vlan 10 inbound traffic-table index 6 outbound traffic-table index 6//创建业务虚端口 ID_10，将业务 VLAN 3000 和用户 VLAN 10 绑定在 EPON 设备的 0 框 1 槽位 3 端口下注册的 ONT_10 下，对上下行报文的流量进行限速，在 ONU 上控制，在 OLT 上不作限速。因此直接使用索引为 6 的缺省流量模板//
```

(4) 配置队列调度：队列调度是全局配置，在 OLT 上只需要配置一次，配置完成后全局有效，后续在配置其他业务时也无须重复配置。

```
MA5680T (config)#queue-scheduler wrr 10 10 20 20 40 0 0 0//EPON 系统业务采用 3PQ+5WRR 队列调度方式。队列 0~4 采用 WRR 方式，权重分别为 10、10、20、20、40；队列 5~7 采用 PQ 方式。因为 IPTV 业务优先级为 4，所以采用 WRR 方式//
MA5680T (config)#cos-queue-map cos0 0 cos1 1 cos2 2 cos3 3 cos4 4 cos5 5 cos6 6 cos7 7  //配置队列与 802.1p 优先级的映射关系为优先级 0~7 分别映射到队列 0~7//
```

(5) 配置组播 CTC 模式：

```
MA5680T (config)#interface epon 0/1
MA5680T (config-if-epon-0/1)#ont multicast-mode 3 10 ctc
```

(6) 配置 IGMP 参数：

① 配置 IGMP 版本：

```
MA5680T (config)#multicast-vlan 3000
MA5680T (config-mvlan3000)#igmp version v3
```

② 配置 IGMP 模式：

```
MA5680T (config-mvlan3000)#igmp mode proxy
Are you sure to change IGMP mode?(y/n)[n]:y
```

③ 配置 IGMP 上行口：

```
MA5680T (config-mvlan3000)#igmp uplink-port 0/18/1
```

(7) 配置组播用户：

```
MA5680T (config-mvlan3000)#btv
MA5680T (config-btv)#igmp user add service-port 10
MA5680T (config-btv)#multicast-vlan 3000
MA5680T (config-mvlan3000)#igmp multicast-vlan member service-port 10
```

(8) 配置节目库：

```
MA5680T(config-mvlan3000)#igmp program add ip 226.0.0.1 sourceip 192.168.1.1
//节目组播 IP 地址为 226.0.0.1，节目源 IP 地址为 192.168.1.1//
```

(9) 配置日志服务器：

```
MA5680T (config-mvlan3000)#btv
MA5680T (config-btv)#igmp cdr enable
MA5680T (config-btv)#quit
MA5680T (config)#file-server auto-backup cdr primary 10.10.10.20 tftp
//启动 CDR 日志上报，配置主服务器地址为 10.10.10.20//
```

2. MA5616 侧视频业务配置命令

(1) 登录 ONU：在 OLT 上 telnet ONU 的管理 IP 地址登录设备，用户名为 root，密码为 mduadmin。

```
MA5680T (config)#telnet 129.9.253.200
>>User name:root
>>User password: mduadmin
```

(2) 配置流量模板：

```
MA5616(config)#traffic table ip index 10 cir off priority 4 priority-policy tag-In-Packag
//配置流量模板 10，不进行限速，优先级为 4，优先级策略为按照报文中的优先级进行调度//
```

(3) 配置 VLAN 及上行口：

```
MA5616 (config)#vlan 10
MA5616 (config)#port vlan 10 0/0 1
```

需要注意的是，MA5616 侧业务 VLAN ID 必须和 MA5680T 用户侧的一致。

(4) 配置业务虚端口：

```
MA5616 (config)#service-port 1 vlan 10 eth 0/2/1 multi-service user-vlan untagged rx-cttr 10 tx-cttr
10 //配置业务虚端口 1，绑定 VLAN 10 和流量模板 10，用户侧 VLAN 选择 untagged //
```

(5) 配置组播模式：配置组播模式为动态可控组播模式。

```
MA5616 (config)#multicast-vlan global
MA5616 (config-mvlan-global)#igmp mode oam-group-control
This operation will change the BTV mode,
```

```
it will delete all the multicast vlans and clear all the configuration,
Are you sure to continue? (y/n)[n]: y
Command is being executed,  please wait...
Command has been executed successfully
```

(6) 配置组播上行口：

```
MA5616 (config-mvlan-global)#igmp uplink-port 0/0/1 //将上行口 0/0/1 配置为组播上行口 //
```

(7) 配置组播用户：动态可控组播模式下，用户端口从 0 开始编号，ONU 上会根据组播用户索引号+1 来打上 VLAN tag，所以这里的用户索引号即 S-VLAN ID-1(业务 VLAN 10)。

```
MA5616 (config-btv)#igmp user add 9 service-port 1 //将业务流 1 添加为组播用户//
```

5.7.4　C 类 MA5616 光终端视频业务开通配置示例

根据视频业务数据规划，C 类 MA5616 光终端视频业务开通配置分为 MA5680T 侧和 MA5616 侧配置两个部分。

1. MA5680T 侧语音业务配置命令

(1) ONU 注册：

```
MA5680T(config)#dba-profile add profile-id 10 type1 fix 102400
MA5680T(config)#ont-lineprofile epon profile-id 10
MA5680T(config-epon-lineprofile-10)#llid dba-profile-id 10
MA5680T(config-epon-lineprofile-10)#commit
MA5680T(config-epon-lineprofile-10)#quit
MA5680T(config-if-epon-0/1)#ont add 3 10 mac-auth  xxxx-xxxx-xxxx snmp ont-lineprofile-id 10
MA5680T(config)#vlan 4001 smart
MA5680T(config)#port vlan 4001 0/18 1
MA5680T(config)# service-port 12 vlan 4001 epon 0/1/3 ont 10 multi-service user-vlan 4001
MA5680T(config)#interface vlanif 4001
MA5680T(config-if-vlanif4001)#ip address 129.9.253.254 255.255.255.0
MA5680T(config-if-epon-0/1)#ont  ipconfig  3  10  ip-address  129.9.253.200  mask  255.255.255.0
gateway 129.9.253.1 manage-vlan 4001  inbound traffic-table index 6 outbound traffic-table index 6
```

(2) 配置 VLAN 类型及上行口：

```
MA5680T(config)#vlan 3000 smart
MA5680T(config)#port vlan 3000 0/18 1
```

(3) 配置业务虚端口：

```
MA5680T(config)#service-port 10 vlan 3000 epon 0/1/3 ont 10 multi-service user-vlan 10 inbound
traffic-table index 6 outbound traffic-table index 6
```

(4) 配置队列调度：

```
MA5680T (config)#queue-scheduler wrr 10 10 20 20 40 0 0 0
MA5680T (config)#cos-queue-map cos0 0 cos1 1 cos2 2 cos3 3 cos4 4 cos5 5 cos6 6 cos7 7
```

(5) 配置组播 CTC 模式：

```
MA5680T (config)#interface epon 0/1
MA5680T (config-if-epon-0/1)#ont multicast-mode 3 10 ctc
```

(6) 配置 IGMP 参数：

```
MA5680T (config)#multicast-vlan 3000
MA5680T (config-mvlan3000)#igmp version v3
MA5680T (config-mvlan3000)#igmp mode proxy
Are you sure to change IGMP mode?(y/n)[n]:y
MA5680T (config-mvlan3000)#igmp uplink-port 0/18/1
```

(7) 配置组播用户：

```
MA5680T (config-mvlan3000)#btv
MA5680T (config-btv)#igmp user add service-port 10
MA5680T (config-btv)#multicast-vlan 3000
MA5680T (config-mvlan3000)#igmp multicast-vlan member service-port 10
```

(8) 配置节目库：

```
MA5680T(config-mvlan3000)#igmp program add ip 226.0.0.1 sourceip 192.168.1.1
```

(9) 配置日志服务器：

```
MA5680T (config-mvlan3000)#btv
MA5680T (config-btv)#igmp cdr enable
MA5680T (config-btv)#quit
MA5680T (config)#file-server auto-backup cdr primary 10.10.10.20 tftp
```

2. MA5616 侧视频业务配置命令

(1) 登录 ONU：

```
MA5680T (config)#telnet 129.9.253.200
>>User name:root
>>User password: mduadmin
```

(2) 配置流量模板：

```
MA5616(config)#traffic table ip index 10 cir off priority 4 priority-policy tag-In-Packag
```

(3) 配置 VLAN 及上行口：

```
MA5616 (config)#vlan 10
MA5616 (config)#port vlan 10 0/0 1
```

(4) 配置业务虚端口：

```
MA5616 (config)#service-port 1 vlan 10 eth 0/2/1 multi-service user-vlan untagged rx-cttr 10 tx-cttr 10
```

(5) 配置组播模式：

```
MA5616 (config)#multicast-vlan global
MA5616 (config-mvlan-global)#igmp mode oam-group-control
This operation will change the BTV mode,
it will delete all the multicast vlans and clear all the configuration,
Are you sure to continue? (y/n)[n]: y
```

```
Command is being executed,  please wait...
Command has been executed successfully
```

(6) 配置组播上行口：

```
MA5616 (config-mvlan-global)#igmp uplink-port 0/0/1
```

(7) 配置组播用户：

```
MA5616 (config-btv)#igmp user add 9 service-port 1
```

A 类光终端视频业务验证

5.8　视频业务验证

5.8.1　视频业务验证步骤

视频业务配置完成后，用户通过 TV 可收看节目 program1。由于实验室条件有限，没有配置多个 TV 机顶盒，而是在 PC 上安装 VLC media player 组播视频播放器充当 TV 机顶盒。在组播服务器 226.0.0.1 节目中增加了电影《西游记女儿国》，用户可以使用 VLC 进行观看，具体操作步骤如下：

(1) 在电脑桌面打开 VLC media player 软件。如图 5-22 所示为 VLC media player 软件初始界面，默认情况下有媒体、播放、音频、视频、字幕、工具、视图和帮助 8 个菜单项。

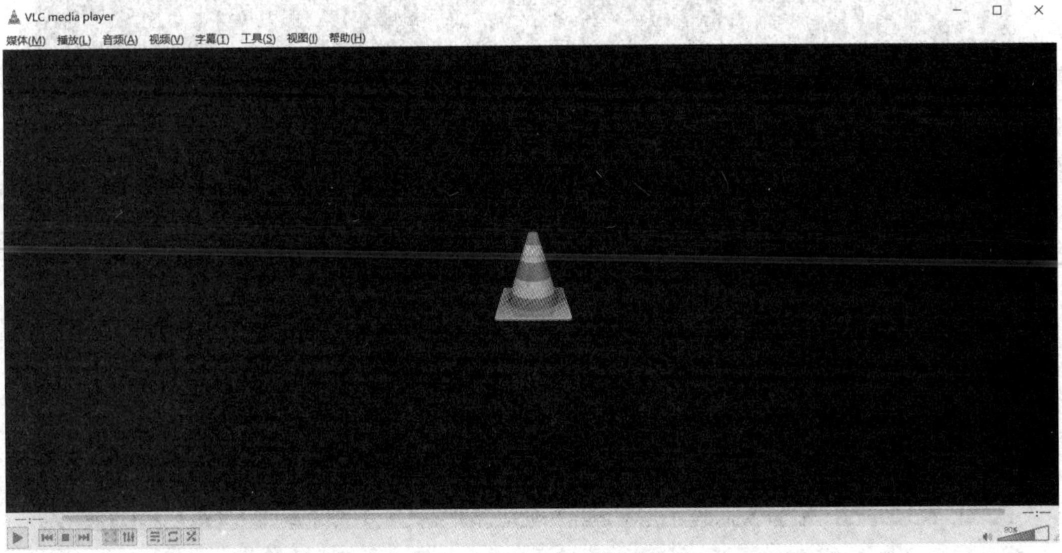

图 5-22　VLC media player 软件初始界面

(2) 打开网络串流。打开“媒体”菜单下拉项，选择“打开网络串流”选项，弹出如图 5-23 所示界面。

(3) 设置网络参数。如图 5-23 所示，界面中有文件、光盘、网络和捕获设备 4 个选项卡，选择“网络”选项卡，输入网络参数，将组播协议 URL 地址设置为“rtp://226.0.0.1”，如图 5-24 所示。

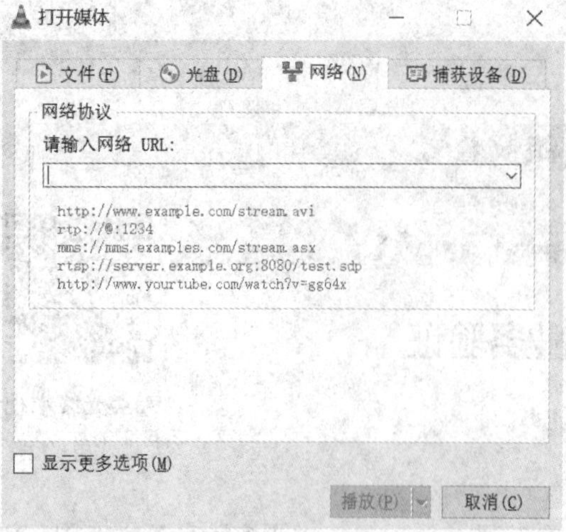

图 5-23　“打开网络串流”选项界面

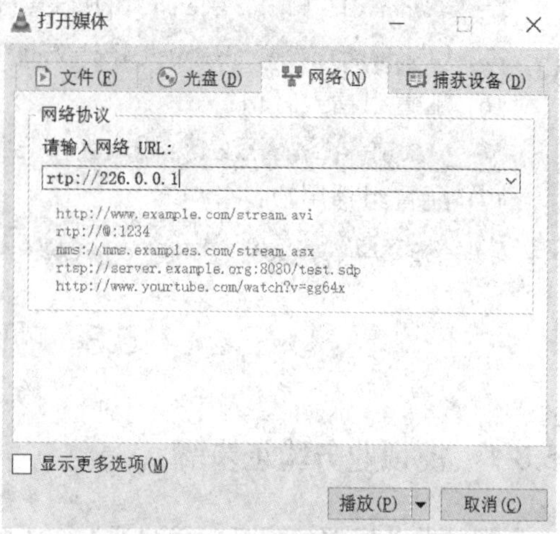

图 5-24　组播网络参数输入界面

(4) 观看 IPTV 视频。在图 5-24 所示界面中，点击“播放”按钮，软件就会连接组播服务器下发视频请求，如果视频业务配置正确，就能成功观看电影《西游记女儿国》视频，如图 5-25 所示。

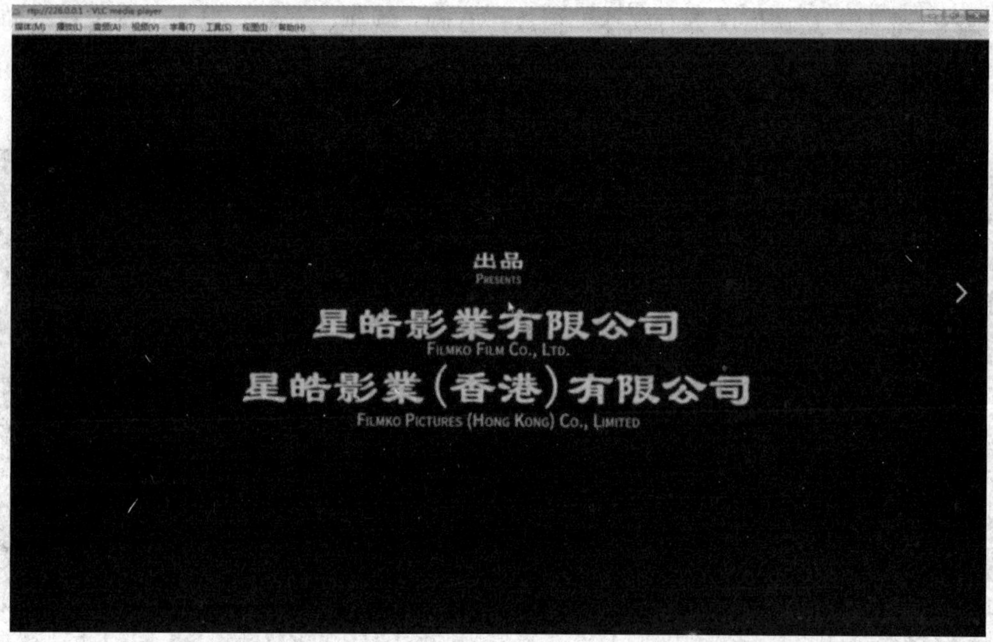

图 5-25　IPTV 视频播放

5.8.2　抓取 IGMP 协议报文解析

当视频业务出现故障时，常用 IGMP 协议进行分析来排除故障，协议分析法是排除数据配置故障的重要手段。

抓取 ICMP 协议报文

1. 抓取 IGMP 协议报文方法

1) 实验要求

结合实验室环境，将 0/18/1 端口的数据镜像到 0/18/0 端口。

2) 实验所需工具

(1) 网线；

(2) Wireshark 抓包软件。

3) 实验命令

使用镜像命令将 0/18/1 端口数据镜像到 0/18/0 端口：

```
huawei(config-if-giu-0/18)#mirror port
{ src-port<U><0, 7> }:1
{ dst-portid<U><0, 7> }:0
{ mirror-direction<E><ingress, egress, all> }:ingress
  Command:
 mirror port 1 0 ingress
```

2. IGMP 协议拨号过程抓取解析

上述设置完成之后，打开 Wireshark 软件抓取 IGMP 协议报文。IGMP 协议是 TCP/IP 协议族中负责 IPv4 组播成员管理的协议，用来在 IP 主机和与其直连的组播路由器之间建立和维护组播组成员关系。IGMP 定义了如何在一个网段内主机与组播路由器之间维护组成员的信息。组播报文跨路由器转发的情况详见第 5.2.1 节 IGMP 协议。如图 5-26 所示是使用 Wireshark 软件抓取的 IGMP 协议报文。

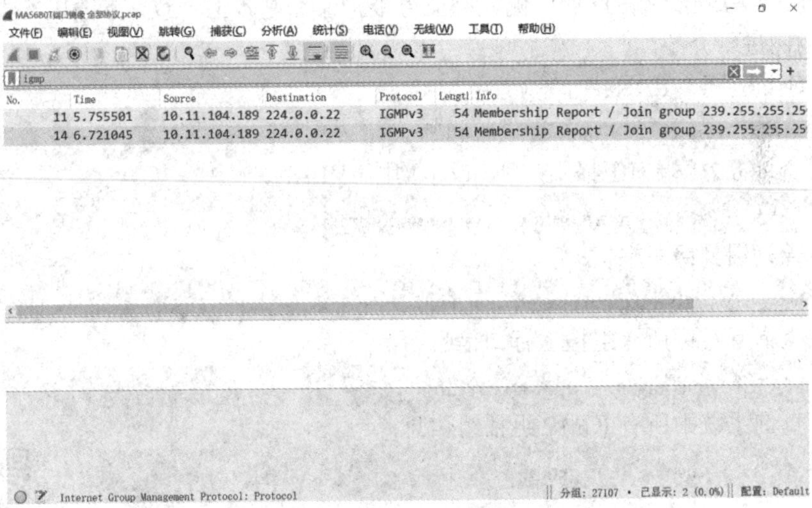

图 5-26　Wireshark 软件抓取的 IGMP 协议报文

5.9　视频业务维护

视频业务维护命令可准确、快速地对视频故障进行定位与排除。

5.9.1 OLT 侧视频业务维护命令

A 类光终端视频业务维护命

OLT 侧视频业务维护命令如下：

(1) 查询 IGMP 全局配置：

```
MA5680T(config-btv)#display igmp config global
```

(2) 查询组播 VLAN 配置：

```
MA5680T(config-mvlan3000)#display igmp config vlan 3000
```

(3) 查看节目库：

```
MA5680T(config-mvlan3000)# display igmp program all
```

(4) 查看 IGMP 用户：

```
MA5680T(config－btv)#display igmp user all
```

(5) 查看组播 VLAN 用户：

```
MA5680T(config-mvlan3000)#display igmp multicast-vlan member vlan 3000
```

(6) 查看用户收视率：

```
MA5680T(config-btv)#display igmp log
```

(7) 查看 IGMP 报文统计：

```
MA5680T(config)#display igmp statistic    vlan 3000
```

5.9.2 ONU 侧视频业务维护命令

B 类和 C 类光终端的 ONU 侧视频业务维护命令基本上一致，下面以 C 类 MA5616 光终端的为例进行介绍。

(1) 查询业务 VLAN：

```
MA5616 (config)# display vlan 3000
```

(2) 查询 0/2/1 端口组播用户所加入的组播 VLAN：

```
MA5616 #display igmp multicast-vlan member port 0/2/1
```

(3) 查询组播级联端口：

```
MA5616 #display igmp cascade-port
```

(4) 查询系统中所有组播上行口信息：

```
MA5616 #display igmp uplink-port all
```

(5) 查询系统中所有 IGMP 组播组信息：

```
MA5616 #display igmp group
```

A 类光终端视频业务删除配置实验

5.9.3 删除视频业务

1. 删除 A 类 MA5675 光终端视频业务

1) 删除 A 类 MA5675 光终端语音业务流程

A 类 MA5675 光终端语音业务删除分为 8 个步骤，如图 5-27 所示。

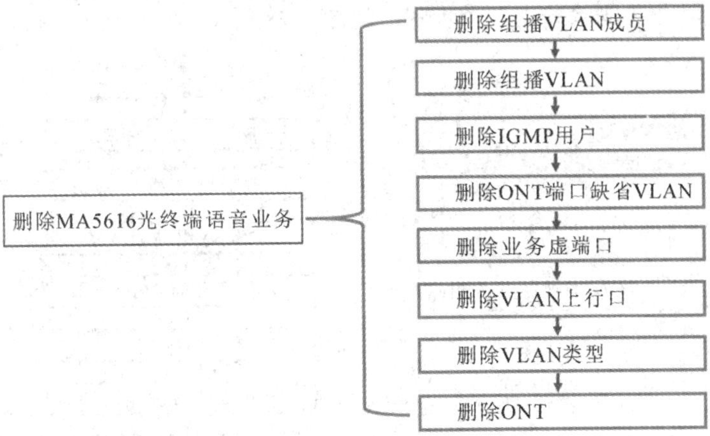

图 5-27 A 类 MA5675 光终端语音业务删除流程

2) 删除 A 类 MA5675 光终端视频业务命令

根据表 5.5 的视频业务数据规划进行业务删除。

(1) 删除组播 VLAN 成员：

```
MA5680T(config-mvlan3000)#undo igmp multicast-vlan member service-port 13
MA5680T(config-if-epon-0/1)# undo ont port multicast-vlan 3 10 eth 3
```

(2) 删除组播 VLAN：

```
MA5680T(config-mvlan3000)#undo igmp uplink-port 0/18/1
MA5680T(config-mvlan3000)# igmp program deleteip 226.0.0.1 sourceip 192.168.1.1
MA5680T(config)#undo    multicast-vlan 3000
```

(3) 删除 IGMP 用户：

```
MA5680T(config)#btv
MA5680T(config-btv)#igmp    user delete service-port    13
```

(4) 删除 ONT 端口缺省 VLAN：

```
MA5680T(config-if-epon-0/1)#undo ont port native-vlan 3 10 eth 3
```

(5) 删除业务虚端口：

```
MA5680T(config)#undo service-port 13
```

(6) 删除 VLAN 上行口：

```
MA5680T(config)#undo port vlan 3000 0/18 1
```

(7) 删除 VLAN 类型：

```
MA5680T(config)#undo vlan 3000
```

(8) 删除 ONT：

```
MA5680T(config-if-epon-0/1)#ont delete 3 10
```

2. 删除 B 类 MA5626 光终端视频业务

1) 删除 B 类 MA5626 光终端视频业务流程

B 类和 C 类光终端视频业务删除配置基本一致，下面以 B 类 MA5626 光终端的为例进行介绍。B 类光终端视频业务删除分为 OLT 侧和 ONU 侧两个部分。

OLT 侧视频业务删除分为 9 个步骤，如图 5-28 所示。

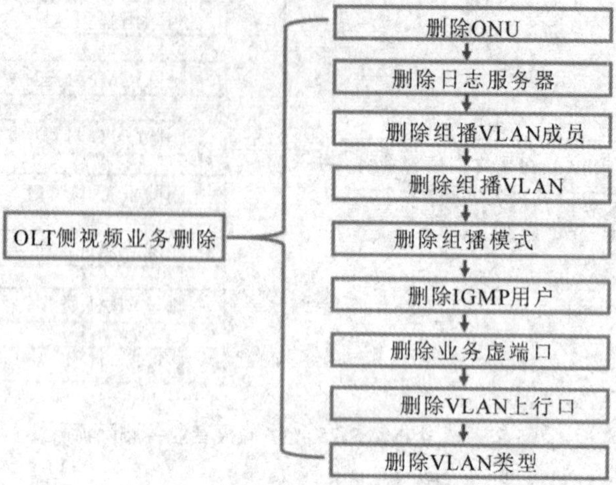

图 5-28 OLT 侧视频业务删除流程

ONU 侧视频业务删除分为 8 个步骤，如图 5-29 所示。

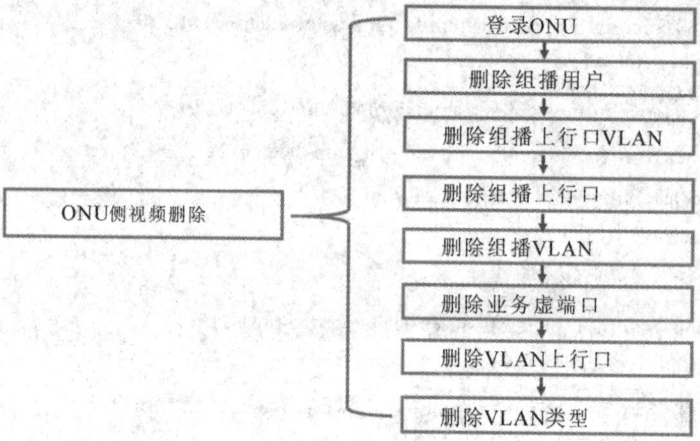

图 5-29 ONU 侧视频业务删除流程

2) 删除 B 类 MA5626 光终端语音业务命令

根据表 5.6 的视频业务规划进行视频业务删除。

(1) OLT 侧视频业务删除命令。

① 删除 ONU。

(i) 删除 ONU 侧带内管理地址：

```
MA5680T(config-if-epon-0/1)#undo ont ipconfig 3 10 ip-address 129.9.253.100 mask 255.255.255.0 gateway 129.9.253.1 manage-vlan 4001
```

(ii) 删除 OLT 侧带内管理地址：

```
MA5680T(config)#interface vlanif 4001
```

```
MA5680T(config-if-vlanif4001)#undo ip address 129.9.253.254 255.255.255.0
```

(iii) 删除带内管理 VLAN：

```
MA5680T(config)# undo service-port 10
MA5680T(config)#undo port vlan 4001 0/18 1
MA5680T(config)#undo interface valnif 4001
MA5680T(config)#undo vlan 4001
```

(iv) 删除 ONU：

```
MA5680T(config-if-epon-0/1)#ont delete 3 10
```

以上 4 步是删除已注册的 MA5616 光终端。

② 删除日志服务器：

```
MA5680T (config-mvlan3000)#btv
MA5680T (config-btv)#igmp cdr disable
MA5680T (config)#undo file-server auto-backup cdr primary 10.10.10.20 tftp
```

③ 删除组播 VLAN 成员：

```
MA5680T (config-mvlan3000)#undo igmp multicast-vlan member service-port 10
```

④ 删除组播 VLAN：

```
MA5680T(config-mvlan3000)#undo igmp uplink-port 0/18/1
MA5680T(config-mvlan3000)#igmp program deleteip 226.0.0.1 sourceip 192.168.1.1
MA5680T(config)#undo multicast-vlan 3000
```

⑤ 删除组播模式：

```
MA5680T (config)#interface epon 0/1
MA5680T (config-if-epon-0/1)#undo ont multicast-mode 3 10 ctc
```

⑥ 删除 IGMP 用户：

```
MA5680T(config)#btv
MA5680T(config-btv)#igmp user delete service-port   10
```

⑦ 删除业务虚端口：

```
MA5680T(config)#undo service-port 10
```

⑧ 删除 VLAN 上行口：

```
MA5680T(config)#undo port vlan 3000 0/18 1
```

⑨ 删除 VLAN 类型：

```
MA5680T(config)#undo vlan 3000
```

(2) ONU 侧视频业务删除命令。

① 登录 ONU：在全局模式下输入命令 telnet 129.9.253.100，登录成功，屏幕显示登录用户名，输入用户名 root、密码 mduadmin。进入 ONU 侧，进行配置管理。

② 删除组播用户：

```
MA5626 (config-btv)#igmp user delete service-port 1
MA5626 (config-btv)#multicast-vlan 3000
MA5626 (config-mvlan3000)#undo igmp multicast-vlan member service-port 1
```

③ 删除组播上行口 VLAN：

```
MA5626 (config-mvlan-global)#btv
MA5626 (config-btv)#undo igmp upstream-vlan vlan 3000
```

④ 删除组播上行口：

```
MA5626 (config)#undo igmp uplink-port 0/0/1
```

⑤ 删除组播 VLAN：

```
MA5626 (config)#undo multicast-vlan 3000
```

⑥ 删除业务虚端口：

```
MA5626 (config)#undo service-port 1
```

⑦ 删除 VLAN 上行口：

```
MA5626 (config)#undo port vlan 3000 0/0 1
```

⑧ 删除 VLAN 类型：

```
MA5626 (config)# undo vlan 3000
```

【知识归纳】

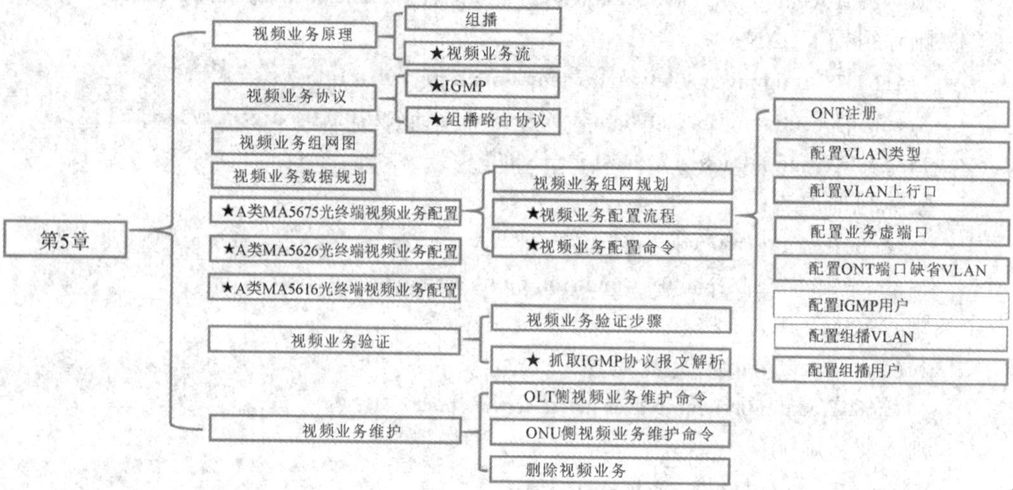

自 我 测 试

一、填空题

1. 在 IPTV 业务配置中查询 IGMP 用户的命令语句是__________。

2. 配置组播源端口前，必须将源端口加入__________。

3. MA5626 上共有 100 个组播用户正在收看 20 个组播节目，假设每个组播节目占用带宽 2 Mb/s，那么 MA5626 上行口当前有__________组播流量。

4. 组播有__________、__________和__________三种模式。

5. 组播节目增加的方式有__________和__________两种。

二、选择题

1. 组播 IP 地址细分为保留的组播 IP、公网组播 IP 和私网 IP 三类，下列地址中哪些

是保留的组播 IP 地址？(　　)

A. 224.0.0.0～239.255.255.255　　B. 224.0.0.0～224.0.0.255

C. 239.0.0.0～239.255.255.255　　D. 224.0.1.0～238.255.255.255

2. 组播 IP 地址范围是(　　)。

A. 239.0.0.0～239.255.255.255　　B. 224.0.0.0～224.0.0.255

C. 224.0.0.0～239.255.255.255　　D. 224.0.1.0～238.255.255.255

3. 在 IPTV 视频业务配置的时候，组播设置为(　　)模式。

A. proxy　　B. off　　C. Snooping　　D. on

4. 在视频实验配置时，设置组播协议版本号(　　)。

A. IGMPv2　　B. IGMPv3　　C. IGMPv1　　D. IGMPv3+

5. 在视频业务验证时，我们使用(　　)地址观看视频。

A. 点播　　B. 广播　　C. 单播　　D. 组播

6. 以下哪个业务属于组播业务？(　　)

A. VOD　　B. NPVR　　C. GAME　　D. BTV

7. 视频业务验证时，我们使用(　　)地址观看视频。

A. 点播　　B. 广播　　C. 单播　　D. 组播

8. 在 IPTV 业务配置中查询 IGMP 用户的命令语句是(　　)。

A. MA5680T(config-mvlan300)#display igmp user all

B. MA5680T(config-if)#display igmp user al

C. MA5680T(config-btv)#display igmp user all

D. MA5680T(config)#display igmp user all

9. 关于 MA5680T 组播，表述不正确的是(　　)。

A. 在 BTV 下增加 igmp user，默认情况下一个组播用户可观看 8 个节目

B. 用户发出的 Report 在单板逻辑被捕获，并送单板 CPU

C. 组播节目创建方式分为静态配置和动态加入两种

D. 如果配置“igmp match mode disable”命令，则需要配置组播节目组

10. 配置组播源端口前，必须将源端口加入(　　)。

A. 组播 VLAN　　B. 基础 VLAN　　C. 用户 VLAN　　D. 单播 VLAN

三、判断题

1. 239.0.0.0～239.255.255.255 是组播的保留私网地址。　　(　　)

2. IGMPv2 版本组播成员离开的方式是静默离开。　　(　　)

3. 组播 VLAN 转发模式：通过组播 VLAN+组播 IP(或组播 MAC)的转发模式，一个组播 IP 是同一个组播 VLAN 绑定的，不同组播 VLAN 的组播 IP 可以相同。　　(　　)

4. MA5680T 每个组播组最多同时 8 个用户可以一起收看节目。　　(　　)

5. MA5680T 组播业务时，组播业务的单播 VLAN 必须和组播 VLAN 一致。　　(　　)

四、简答题

1. 组播地址的保留地址有哪些？

2. 简述 IGMP 协议三个版本的区别。

3. 简述 A 类 MA5675 光终端视频业务配置流程。

第 6 章 EPON 设备故障维护

【目标导航】

(1) 掌握 EPON 设备例行维护的方法。
(2) 熟练掌握 EPON 设备现场维护的方法。
(3) 掌握 EPON 设备故障处理流程。
(4) 熟练掌握 EPON 设备维护命令语句。
(5) 能够根据设备硬件指示灯状态判断设备业务故障。
(6) 熟练掌握设备故障分析的方法。
(7) 能够根据设备故障现象，完成故障排除。

【教学建议】

模 块 内 容	学时分配	总课时	重点	难点
6.1 EPON 设备日常维护	2	8	√	
6.2 EPON 设备故障处理流程	2		√	
6.3 EPON 设备故障案例分析	4		√	√

【内容解读】

EPON 设备在长期运行过程中会出现各类故障，工程师根据故障现象，准确、快速地解决故障至关重要。

本章主要包括 EPON 设备日常维护方法、EPON 设备故障处理流程和常见的故障分析，重点介绍遇到故障的解决思路和故障常见的排除方法，最后对 EPON 设备 14 个经典案例进行分析。

6.1 EPON 设备日常维护

6.1.1 EPON 设备维护概念

EPON 设备维护分为例行维护和现场维护，这两种维护各有自己的特点。下面分别介绍这两种维护以及它们之间的区别。

1. 例行维护

(1) 例行维护的目的。例行维护的目的是及时发现并消除设备运行过程中可能存在的隐患；通常，通过采集数据进行网络分析和优化，来使系统长期安全、稳定和可靠地运行。

(2) 例行维护的内容。例行维护主要包括例行维护指导、系统保存和备份操作。其中的例行维护指导根据维护时间频度的不同又分为每日维护、每周维护、月度维护和季度维护。

2. 现场维护

(1) 现场维护的原因。当设备因故障需要硬件维修、升级某个部件而执行部件更换操作的时候，不能进行远程命令维护，必须要求工程师到达现场维护。工程师要定期到站点对设备进行维护操作。

(2) 现场维护的内容。现场维护主要包括例行维护、部件更换和故障处理三方面的内容。

3. 维护安全

维护过程中的安全包括两方面的内容：

(1) 人身安全：在操作中存在机械、电气或是激光等伤害的危险，因此应注意操作人员自身的安全。

(2) 业务安全：在操作中可能出现设备断电、插拔电缆光缆接头、复位及插拔单板等，导致业务中断或不能正常运行。

6.1.2　EPON 设备例行维护

EPON 设备的例行维护包括每日维护、每周维护、月度维护、季度维护和年度维护。

EPON 设备日维护和周维护

1. EPON 设备的每日维护

(1) 检查设备工作温度和湿度。设备工作温度和湿度要求如表 6.1 所示。

表 6.1　设备工作温度和湿度要求

性能要求	温　度	相对湿度
保证性能工作范围	−5～+45℃	5%～95%
保证短期工作范围	−25～+55℃	5%～100%

需要注意的是，在短期工作范围内，即连续工作时间不超过 96 小时，并且每年累计时间不超过 15 天时，应保持机房温度在 20℃左右，湿度在 60%左右。

(2) 检查设备供电和风扇状态。

检查设备供电和风扇状态的命令如下：

```
display emu emuid                    //查看电源风扇单元运行状态//
display esc environment info         //查看上报的温度、湿度、门禁和烟感等环境参数//
```

正常情况下，电源和风扇运行状态“EMU state”显示为“Normal”。设备正常工作电压范围为−38.4～−57.6 V。

(3) 检查单板运行状态。

① 检查单板运行状态。使用“display board frameid”命令查看指定框的单板运行情况，查询结果如图 6-1 所示。

② 检查单板 CPU 占用率。使用“display cpu”命令检查单板的 CPU 占用率。查询结果说明如下：

(a) 正常情况下，主控板和业务板的 CPU 占用率不会超过 80%。

(b) 只有当单板在保存数据或对 FLASH 进行写操作时，CPU 的占用率才会很高，但这个过程不会持续很长时间，不超过 60 s。

(c) 存在 DOS 攻击，也可能导致 CPU 占用率过高，解决方法是启动防 DOS 攻击功能。

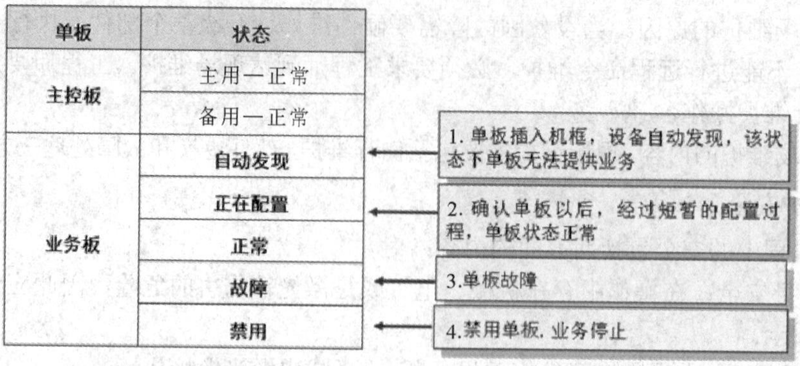

图 6-1　单板运行状态

(4) 检查上行端口及统计信息。

① 使用"display board frameid/slotid"命令检查上行端口的连接状态，上行端口与光纤或网线连接正常，显示为"online"，连接不正常则显示为"offline"。

② 在上行单板模式下，使用"display port statistics"命令查询端口统计信息，是否出现了 Pause 帧，是否出现了 CRC 错误帧；产生 Pause 帧的原因可能是数据流量太大，产生 CRC 错误帧的原因可能是线路问题。

(5) 检查操作用户权限和数据配置。

① 使用"display terminal user all"命令检查所有操作用户级别，检查用户权限是否与上次的检查记录一致；如果不一致，要确认操作用户权限是否分配得当。

② 使用"display current-configuration"命令查看设备配置信息，设备数据配置信息应该与设备当前数据规划一致。

2. EPON 设备的每周维护

(1) 连接到设备并且备份文件。工程师每周应使用 telnet 命令登录设备，备份当前配置文件和数据库文件。

(2) 检查操作用户权限和数据配置。

① 使用"display terminal user all"命令检查所有操作用户级别，检查操作用户权限是否与上次的检查记录一致；如果不一致，要确认操作用户权限是否分配得当。

② 使用"display current-configuration"命令检查设备配置信息，应该与设备当前数据规划一致。

EPON 设备月维护、季度维护和年维护

3. EPON 设备的月度维护

(1) 检查设备线路连接。

① 检查用户线缆和上行线缆等连线。参考标准：连接牢固、正常。

② 检查防雷单元、电源模块等连线。参考标准：连接安全、可靠，电源线无老化，连接点无腐蚀。

③ 检查所有线缆标签是否整齐、字迹是否清晰。参考标准：线缆标签清晰、准确。

(2) 检查接地设施。

① 当机柜底部有防雷地排时，应检查防雷单元地线排、机柜接地柱(PGND、BGND)、机房地线排连接是否安全、可靠。参考标准：各连接处安全、可靠，地线排无腐蚀、氧化，防腐蚀处理得当。

② 当机柜底部无防雷地排时，应检查配电盒与地线(PGND、BGND)的连接是否安全、可靠。参考标准：连接处无腐蚀、氧化，地线无老化。

③ 用地阻仪测量地阻并记录。参考标准：联合接地地阻应小于 5 Ω。

(3) 检查防鼠设施。

① 机柜门是否关严。

② 机柜光缆出口处的防鼠板是否包扎严实，是否存在破损的情况。

4. EPON 设备的季度维护

(1) 检查系统时间及用户口令。

① 检查系统时间。使用“display time”命令查看当前系统日期和时间，要求系统时间与标准时间偏差不大于 10 分钟。

② 定期更换操作用户口令。使用“terminal user password”命令更改操作用户的口令，更改口令成功后，用新的密码试登录。

(2) 检查电源、风扇及防雷器。

① 检查各路电源输入指示灯，应无灰尘且绿灯亮。

② 检查用户框之间的风扇盒及电源模块内部风扇，指示灯为绿色，且以 1 s 的频率闪烁，每个风扇运转良好，无异常声音。

③ 防雷装置面板上绿灯常亮，即表示防雷单元工作正常。

(3) 检查蓄电池。工程师每个月都要对蓄电池进行检查，主要应从以下 6 个方面进行检查：

① 电池外观。外壳清洁无破损，端子无压弯变形，电池间距不小于 10 mm。

② 电池间连接件。电池间连接处无松动和无腐蚀。

③ 环境和电池温度。蓄电池工作温度为 −2～50℃。

④ 浮充充电电压。电池充电电压在极柱根部测量，典型浮充正确的电压为 13.38 V。

⑤ 交直流切换。系统能正常切换到蓄电池供电。

⑥ 放电测试。测试周期为半年，蓄电池放电深度在 20%～30%。

(4) 清洁防尘。工程师每个月还要采取清洁防尘措施。

① 将防尘网前侧、左侧和右侧的卡扣提起，拔出防尘网。

② 将防尘网上的灰尘拍打掉，并用吸尘器将灰尘吸净；或者用清水冲洗干净，并晾干。

③ 重新装上防尘网。

5. EPON 设备的年度维护

工程师对设备年度维护主要是对系统数据进行倒换和同步等操作。

1) 主备倒换定义

主备倒换是指原来的备用主控板转换为主用主控板，原来的主用主控板降为备用主控板，保证业务正常运行而不中断的过程。设备支持下面两种方式的主备倒换：

(1) 当主用主控板发生故障，并且备用主控板正常时，系统自动实现主备倒换。

(2) 当需要主备倒换时，如年度维护，可通过手工实现主备倒换。

2) 主备倒换要求

(1) 数据同步。数据同步分为数据同步充分与数据同步不充分。

① 数据同步充分：主用主控板的所有数据改变均同步到备用主控板。

② 数据同步不充分：主用主控板的数据改变还未完全同步到备用主控板。

(2) 数据平滑。主控板主备倒换过程中，在备用主控板升为主用主控板的过程中，需要进行一系列动作，如同步数据块之间的一致性检查、数据重新生成等，这一过程统称为数据平滑。

3) 主备倒换分类

(1) 正常主备倒换。数据同步充分，可以保证在线业务不中断。

(2) 强制主备倒换。强制主备倒换根据同步不充分的数据类型，可分为三种情况：

① 配置数据同步不充分。这种情况下，系统将禁止使用主备倒换命令进行强制主备倒换。若通过复位主用主控板和拔出主用主控板等方式进行强制主备倒换，也可使系统复位，但可能造成基本数据丢失。因此，在这种情况下，建议不要进行强制主备倒换。

② 基本数据同步不充分。这种情况下，系统将禁止使用主备倒换命令进行强制主备倒换。但可以通过复位主用主控板和拔出主用主控板等方式进行强制主备倒换，这样系统不会复位，也不会对数据库产生影响，但可能引起业务板的复位。

③ 动态业务数据同步不充分。当部分动态业务数据同步不充分时，系统允许使用主备倒换命令进行强制主备倒换，主备倒换后对原有业务没有影响，所有连接、告警和日志不会丢失。

4) 主备倒换方法

(1) 使用主备倒换命令进行主备倒换：

```
MA5680T (config)#display data sync state
MA5680T(config)#system switch-over
```

(2) 拔出主用主控板。

EPON 设备现场维护

6.1.3 EPON 设备现场维护

EPON 设备现场维护主要分为设备硬件维护和设备数据保存与备份两个部分。

1. 设备硬件维护操作

1) 替换单板操作

设备单板出现故障时，需要替换单板操作。替换单板操作需要注意以下三点。替换单板操作的步骤如图 6-2 所示。

(1) 进行操作之前，务必戴好防静电手腕带。

(2) 在业务量小的时候进行插入单板操作。

(3) 拔出单板时，确保单板拔出后不会造成意外损失。

图 6-2　替换单板操作

2) 替换扣板操作

替换扣板时应选择在业务量最小的时候进行。安装或者拔出扣板时切勿用力太猛，要用力均匀，确保扣板接触良好。替换扣板操作步骤如图 6-3 所示。

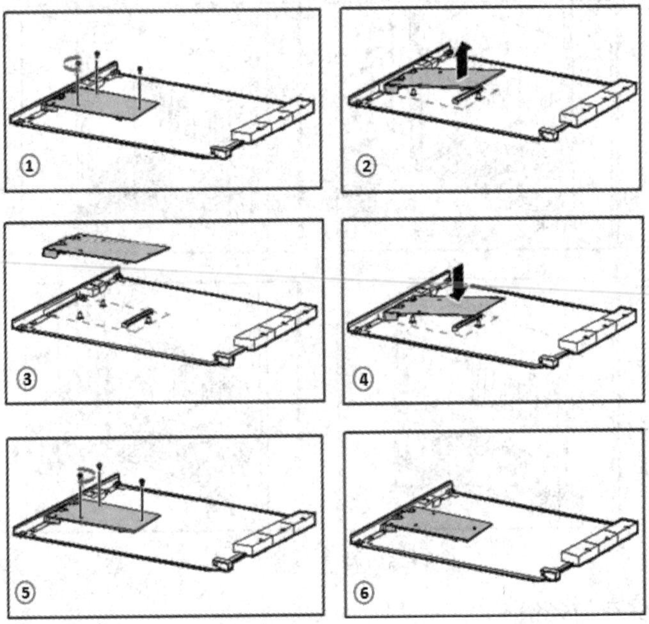

图 6-3　替换扣板操作

3) 替换风扇板

风扇板需要定期进行清洁，因为风扇板的内壁特别容易粘灰尘。替换风扇板前先要戴上防静电手套。替换风扇板的具体步骤如图 6-4 所示。

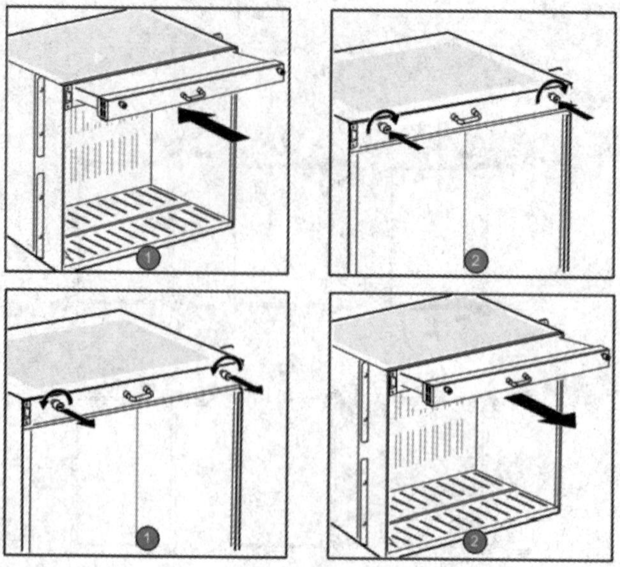

图 6-4　替换风扇板操作

4) 替换业务框

替换业务框的操作步骤是戴上防静电手套，拧开挂耳螺丝，换上新业务框，拧紧螺丝，如图 6-5 所示。

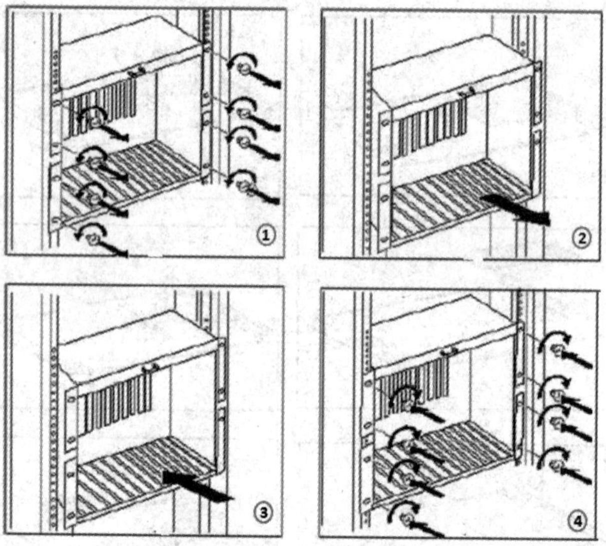

图 6-5　替换业务框操作

2. 设备数据保存与备份

设备支持对程序、数据库文件和配置文件的保存与备份功能，以满足系统升级的需要或保证系统在发生升级失败或者严重问题时的恢复能力。

1) 数据文件传输方式

设备支持 Xmodem、FTP 和 TFTP 三种文件传输方式，可将存储在操作控制台中的文件下载到设备中，或将存储在设备中的文件上传到操作控制台中，如图 6-6 所示。

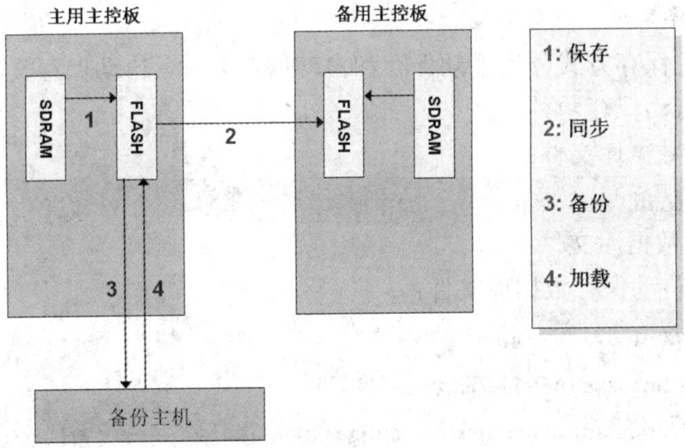

图 6-6　系统数据状态转移

(1) Xmodem 方式配置。该方式下使用串口对数据进行备份和加载操作，要求设备的串口波特率要与操作控制台的串口波特率保持一致。只有主用主控板才能使用 Xmodem 方式进行加载和备份，Telnet 用户禁止使用 Xmodem 方式进行备份。配置设备串口波特率操作如下：

```
MA5680T(config)#baudrate 19200
MA5680T (config)#display baudrate
```

(2) FTP 方式配置。该方式下使用以太网口对数据进行备份和加载操作。缺省情况下，系统默认的 FTP 参数是：用户名为 anonymous，密码为 anonymous@huawei.com。在 FTP 服务器和 FTP 客户端上设置的用户名和密码一致。设置 FTP 加载的用户名和密码操作如下：

```
MA5680T(config)#ftp set huawei Huawei
MA5680T (config)#display ftp
UserName  :  anonymous
Userpass  :  anonymous@huawei.com
```

(3) TFTP 方式配置。该方式下使用以太网口对数据进行备份和加载操作。该模式下，需要运行 TFTP 应用程序，如图 6-7 所示。

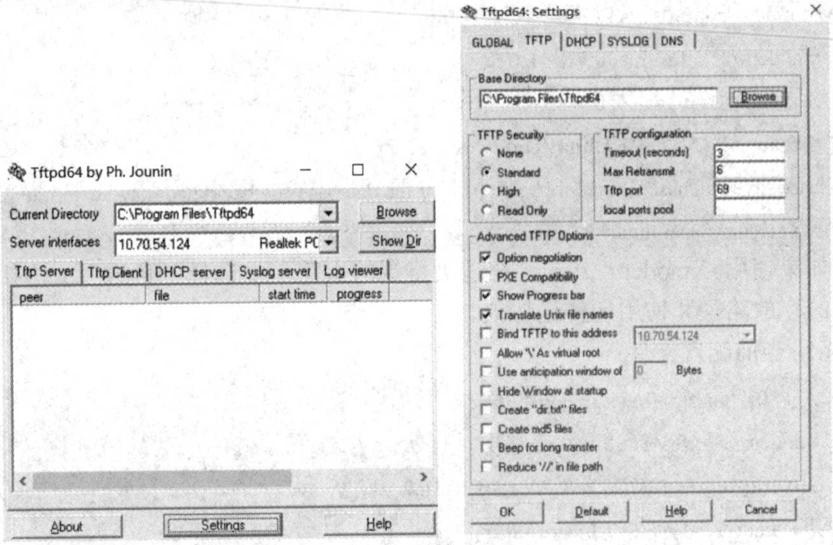

图 6-7　TFTP 方式配置

2) 保存数据库文件

数据库文件的保存方式分为手动保存和自动保存两种，自动保存又分为绝对时间自动保存和相对时间自动保存两种。

(1) 手动保存数据库文件：

```
MA5680T(config)#save data
```

(2) 自动保存数据库文件：

① 绝对时间自动保存数据库文件：

```
MA5680T #autosave time on
MA5680T #autosave time 12:20:30
MA5680T (config)#display autosave configuration
```

缺省情况下，绝对时间自动保存开关为关闭状态。当绝对时间自动保存开关打开时，系统默认在每天的 00:00:00 自动保存一次。在绝对时间自动保存开关关闭时，系统在用户设定的时间点进行保存。需要注意的是，autosave time 开关和 autosave interval 开关互斥，两个开关不能同时打开。当绝对时间自动保存开关打开时，仍然可以用 save data 命令对系统数据库文件进行手工保存。

② 相对时间自动保存数据库文件：

```
MA5680T #autosave interval on
MA5680T #autosave interval 120
```

当绝对时间自动保存开关关闭后，系统不再自动保存数据，必须使用 save data 命令手工保存。缺省情况下，相对时间自动保存开关为关闭状态。当相对时间自动保存开关打开时，系统默认每隔 1440 分钟自动保存一次。在相对时间自动保存开关关闭时，系统在用户设定的时间点进行保存。

3) 备份文件

(1) 备份当前数据库文件：

```
MA5680T (config)#backup data
{ xmodem<K>|tftp<K>|ftp<K> }:tftp
{ ServerIpAddress<I> }:10.10.10.2
{ filename<S><1，80> }:huawei.dat
Please save database file before backup，  or the database file backuped may be not the lastest.
Are you sure to continue? (y/n)[n]:y
```

注：如果使用 Xmodem 方式，在超级终端的主菜单中选择“传送”→“接收文件”，设置文件的存放路径和使用的传送协议。

(2) 备份当前配置文件：

```
MA5680T (config)#backup configuration
{ xmodem<K>|tftp<K>|ftp<K> }:tftp
{ ServerIpAddress<I><X.X.X.X> }:10.10.10.2
{ filename<S><1，80> }:backup.dat
```

Please save configuration file before backup， or the configuration file backuped may be not the lastest. Are you sure to continue? (y/n)[n]:y

6.2　EPON 设备故障处理流程

设备出现故障时的处理流程分为 5 个步骤，如图 6-8 所示。首先初步判断故障范围，其次根据故障现象查找故障原因，最后排除故障。

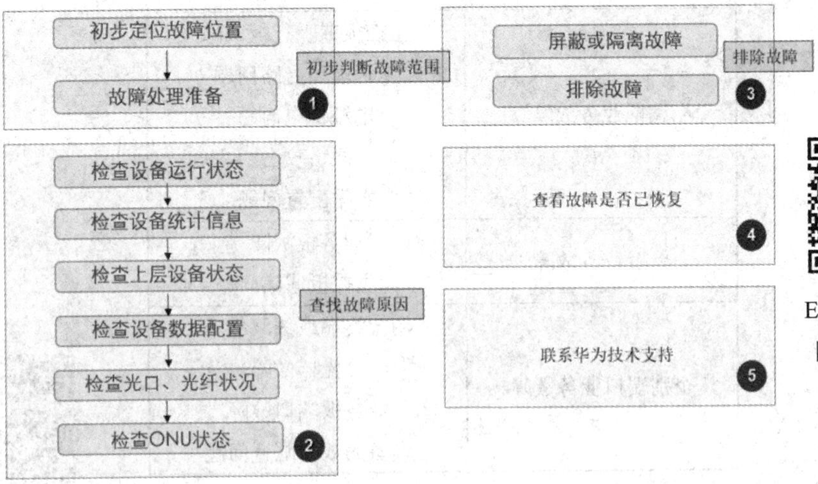

EPON 设备故障处理流程

图 6-8　故障处理流程

6.2.1　初步判断故障范围

接到用户申告、系统告警和网管侧告警后，应初步判断故障范围，在充分了解组网、业务的基础上，对故障影响范围、类型和故障点建立初步的认识，如图 6-9 所示。

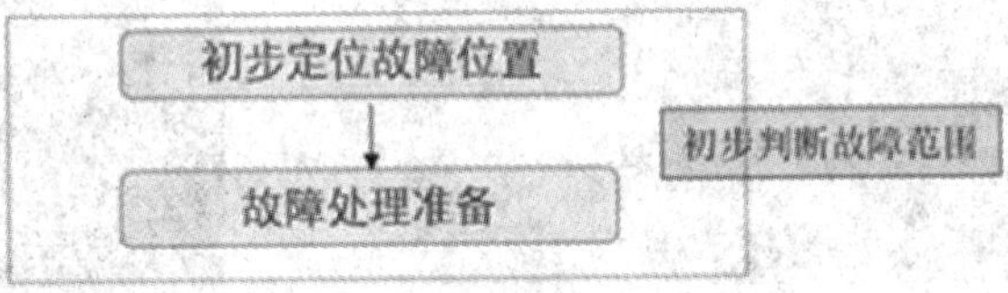

图 6-9　初步判断故障范围

1. 初步判断故障范围

鉴于初步信息收集的重要性，对维护人员有以下三点要求：

(1) 维护人员要主动收集相关信息。在遇到故障或者故障申告时，一定要在清楚相关情况后再决定下一步的工作，切忌盲目处理。

(2) 维护人员应该理解并掌握系统原理和协议知识。这样，在遇到故障或者故障申告的情况下，才能迅速把思路引向问题的焦点。在接听故障申告电话时，维护人员要善于引导，尽量多方面、多角度地询问相关问题。

(3) 维护人员应加强横向、纵向的业务联系，建立与其他局所或相关业务部门(如传输机房等)维护人员的良好业务关系。这对于信息交流、技术求助等都是很有帮助的。

初步定位故障位置，了解问题可能的原因，评估严重程度。表 6.2 列举了故障现象和故障原因。

表 6.2　故障现象和故障原因

故 障 现 象	故 障 原 因
多台设备业务故障	上层设备问题
整框业务故障	主控板或上行板故障 上行端口光路问题 电源供电问题 网络攻击 数据配置问题
单板业务故障	业务板故障 与主控板通信问题
个别端口业务故障	用户终端或线路故障 分光器故障 业务板端口故障 设备的数据配置问题

EPON 设备
故障分析法

2. 初步判断故障的方法

1) 故障处理知识的准备

排除故障需要有一定的知识准备，如图 6-10 所示。

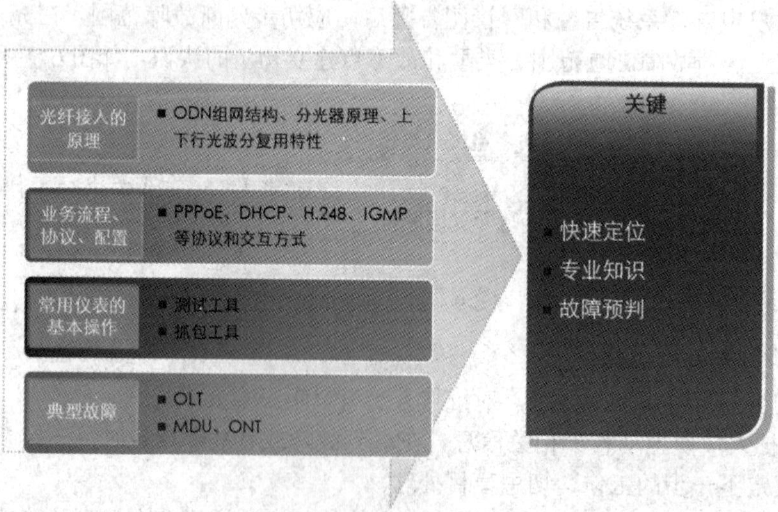

图 6-10　故障处理知识

2) 对比分析法

对比分析法(如图 6-11 所示)是指将故障的部件或现象与正常的部件或现象进行比较，找出不同点，从而发现问题的所在。该方法一般适用于故障单一的场合：

(1) 相同的 BRAS 设备，可以通过相同的对接数据，对比出 OLT 设备数据配置故障；

(2) 相同的机框、不同的单板，可以通过观察单板运行状态，对比出单板故障；

(3) 单板不同的接口，可以通过接口指示灯状态，对比出接口故障；

(4) 相同的接口、不同的终端，可以通过终端运行状态，对比出终端故障；

(5) 相同的终端、不同的接口，可以替换终端接口，对比出接口硬件或配置故障。

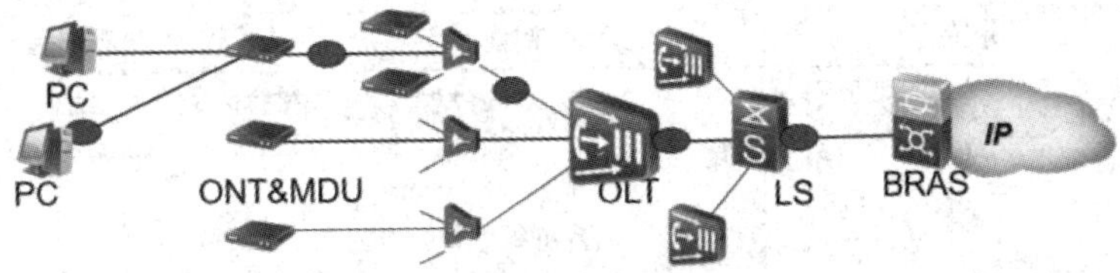

图 6-11　对比分析法

6.2.2　查找故障原因

故障的查找既是重点也是难点，需要维护人员具有一定量的知识储备和工程经验。在初步判定故障范围的基础上，按照先局端设备、后用户设备，先数据、后物理线路的方式查找故障点和故障原因。图 6-12 是查找故障原因的 6 个步骤。

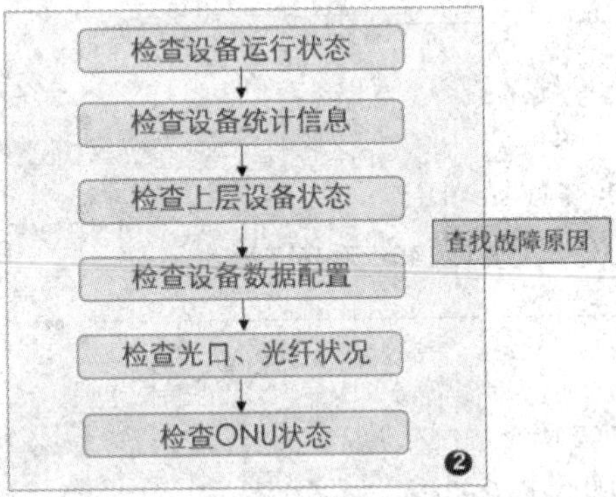

图 6-12　查找故障原因的步骤

1. 检查设备运行状态

1) 单板检查

(1) 检查主控板的运行灯状态。正常情况下，RUN ALM 灯亮 1 s、灭 1 s，周期闪烁，主用主控板 ACT 灯长亮。如果出现异常，应检查主控板是否接触良好。

(2) 检查业务板的运行灯状态。正常情况下，RUN ALM 灯亮 1 s、灭 1 s，周期闪烁。如果出现异常，应检查业务板是否接触良好。

(3) 检查 PON 接口灯状态。正常情况下，ONU 在线时，PON 接口的灯长亮。如果出现 PON 接口灯不亮，应检查光口激光器是否打开。如果被关闭，在 EPON 模式下，使用 port portid laser-switch on 命令打开。

2) 告警分析

告警信息包含故障或异常现象的具体描述、可能的原因和修复建议等，涉及硬件、链路、业务和 CPU 占用率等各个方面，信息量大且全，是进行故障分析和定位的重要依据之一。

获取告警信息有以下几种途径：查看 N2000 网管告警面板，通过 display alarm history 命令查询，根据现场设备单板指示灯状态获得。告警信息分类如图 6-13 所示。

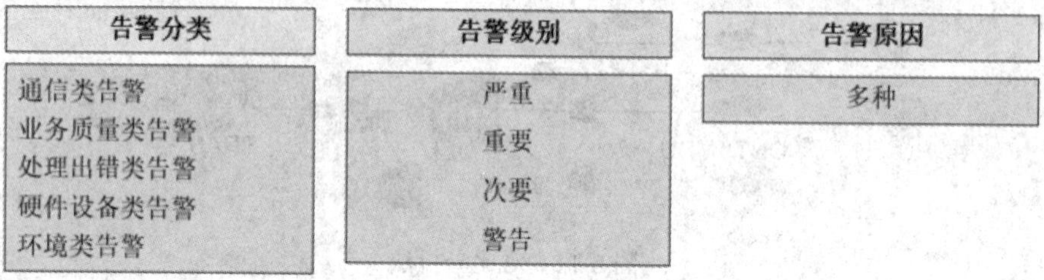

图 6-13　告警信息分类

3) 日志分析

通过日志可发现一些异常的配置，可以使用命令行模式 display log all 命令查询。

```
MA5680T(config)#display log
{ all<K>|cli<K>|failure<K>|index<K>|memory<K>|name<K>|snmp<K> }:all
------------------------------------------------------------------------
序号          用户名                    域名            IP 地址
 271          huawei456                  --            192.168.146.76
时间：        2009-08-11 16:40:38
操作：        ip address 172.16.146.150 16
-------------------------------------------------------------------------------------------
序号          用户名                    域名            IP 地址
 270          huawei456                  --            192.168.146.76
时间：        2009-08-11 16:40:32
操作：        interface vlanif 4000
-------------------------------------------------------------------------------------------
序号          用户名                    域名            IP 地址
 269          huawei456                  --            192.168.146.76
时间：        2009-08-11 16:40:25
-------------------------------------------------------------------------------------------
```

2. 检查设备统计信息

查看流量统计信息，可以定位并排除故障。如果发现哪个阶段的数据只有收或只有发，则可以确定数据在该段丢失；再查看相关段的配置，主要查看上行口流量统计、PON 口流量统计及 ONT 流量统计。

(1) 流量统计命令能定位故障。

① 查询上行口的流量统计信息中是否有收、发的流量：

```
MA5680T(config-if-giu-0/1)#display port statistics 0
```

② 查询 EPON 端口的性能统计信息：

```
MA5680T (config-if-epon-0/3)#display port statistic 0
```

③ 查询 ONT 的性能统计信息：

```
MA5680T (config-if-epon-0/3)#display ont traffic 0 0
```

④ 查询以太网端口流量信息：

```
MA5680T (config-if-giu-0/19)#display port traffic 0
```

(2) 分段分析法。进行分段处理工作的维护人员要对 MA5680T 的系统结构和原理有深入的了解，从而对业务故障可能存在的环节进行全面了解。在采用分段分析法进行操作时，一般采用环回配合仪器测试进行故障的排除。在完成对比分析后，如果未能找到具体的故障点，此时可将故障网络分为不同的故障网段，逐段排查，定位故障。在 EPON 网络分段排除中，我们通常把线路故障分为四部分：用户终端故障、支路故障、干路故障和网络侧故障，如图 6-14 所示。

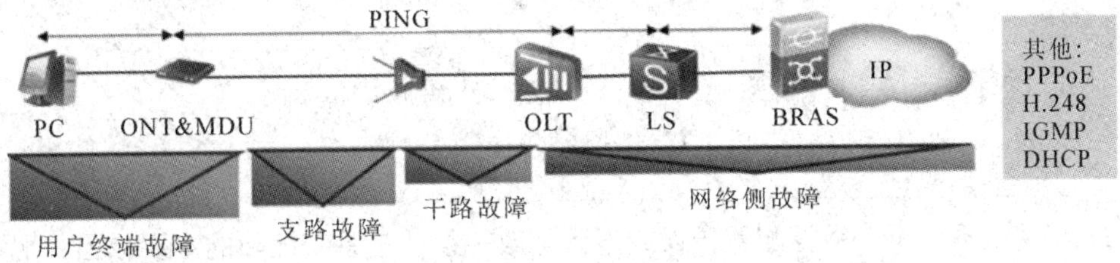

图 6-14 分段分析法

根据故障处理经验，从用户侧到网络侧的故障概率依次减少，也就是说，单一用户发生业务故障时，用户侧的故障概率较大。因此，排除单一用户故障时，一般从用户侧开始排查。

(3) 协议分析法。协议分析法是指通过信令跟踪、捕获数据包分析等手段对故障进行分析的方法。协议分析要求维护人员对协议有深入的了解，掌握各种信令的交互流程，从而能够从获得的信令消息中定位出故障。可以在用户侧、上行口和上层设备处抓取数据进行分析。对数据的抓包操作，一般要用到端口数据镜像配置，即将所要抓包的端口数据复制到另一空闲端口上，在不中断业务端口的前提下对该端口进行抓包操作。端口镜像的命令为

```
MA5680T(config-if-giu-0/18)#mirror port
{ src-port-list<S><1，255> }:0
{ dst-portid<U><0，7> }:1
{ mirror-direction<E><ingress，egress，all> }:ingress
```

3. 检查上层设备状态

在 EPON 业务发生故障时，可通过检查上层设备状态排除故障。

(1) 如果前面的检查都正常，则问题可能出在上层设备，这时应检查上层设备的运行状态和数据配置。

(2) 检查上层设备和 OLT 对接端口属性的兼容性。

① 检查上层设备和 OLT 对接端口模式与接口速率，两端端口模式和速率必须一致，两端端口模式可以选择全双工或者半双工，两端的端口速率可以选择 10 Mb/s、100 Mb/s 或者 1000 Mb/s 三种。

② 上层设备和 OLT 对接端口如采用光口连接，必须检查两端光口模块，两端的光口模型和光纤类型必须一致，光模块的类型可以选择单模或者多模。

③ 在数据业务配置方面，必须检查上层设备和 OLT 对接端口链路聚合功能配置，两端链路聚合功能配置必须一致，两端同时开启或者同时关闭链路聚合功能。

使用“display port state all”命令查询端口速率类型和光纤类型，保证两端同时开启或关闭链路聚合功能。

```
MA5680T(config-if-giu-0/18)#display port state all
---------------------------------------------------------------------------------------------
端口    端口    光模块    Native    网线      速率      双工      流控    端口    链路
类型    状态    VLAN      自适应              (Mbps)              激活    状态
---------------------------------------------------------------------------------------------
0       GE      -         1         直通      1000      全双工    关      激活    离线
1       FE      -         1         自协商    自协商    双工      关      激活    在线
---------------------------------------------------------------------------------------------
```

(3) 配置数据分析。数据配置错误或遭到更改，往往是系统故障的重要原因。配置数据分析是故障定位，尤其是新建的设备初始配置的故障定位不可缺少的一个方法，因此可以对 VLAN 配置、上行口配置、业务口配置和终端配置数据进行分析。

4. 检查设备数据配置

(1) 检查是否为 VLAN 绑定上行口。使用“display vlan”命令检查是否为网络侧 VLAN 增加了上行口。若没有，则使用“port vlan”命令指定 VLAN 上行口。

(2) 检查业务流配置是否正确。

① 使用“display service-port all”命令查询业务流配置是否正确。

② 使用“display ont-srvprofile”命令查询 ONU 的端口 VLAN 配置是否与业务流对应。

(a) 用户侧 VLAN 为 untagged 方式的业务流，修改 ont-srvprofile，将 ONU 端口加入到上行 VALN，使用“ont port native-vlan”命令配置端口的 Native VLAN，与上行 VLAN 相同。

(b) 用户侧 VLAN 为 tagged 方式的业务流，修改 ont-srvprofile，将 ONU 端口加入到用户侧 VALN 中。

(3) 检查 ONU 绑定的各类模板。

① 使用“display ont info 0 0”命令检查 ONU 所绑定的各类模板。

② 使用“display dba-profile all”命令检查 DBA 模板，确认绑定的 DBA 模板是否满

足需求。如果不满足，可以使用“ont-lineprofile”命令修改 ONT 所绑定的 DBA 模板。

5. 检查光口、光纤状况

(1) 光口检查。查看上行口和 PON 口的平均发送光功率是否正常，接收光灵敏度是否正常。

(2) 光纤检查。检查光纤是否插好，光纤是否弯曲严重，光纤是否有断纤，判断标准如下：

① 用户接收端在正常情况下的光功率范围为−27～−6 dBm。

② 正常情况下 PON 口的光功率范围为 2～7 dBm。

③ ONT 与 OLT 之间的光衰减应该为 15～25 dB。

(3) 仪器、仪表的应用。仪器、仪表在故障处理过程中有着不可替代的作用，它以直观、量化的数据直接反映故障所在，在快速定位故障和提高故障处理效率的过程中发挥着重要的作用。在故障处理中常用的仪器、仪表为万用表、光功率计及可调光衰减器。

6. 检查 ONU 状态

(1) 检查 ONU 状态。可以通过 ONT 指示灯的状态来确定故障并进行处理，如图 6-15 和表 6.3 所示。

图 6-15　ONT 面板状态指示灯

表 6.3　ONT 状态指示灯含义及处理方法

指示灯名称	状 态	指示灯含义及处理方法
POWER	长亮	电源供电正常
	熄灭	检查电源连接是否正确； 检查电源适配器是否匹配； 如果电源正常，所有指示灯都熄灭，请更换 ONU
AUTH (EPON注册指示灯)	长亮	设备认证成功
	熄灭	设备认证失败； 检查 MA5680T 上是否添加了该 ONU； 检查 ONU 的 MAC 地址与 ONU 实际 MAC 地址是否一致
LINK (EPON链路指示灯)	长亮	PON 端口链路状态正常
	熄灭	检查光纤是否插好(太紧或太松都不行)
VoIP	长亮	VoIP 服务注册成功
	熄灭	VoIP 服务注册失败； 检查能否 ping 通 ONU； 检查 ONT VoIP 配置中 SIP Server 配置是否正确

(2) 检查 MDU 状态。通过 MDU 指示灯的状态确定故障及处理方法，如表 6.4 和图 6-16 所示。

表 6.4　MDU 状态指示灯含义及处理方法

指示灯名称	状态	指示灯含义及处理方法
LINK	长亮	EPON 接口收到下行光信号
	熄灭	EPON 接口没有收到下行光信号
REG	闪烁	设备正在注册
	熄灭	注册失败

图 6-16　MDU 状态指示灯

(3) 检查 ONU 状态。在线查询 ONU 的状态，使用“display ont info”命令检查 ONU 的信息，主要检查控制标志、运行标志、MAC、配置状态和匹配状态。

```
MA5680T(config-if-epon-0/2)#display ont info 0 all
```

ONU 状态说明：

① 如果“控制标志”为激活态，“运行标志”为在线，则正常，说明用户上线且认证通过；“运行标志”为离线，则说明用户未上线。

② 如果“控制标志”为去激活态，会禁止 ONU 进行注册，需要在 EPON 模式下使用“ont activate”命令把控制开关设为激活。

③ 如果 ONU 的“MAC”与实际 ONU 的不一致，会导致注册失败。

④ 如果“配置状态”为“正常”状态，说明 ONU 配置恢复正常。

⑤ 如果“配置状态”为“初始”状态，说明 ONU 配置恢复失败，有可能是 ONU 绑定了错误的 ONU 模板，可尝试通过重新下发配置命令或重启 ONU 来排除故障。

(4) 互换分析法。互换分析法是指将处于正常状态的部件与可能发生故障的部件对调，比较对调后二者运行状况的变化，从而判断故障的范围或部位。常见互换有单板互换、端口互换、光纤互换及终端互换。互换操作具有一定的风险性。例如，将短路的单板换到正常的机框，有可能造成正常机框损坏。因此，使用互换分析法要谨慎，确保不导致新故障。互换分析法主要能发现一些物理器件上的问题。

6.3　EPON 设备故障案例分析

本节根据故障处理流程，对常见的 ONU 故障、宽带、语音、视频和网管对接故障案例进行分析。

6.3.1　ONU 故障案例分析

ONU 业务故障案例

案例一　ONU 无法注册。

故障现象描述

在某县局，某工程师手工添加 ONU 终端后，现场安装人员发现 ONU 指示灯不断闪烁，一直无法达到稳定状态，OLT 上该 ONU 无法正常注册，而同一 PON 口下其他用户正常，如图 6-17 所示。

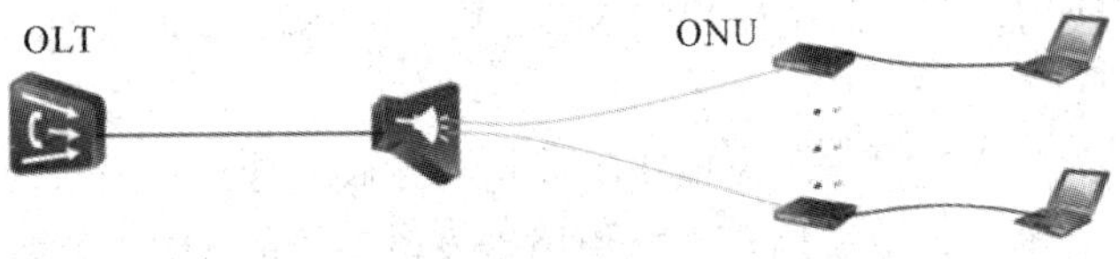

图 6-17　ONU 无法注册组网

初步判断故障范围

单个用户故障，故障点可能在 ONU、支路光纤、分光器和数据配置方面，可排除上行、单板和 PON 口问题。

查找故障原因

(1) 使用光功率工具检查：ONU 光功率接收范围为-8～-24 dBm，若现场没有光功率计，使用替换法，将该 ONU 直接接至该单元分光器侧，故障现象依旧。

(2) 对硬件进行检查：更换该 ONU 至其他 PON 端口，OLT 重做数据，ONU 注册正常，说明该 ONU 硬件没有问题。

(3) 检查数据业务配置：检查原来端口数据配置，发现 ONU 的 MAC 输入有误，最后一位有偏差。

故障排除

修改 MAC 后业务正常。

总结与建议

在每个接口下打开 ONU 自动发现功能，当 ONU 被自动发现后，会自动上报 MAC；通过复制粘贴，然后使用 ONU confirm 命令确认，就不会因人工操作而产生不必要的错误了。

案例二　MDU 反复上下线。

故障现象描述

某村村通工程，小 A 在网管上看到告警，在一偏远山区发现 OLT 下接的一台 MDU 无规律地反复上下线，其他 MDU 正常。查看告警信息，得知 OLT 和网管上出现 MDU 反复上下线告警。

初步判断故障范围

单个用户故障，其他 MDU 正常，因此排除 OLT 的 PON 单板故障，初步判断故障范围为 OLT 以下器件和数据问题。

查找故障原因

(1) 使用光功率计在 MDU 侧测试光纤衰减，若正常(−20 dB)，排除线路原因。

(2) 更换 MDU 后，当时正常，但后续两三天里告警仍发生。

(3) 因为出现故障的 MDU 在较为偏远的山区，怀疑是周围环境因素导致。Telnet 工具远程登录 OLT 设备，使用“display alarm history all”命令仔细查看告警信息，发现连续四天都是在晚上 7 点到晚上 8 点用电高峰期时 MDU 发生重启，初步判断为电压问题。在现场使用万用表测试电压，发现电压不稳定，导致 MDU 反复重启。

故障排除

将此 MDU 更换为带有直流电模块的 MDU 后，问题解决。

总结与建议

如果设备采用的是交流供电，在电压不稳定的时候会导致设备反复重启。如果电压不正常且不能保证正常电压，建议用户选择使用带直流模块的 MDU 设备。

案例三　用户申告所有业务不通。

故障现象描述

某局 MA5680T 上行口通过二层交换机连接到路由器 NE40 上，某用户申告上网业务不通，拨号失败，而其他用户正常，如图 6-18 所示。

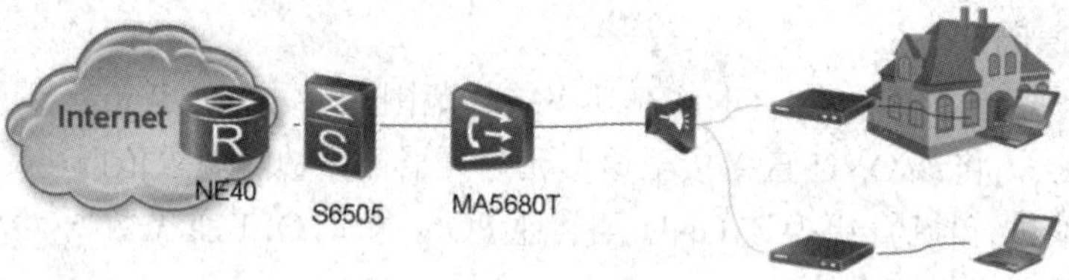

图 6-18　单用户所有业务中断组网案例

初步判断故障范围

单个用户故障可能原因在 ONU、光纤、用户电脑终端和用户账号等方面，但可排除上行、PON 口等问题。

查找故障原因

(1) 查看告警，无告警信息。

(2) 查看用户数据，模板、VLAN 等各项数据正常。

(3) 换一个备用终端，业务依然不通。

(4) 将终端直接连至其他同一分光器下的光纤上，终端进行正常注册，业务正常。

(5) 使用光功率计测量，发现用户侧跳纤，原因是用户装修时将入户光纤压坏，接收光功率为−30 dB，小于最低接收光功率−27 dB，接收光功率在终端光模块接收灵敏度之外。

故障排除

(1) 到用户侧更换跳纤，业务正常。

(2) ONU 不能正常注册的常见处理步骤如下：

① 检查其他 ONU 状态，初步判断是否是单板硬件问题。

② 检查数据配置中 ONU 的配置是否正确。

EPON 模式下，使用“display ont info”命令查看 ONU 信息：检查 ONU 的 MAC 是否和实际的设备一致；检查 ONU 的控制标志是否为去激活态；如果是去激活态，需要在 EPON 模式下使用“ont activate”命令把控制开关设为激活。

③ 可能 OLT 上已经存在相同 MAC 的 ONU 在线，考虑删除原 ONU。

④ 检查 ONU Link Auth 灯的闪烁方式。

⑤ 检查光衰是否合适，如果不正常，使用光功率计检查 ONU 各段光功率，排除线路故障。

⑥ 如果光衰正常，检查 ONU 终端硬件及软件问题，更换 ONU。

6.3.2 宽带业务故障案例分析

案例四 上行网管正常，但是业务不通。

故障现象描述

宽带业务故障案例

某市，两个相邻新建局点的 MA5680T 连接在同一个上层交换机的不同端口，MA5680T 采用带内网管接入网管中心，网管 VLAN 均为 63，在网管中心可以管理两个局点，网管情况正常。两个局点的业务外层 VLAN 分别为 58 和 59，通过业务 VLAN 接入上层设备，两个局点上网业务均不通，显示连接超时，如图 6-19 所示。

图 6-19　上网业务组网案例

初步判断故障范围

两台设备均出现问题，考虑是上行接口的故障，网管能正常管理，考虑可能是数据配置的问题，排除接口物理故障，初步定位为 BRAS 数据配置、上行交换机配置或设备数据配置的问题。

查找故障原因

(1) 检查 MA5680T 数据配置，按照数据规划，没有发现问题。

(2) 在 MA5680T 上 ping 业务网关，即相连的上层交换机端口不通。

(3) 将计算机通过另一台交换机(配置 VLAN)连接到上层交换机和 MA5680T 相连的端口上，上网正常。

(4) 经检查，发现两个局点的 MA5680T 和上层交换机连接时，两个网口插反。

故障排除

按照正确方法重新连接。

案例五 OLT 与上层设备连接中断。

故障现象描述

某市某校园网工程局点，MA5680T 与三层交换机通过 GE 口多模光纤相连，工程师发现各项业务均不通。交换机的光口能收到光，光端口处于常亮状态，而 MA5680T 的光口不能收到光，光端口处于常灭状态，如图 6-20 所示。

图 6-20　OLT 与上层设备连接中断组网

初步判断故障范围

由于是所有业务均出现问题，初步判断故障出现在上行交换机、上行链路、对接端口、端口模式错误和端口模式协商错误方面。

查找故障原因

(1) 初步怀疑是上行链路匹配的问题，查看双工、速率模式，发现上行链路是光纤连接，不存在双工、速率问题。

(2) 把两根光纤的收发对调，故障没有排除。

(3) 电话通知对端维护人员，检查对端和本段光模块，发现两端的模块型号不同，交换机为单模(1310 nm)，而 MA5680T 为多模(850 nm)。

故障排除

更换交换机的光模块(与对端一致)，故障排除。

案例六　某 PON 口下所有用户业务不通。

故障现象描述

某局，已经正常运行一段时间的 MA5680T 的一个 PON 口下，某天所有用户申告业务中断，其他 PON 口业务正常。

上行网管正常
但是业务不通

初步判断故障范围

初步判断问题可能为该 PON 口硬件、分光器等故障。

查找故障原因

(1) 检查单板状态。

(2) 在 MA5680T 里查询该 PON 口状态，发现只有一个用户在线，其余用户均下线。

(3) 在分光器处尝试拔掉该在线用户光纤，其他用户陆续上线并工作正常。

故障排除

通知一线维护人员取回 ONT，发现该 ONT 处于长发光状态。

总结与建议

如果某个 ONT 的光模块故障，处于常发光状态，则会占用全部上行时隙，导致和此 ONT 位于同一 OLT 端口下的其他 ONT 全部瘫痪。这类现象只有在 ONT 光模块出现异常或者个别用户恶意入侵系统时才会发生。

案例七　某 ONU 下挂 ADSL 宽带用户业务闪断。

故障现象描述

工程师小王接到用户故障申告，现网正常运行的 MA5680T 通过 HG813E 下挂的业务，在不同的时间段会出现中断的现象，中断时长不固定，少则几十秒，多则 5 分钟。发生故障时同一 HG813E 下不同 FE 口下挂的 A 厂家 DSLAM 设备和 UA5000 同时中断。

初步判断故障范围

由于发生故障的时间较短，对定位问题带来一定困难，初步判断故障范围为 OLT 数据配置、HG813E 故障、用户攻击、下挂 DSLAM 和 UA5000 故障。

查找故障原因

(1) 由于以前该业务正常运行，说明 OLT 数据配置没有问题。

(2) 考虑可能受到攻击，通过现场抓包发现有用户报文的源 MAC 和网关的 MAC 地址一样，且该用户的源 MAC 地址不断变化。

(3) 确认问题就是由于用户攻击导致的，用户侧伪造网关的 MAC 发包，在 DSLAM 设备上开启 MAC 过滤功能，过滤用户的源 MAC 为网关 MAC 的报文后，问题解决。

总结与建议

本案例中，用户伪造源 MAC 为网关 MAC 后会导致 OLT 中学习的 MAC 地址混乱，造成 PON 口下业务中断，严重时造成整台 OLT 业务中断，中断时间一般为 5 分钟。HG813E 下挂 DSLAM 或 UA5000 的情况比较常见，属不规范组网，应过滤掉上层网关 MAC。

案例八　PPPoE 用户有时拨号失败。

故障现象描述

某局，因上行交换机的接口只剩一个，两台 MA5680T 的业务采用级联方式上行，上级 MA5680T 的用户拨号正常，用户反馈级联的 MA5680T 在上网高峰期用户拨号困难。用户拨号错误提示 678，已在线用户上网正常，如图 6-21 所示。

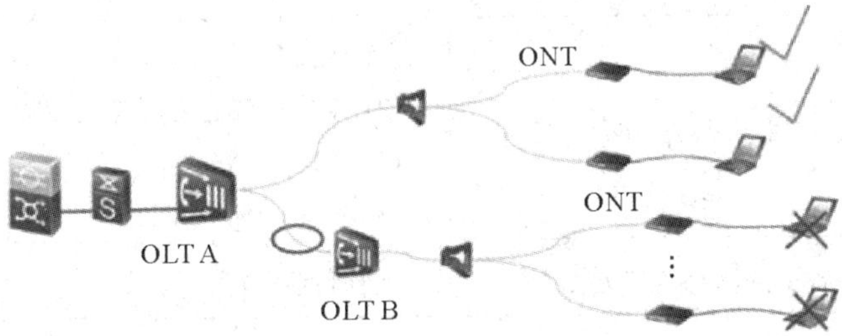

图 6-21　PPPoE 拨号失败组网

初步判断故障范围

该问题仅出现在级联的 MA5680T 中，且用户不是完全无法拨号的，可以排除 BRAS 配置的问题，同时已经上线用户正常，可以排除上行交换机、链路等问题。初步定位在上层 MA5680T、级联接口和下级 MA5680T 数据配置上。

查找故障原因

(1) 检查是否是上行板/端口故障，更换上行板，故障依然存在。

(2) 检查是否是级联光纤故障，更换光纤，故障依然存在。

(3) 检查是否因为病毒、广播报文过多，使用户的 PPPoE 报文无法上报。在 BRAS 上抓包分析，如果用户拨号成功，在 BRAS 上可以抓到 PPPoE 报文；如果用户拨号失败，在 BRAS 上抓不到用户的 PPPoE 报文，说明用户的 PPPoE 报文没有送到 BRAS 设备上，在传输过程中被丢弃。

(4) 在被级联的 MA5680T 上行口做镜像抓包，可以抓到用户的 PPPoE 报文，说明用户的 PPPoE 报文已经传送上去，由此说明报文是在上级 MA5680T 上被丢弃的。

(5) 查看上级 MA5680T 配置发现，该设备在级联的子槽位上启用了广播抑制功能，减小广播抑制数量级后测试，用户拨号正常。

建议与总结

由于上级 MA5680T 启用了广播抑制功能，上网高峰期来自用户端的广播过大，PPPoE 报文得不到及时处理而被丢弃，所以用户拨号困难。级联方式的组网尤其应注意广播抑制的问题，如某些地区使用 ONT 下挂 UA5000、IAD 等，也会出现此问题。

无法上网常见的故障现象和原因总结如表 6.5 所示。

表 6.5　无法上网常见的故障现象和原因

故 障 现 象	初步判断故障位置及原因
个别端口用户无法上网	用户终端或者外线故障，如： (1) PON 端口故障； (2) 光路问题； (3) 数据配置问题，包括： ① ONT 绑定的模板错误； ② ONT 与业务流的映射关系错误； ③ VLAN 通道配置错误
整板用户无法上网	EPON 单板故障
整框用户无法上网	(1) 光路问题； (2) 主控板或者上行单板故障； (3) 网络攻击； (4) 环路，MAC 漂移
BRAS 设备下的所有用户无法上网	上行设备问题

6.3.3　语音业务故障案例分析

语音业务故障案例

案例九　MDU 语音业务有杂音。

故障现象描述

MDU MA5606T 下 VoIP 业务经常有杂音的现象，其他 MDU 上正常，如图 6-22 所示。

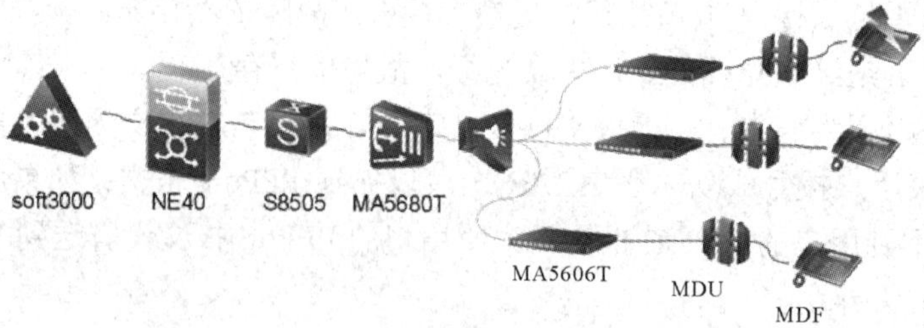

图 6-22　语音业务组网

初步判断故障范围

只有这一台 MDU 上有故障申报，因此大致定位在这台设备及以下各个段。

查找故障原因

(1) 分别在配线架和设备上直接进行电话测试，杂音依然存在，排除外线质量差导致杂音。

(2) 现场查看机房环境，走线和电源都符合规范，并没有强的电磁干扰设备，排除外部环境导致杂音。

(3) 测量地阻为 3.48 Ω，在正常的范围之内，排除机房接地导致打电话的杂音现象。

(4) 在所有的单板上测试，都存在故障现象，排除用户板的问题。

(5) 查看设备，发现 MDU 上有 CPU 高告警，CPU 利用率达到 90%。在 MDU 设备上 ping 网关地址，ping 小包，不丢包，但是延迟很大；ping 大包，存在丢包现象。进行排查，发现 MDU 设备受到 ARP 攻击，导致 CPU 利用率高。

故障排除

(1) 在 OLT 侧进行广播抑制，级别为 4：

```
MA5680T(config-if-giu-0/19)#traffic-suppress
{ portid<U><0，7>|all<K> }:all
{ broadcast<K>|multicast<K>|unicast<K> }:broadcast
{ value<K> }:value
{ value<L><1，13> }:4
  Command: traffic-suppress all broadcast value 4
```

限制网络侧对 MDU 的 ARP 攻击报文流量控制在 95%，保证 MDU 的 CPU 占用率不超过 70%。

(2) 在上层数通设备的路由器上面添加一个黑洞路由，将现网上的 ARP 报文发到不存在的地址，防止形成泛洪。

(3) 在设备上添加防火墙。

建议与总结

处理杂音问题时一般采用由近到远、从硬件到数据的思路来定位原因。但在更换了较简单的硬件后，如没有排除问题，可以尝试进行数据比较来找出一些不同点，暂不更换较复杂的硬件如母板等，这样可以尽量降低对现有业务的影响。

案例十　语音业务不能互通。

故障现象描述

某新开局点，用户反馈 AG_1 与 AG_2 下挂整机语音业务不能互通，能听到振铃音但不能通话，可以拨通长途电话，拨通后通话正常。

如图 6-23 所示，配置情况为：AG_1 和 AG_2 为同一个网段地址，在 MA5200G 上位于同一个子接口，AG_1 和 AG_2 在 MA5680T 下启用同一个 QinQ VLAN。

图 6-23　语音业务不能互通组网

初步判断故障范围

(1) AG 设备或者与软交换 SS 注册存在问题。

(2) MA5680T、SS 配置存在问题。

(3) 其他问题。

查找故障原因

(1) 两台 AG 分别可以 ping 通远端 SS，且可以正常注册，到其他网段 AG 设备也正常，因此排除 SS 注册问题和 MA5680T、ONU 配置问题。两个 AG 下其他业务正常，只是 AG_1 与 AG_2 互通存在问题，基本排除 SS 配置问题。

(2) 由于同一网段内用户互通，不需要出网关；但是 MA5680T 对二层进行了隔离，如果要互通，需要启用 ARP 代理。

(3) 由于在 MA5680T 上开启了 QinQ，不能开启 ARP 代理功能。检查 MA5200G 设备，发现 BAS 接口下没有使能 ARP-Proxy，将 ARP-Proxy 使能后，测试正常。

建议与总结

(1) 在规划网络时要特别注意 MA5680T 在启用 QinQ 时无法进行 ARP-Proxy。

(2) MA5200G 的 ARP-Proxy 在 BAS 模式下默认为关闭。

案例十一　语音业务不通。

故障现象描述

某局 MA5680T 下挂 MA5606T(作 ONU 用)。MA5606T 上 H.248 接口状态正常，但是下挂的所有用户摘机无拨号音。

初步判断故障范围

初步怀疑是接口配置问题、MDU 设备故障、MA5680T 问题和软交换故障。进一步确认，发现主要是此 MA5680T 下的 MDU 反馈问题，其他 OLT 正常，因此初步判断为 H.248 接口数据、MDU 到 OLT 连接、OLT 和上层交换机对应端口问题。

查找故障原因

(1) 查看 H.248 接口相关参数和状态，发现都是正常的。

(2) 查看用户数据的配置，也没有问题。

(3) 在 MA5606T 上连续 ping 软交换地址，发现丢包率为 50%左右。

(4) 在 MA5680T 上连续 ping 软交换地址，发现丢包率也为 50%左右。

(5) 检查数据配置，发现上层设备做了端口聚合；查看 MA5680T 上端口，没有聚合。

(6) 在 MA5680T 上对端口进行聚合，故障消除，业务正常。

建议与总结

在语音业务出现故障时，如果 H.248 接口正常，则很少关注设备和软交换之间的通路情况。此案例提醒我们：H.248 接口正常，并不代表设备间的通路就没问题。同时，此故障原因也将影响到宽带业务。

常见语音故障总结如表 6.6 所示。

表 6.6　常见语音故障总结

语音故障现象	故 障 原 因
打不通电话	(1) ARP 攻击； (2) NGN 对接参数错误； (3) 上行接口数据配置错误； (4) 摘机无拨号音，原因一般为端口未放号或 MA5620E 未加载语音包或外线故障
语音效果不好	(1) 外线干扰，环境问题； (2) ARP 攻击； (3) 检查是否为 ONU 的 IAD 端口设置了独立于数据通道的业务通道
拨号、收号问题	(1) 数图(字符串)下发错误，其他厂商软交换设置问题，可通过分析 H.248 协议数据来排除故障； (2) 信令异常

6.3.4　视频业务故障案例分析

案例十二　组播业务无法开通。

故障现象描述

组播业务无法开通，通常需要检查节目是否下发到 OLT 设备，检查相应节目是否有用户在线观看，检查 IGMP 用户数据设置，更换 STB。某新开局点，如图 6-24 所示，连接顺序为 PC 终端→MA5680T→S6505 组播路由器→BRAS→组播服务器，组播用户无法点播节目。

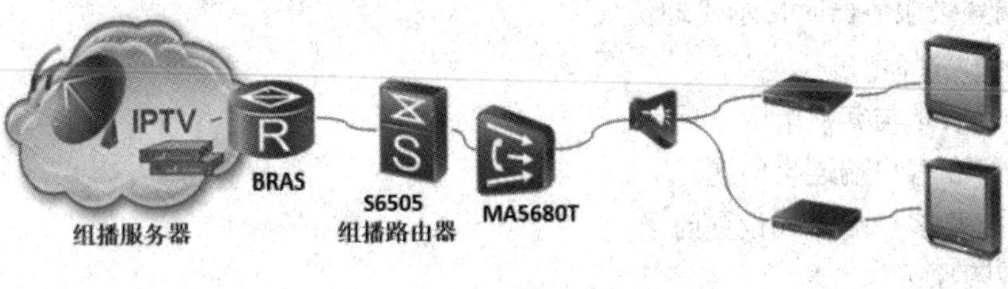

图 6-24　组播业务组网

初步判断故障范围

可能的故障原因为用户侧故障、上行侧故障或者数据配置故障。

查找故障原因

(1) 打开 Debugging 开关，可以收到用户侧 IGMP 报文。

(2) 检查组播用户的状态，为在线。

(3) 协议配置为 IGMPv3 版本，将其改为 v2 版本后组播正常。

(4) 添加“组播源地址”，使之与 BRAS 在同一网段，问题解决。

建议与总结

如果组播协议采用 IGMPv3 版本，数据配置时必须配置组播服务器地址，否则业务不通。

6.3.5 网管业务故障案例分析

网管业务故障案例

案例十三 无法添加设备到网管。

故障现象描述

添加主机时，网管提示通信超时，无法添加设备。

初步判断故障范围

(1) 从网管 ping 设备维护网口地址，可以 ping 通设备。

(2) 查看设备与网管 SNMP 参数，发现团体名不一致。

(3) 修改设备团体名，与网管保持一致，网管成功添加设备。

查找故障原因

该过程就是排除设备上行及 IP 路由故障的过程，与用户侧无关。

(1) 检查网管到设备路由是否可达。

(2) 检查网管到设备网关路由是否可达。

(3) 检查设备路由配置及上行侧 IP 地址配置问题。

(4) 检查设备与网管团体名配置。

故障排除

网管数据配置有误。

案例十四 网管客户端无法登录服务器。

故障现象描述

客户端登录服务器时提示“通信失败”。

初步判断故障范围

(1) 网管版本与客户端版本问题。

(2) 网管和客户端连接问题。

(3) 网管和客户端模式设置问题。

查找故障原因

(1) 检查网管版本与客户端版本，版本一致，排除软件版本问题。

(2) 客户端可以 ping 通服务器，排除网管与客户端通信问题。

(3) 检查客户端，“服务器设置”中“模式”为“普通”；查看服务器端模式，为“安全(SSL)”；修改客户端“模式”为“安全(SSL)”后，可以正常登录服务器。

建议与总结

在对本案例的故障进行排查时，首先要确认客户端自身软件、硬件及组网连接方面没有问题。

【知识归纳】

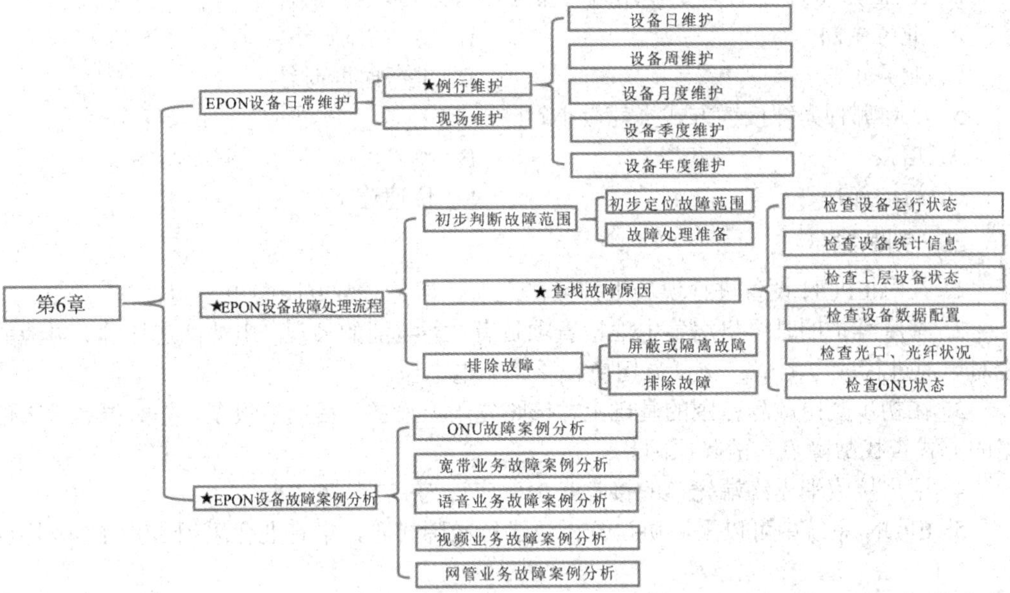

自 我 测 试

一、填空题

1. 对比分析法是指将故障的部件或现象与正常的部件或现象进行比较分析，查出不同点，从而找出问题的所在，一般适用于_______场合。

2. 故障分析中的日志分析法使用的命令是_______。

3. PPPoE 交互错误提示 691 指的是_______。

4. 根据维护时间频度的不同，例行维护又分为_______、_______、月度维护、_____和_______。

5. EPON 系统中可以采用协议分析法进行故障排除，语音业务常采用_______协议。

二、选择题

1. 设备正常情况下主控板和业务板的 CPU 占用率不会超过(　　)%。

A. 60　　B. 70

C. 80　　D. 90

2. MA5680T 设备的正常工作电压是(　　)。

A. 220 V　　B. 48 V

C. 36 V　　D. －48 V

3. EPON 系统中周维护要维护检查用户的级别和权限，使用(　　)命令。

A. MA5680T(config)#display terminal user

B. MA5680T#display terminal user all

C. MA5680T(config)#display terminal user all

D. MA5680T#display terminal user

4. 在 MA5680T 上行端口使用端口聚合命令之后，会导致(　　)。

A. 业务中断　　B. 业务故障

C. 业务正常　　D. 业务时断时续

5. 下列哪种光纤接续方式损耗最小？(　　)

A. 熔接　　B. 冷接

C. 活动连接　　D. 快速连接

三、判断题

1. 在对 EPON 设备进行现场维护操作之前，请务必戴好防静电手腕带。　(　　)

2. 季度维护的时候机房蓄电池检查项目有：蓄电池的外观、电池间连接件、电池的环境对电池进行放电测试、交直流切换、浮充充电电压。　(　　)

3. 在初步判定故障范围的基础上，按照先用户设备、后局端设备，先数据、后物理线路的方式查找故障点和故障原因。　(　　)

4. 用户接收端光终端光口的接收光功率应该为-27～-6 dBm。　(　　)

5. EPON 系统中可以采用协议分析法进行故障排除，语音业务采用 SIP/H.248 协议。(　　)

四、简答题

1. 简述故障排除中 OTDR 仪器的作用。

2. EPON 设备例行维护有哪些？

3. 简述 EPON 设备故障处理流程。

参 考 文 献

[1] 阚宝鹏. 计算机网络技术基础[M]. 北京：高等教育出版社，2015.
[2] 孙青华. 接入网技术[M]. 北京：人民邮电出版社，2014.
[3] 乔桂红，辛富国. 光纤通信[M]. 3 版. 北京：人民邮电出版社，2014.
[4] 陈雪. 无源光网络技术[M]. 北京：人民邮电出版社，2006.
[5] 陈小东. FTTx 网络建设与维护[M]. 北京：人民 邮电出版社，2014.
[6] 张鹏，阚阔. FTTx PON 技术与应用[M]. 北京：人民邮电出版社，2013.
[7] 中国电信集团公司. EPON/GPON 技术问答[M]. 北京：人民邮电出版社，2010.
[8] 杨柳. FTTx PON 技术与测试[M]. 北京：人民邮电出版社，2007.